Z E P P E L I N
Aufbruch ins 20. Jahrhundert

Flugkapitän Hans von Schiller

ZEPPELIN
Aufbruch ins 20. Jahrhundert

Herausgegeben von Hans G. Knäusel

KIRSCHBAUM VERLAG · BONN

Satz: B. Haeseling, Bonn
Druck: Greven & Bechtold GmbH, Köln
Duplex-Lithographien: Brend'amour, Simhart GmbH. & Co., München
Umschlagentwurf: Peter Blattmann, Bonn
 Printed in Germany
ISBN 3 7812 1187 8

Vorwort des Herausgebers

Über Hans von Schiller

Am 9. Dezember 1976 verstarb Hans von Schiller, einer der bedeutendsten Männer aus der Zeit des Zeppelin-Luftschiffbaus – plötzlich, unerwartet, eben noch am Steuer seines Autos sitzend, das er mit über 80 Jahren noch täglich fuhr. So sicher und selbstverständlich wie er sein Auto bis kurz vor seinem Tode lenkte, so sicher hatte er einst als junger Kapitän viele Male sein Luftschiff geführt.

Hans von Schiller war das, was man einen Weltmann nennt, ein Grandseigneur „alter Schule" im ganz und gar positiven Sinne, mit allen Eigenschaften, die über die Zeiten hinweg, unabhängig von modischen Strömungen der Gesellschaft, Gültigkeit besitzen.

Ich kann mich glücklich schätzen, Hans von Schiller persönlich kennengelernt und viele anregende Gespräche mit ihm geführt zu haben. Es ging dabei nicht immer nur ums Luftschiff. Für Hans von Schiller waren zahlreiche Themenkreise von Interesse und wert, diskutiert zu werden. Daß sich vieles dabei an der vergangenen Welt der Luftschiffe orientierte, daraus abgeleitet wurde, darauf hinführte, ist leicht begreiflich, wenn man bedenkt, wie das gigantische technische Projekt, die wirtschaftlichen und politischen Wirkungen des Zeppelin-Luftschiffbaus einen aufgeschlossenen, vielseitig begabten jungen Mann geprägt haben mußten. Daß er nie mehr davon loskam, war eine Art von schicksalhafter Gebundenheit, die er mit seinen Weggenossen teilte.

In einem Punkt aber unterschied er sich von den meisten, wenn er nämlich mit geradezu entwaffnender Offenheit bekundete, daß die Zeit der Zeppeline vorbei sei, womit er sich in gewisser Weise außerhalb der einst verschworenen Gemeinschaft stellte. Kritik an seiner Einstellung focht ihn nicht an. Wie kein anderer wußte er überzeugend darzulegen, welche Gründe gegen eine Neuauflage des Großluftschiffes sprachen. Er war Realist, der die Vergangenheit nicht zurückholen wollte, weder die der Luftschiffe, noch die eigene. Seine ungemein ausgeprägte Erlebnis- und Erinnerungsfähigkeit kamen ohne den unerfüllbaren Wunsch aus, Zeppelin-Luftschiffe wieder erleben zu müssen. Er lehnte es vor allem ab, Luftschiffe nur um des sensationellen Erlebnisses willen zu fordern. Mehr als einmal hat er in Gesprächen betont, daß es nicht allein dem Können, wohl aber dem Glück zu verdanken gewesen sei, daß sein LZ 127 „Graf Zeppelin" ohne Schaden so viele Jahre fahren konnte. Er wußte aus eigener Erfahrung über etliche Ereignisse zu berichten, in denen man hart am möglicherweise katastrophalen Unfall vorbeifuhr.

Was daran besonders bemerkenswert war und ihn von den meisten ehemaligen Fahrensleuten unterschied: Er hatte die schwache Seite der Zeppeline nicht einfach verdrängt, sondern erkannte und analysierte deren Ursachen. Gewiß gestand er den Befürwortern neuer Luftschiffe zu, daß heute mit dem unbrennbaren Helium und all der modernen Technik vieles anders aussehe – aber eben nur vieles, nicht alles. Die Bedeutung des Zeppelin-Luftschiffs als Wegbereiter des Weltluftverkehrs, als Anreger für viele Teilbereiche der Technik und sogar völkerverbindendes Element nach der traurig-tragischen Verwendung im Kriege hat er durch diese konsequente Haltung nicht geschmälert, sondern nur unterstrichen. Daß wir heute in manchen Punkten eine andere Einstellung, beispielsweise zum Thema des Luftschiffeinsatzes im Ersten Weltkrieg haben, ist vor allem be-

Hans von Schiller (1891 – 1976)

gründet in der Generationenfrage, die immer Konfliktstoffe in sich birgt.

Hans von Schiller hat sich stets bemüht, dem Luftschiff im Rahmen der Entwicklung der Technik einen Platz an exponierter Stelle zuzuweisen. Für ihn war der Zeppelin-Luftschiffbau trotz offensichtlicher Schwächen des Systems gleichbedeutend mit Fortschritt, war Voraussetzung für viele Einzelentwicklungen, die heute selbstverständlich sind. Aluminiumverarbeitung, Leichtmotorenbau, Echolot sind nur einige wenige Stichworte, die er am Luftschiffbau zu orientieren wußte. Vom Luftschiffbau inspirierte Entwicklungsprozesse interessierten ihn mehr als unrealistische Zukunftsträumereien; für die Darstellung der bis heute nachwirkenden Vorgänge hat er viel Zeit aufgewandt, viele Gespräche und Diskussionen geführt. Die Klarlegung einer historischen Epoche, von ihm selbst miterlebt und mitgestaltet, lag ihm am Herzen. Wie alle geschichtsbewußten Menschen war er aber von ihrer Unwiederbringlichkeit überzeugt.

Heißt das nun, Hans von Schiller hätte sich nach dem Ende der Luftschiffahrt nicht mehr für das Luftschiff selbst begeistern können? Keineswegs, im Gegenteil! Seine Begeisterung wirkte ansteckend, und gerade wegen seiner im Alter kritischen, distanzierten Haltung hielt er das Thema lebendig. Alle Entwicklungen in der Luftfahrt interessierten ihn brennend, nur neu mußten sie sein, Fortschritte erkennen lassen. Für Neuauflagen aus seiner aktiven Luftfahrerzeit konnte er sich nicht begeistern.

Zu diesem Buch

Als Hans von Schiller um die Mitte der sechziger Jahre dieses Buch schrieb, stand er schon im achten Lebensjahrzehnt. Die letzten Luftschiffe hatten 30 Jahre zuvor aufgehört zu existieren. Viele Passagen im Buch, die seine persönlichen Erlebnisse wiedergeben, sind jedoch so spontan und lebendig geschildert, als hätte er sie gestern erlebt. Interessant, daß er nach eigenem Bekunden glaubte, kein guter Schreiber zu sein; er bevorzugte es zu erzählen. So war es dann auch bei öffentlichen Anlässen, wo er sehr bald das Manuskript vergaß und plauderte, lebendig und packend. Und so ist es auch mit diesem Buch, das zu den unentbehrlichen der umfangreichen Luftfahrtliteratur gerechnet werden kann. Man spürt, wie er getrieben wird von seinen Gedanken und Erinnerungen, die er von Kapitel zu Kapitel immer aufs Neue bändigen muß, um seinem Anliegen gerecht zu werden, dem Leser nicht nur Zeppelin-Geschichte, sondern auch ein „Handbuch der Zeppelin-Luftschiffahrt" zu präsentieren, ein Nachschlagewerk über den Zeppelin-Luftschiffbau in Deutschland. Daß ihm dies gelang, beweist die starke Nachfrage nach einer Neuauflage, die hiermit in einer vollständig überarbeiteten und erheblich ergänzten Fassung vorgelegt wird.

Im Einvernehmen mit Hans von Schillers Witwe, der inzwischen leider ebenfalls verstorbenen Ellen von Schiller, und seiner Tochter, Frau Elisabeth Pletsch, habe ich einige Kapitel, die sehr stark autobiographische Züge trugen und in eine noch zu erarbeitende Biographie über den Autor einfließen sollen, etwas gekürzt. Dafür wurden Vortragsmanuskripte und andere Manuskriptfragmente eingearbeitet sowie der tabellarische Anhang erheblich ergänzt und durch zusätzliche Register erweitert, was den Wert des Buches als Nachschlagewerk verbessern soll. Die Tabellen wurden übersichtlicher gestaltet und teilweise bebildert. Alle Textstellen, die einzelne Luftschiffe behandeln, wurden im Register miterfaßt.

Mein besonderer Dank gilt Frau Ellen von Schiller und Frau Elisabeth Pletsch für das Vertrauen, mich mit der Bearbeitung der Neuauflage zu beauftragen. Frau Ellen von Schiller hat durch die in mühevoller Kleinarbeit zusammen mit den Archivarinnen Frau Emberger und Frau Zelosko von der Universität Tübingen geschaffene Ordnung der „Sammlung Hans von Schiller" eine wesentliche Voraussetzung für die Bearbeitung geliefert.

Zu großem Dank bin ich – wieder einmal – Professor Henry Cord Meyer vom Historischen Lehrstuhl der University of California, USA, verpflichtet, der mich grundsätzlich bei meinem Vorhaben der Bearbeitung durch Rat und Hilfe unterstützt hat. Hier seien auch viele Mitglieder der Lighter Than Air Society, USA, nicht vergessen, allen voran Franklin D. Buckley, die wie Professor Meyer mich und den Verlag bestärkt haben in der Überzeugung, daß dieses Buch durch eine Neuauflage die historischen und politischen Aspekte der Luftschiffahrt lebendig halten und damit zum Verständnis unserer jüngeren Geschichte, die schwierig genug zu begreifen ist, beitragen wird. Mein eigener kritischer Beitrag am Schluß des Textteiles möge auch unter diesem Aspekt gesehen werden, denn es läßt sich denken, daß die Anregungen aus dem ehemaligen Freundeskreis Hans von Schillers ebenso wie seine eigenen Gedanken in vielen Bereichen nicht mit meiner Meinung übereinstimmen. Das schon angedeutete Generationenproblem ist dabei nur ein Aspekt, insbesondere im Zusammenhang mit dem Thema Erster Weltkrieg. Für Hans von Schiller war dies mehr oder weniger ein zeitbedingtes Ereignis, dem er sich vorbehaltlos unterordnete. Der Begriff „Militarist", auf den Grafen Zeppelin angewendet, ist daher für ihn ebenso undenkbar, wie die Vorstellung, daß der entsetzliche Krieg viel mehr war als nur ein Zeitereignis. In dessen Verlauf wurden allerdings erstmals Tod und Verderben aus der Luft, durch Zeppeline nämlich, weit hinter die Front zu hilflosen „Nichtkombattanten" gebracht. Das spätere Bedauern darüber macht das Leiden nicht ungeschehen. Die Kapitel „War Zeppelin ein Militarist?" oder „Die Feuertaufe" hätten demnach aus meiner Sicht eine tiefgreifende Umarbeitung erfahren müssen, doch wäre es dann – so ließ ich mich überzeugen – kein Hans-von-Schiller-Buch mehr gewesen. Das gleiche trifft auf die Beurteilung der Person des Grafen Zeppelin zu, insbesondere im Kapitel „Exzellenz läßt bitten", wo nur eine Seite des facettenreichen Mannes reflektiert wird. Zusätzliche Arbeiten zum offenbar unerschöpflichen Thema sind daher notwendig, zum Teil auch bereits in Vorbereitung. Hier danke ich vor allem Dr. G. Schmitt, Berlin/DDR, für wertvolle Hinweise und Anregungen.

Daß aus mancherlei Überlegungen und Diskussionen zwischen Verlag und Herausgeber ein gegenüber dem ursprünglichen Buch Hans von Schiller's veränderter Titel entstand, der sich aus „Zeppelin – Wegbereiter des Weltluftverkehrs" in „Zeppelin – Aufbruch ins 20. Jahrhundert" wandelte, soll verdeutlichen, daß nach heutiger Erkenntnis mit den Zeppelinen zwar ein kräftiger Anstoß in Richtung Weltluftverkehr gegeben wurde, „die Wegbereitung" durch die Zeppeline – und Hans von Schiller würde dies heute gewiß auch so sehen – jedoch nicht auf die Technik des Fliegens oder Luftfahrens an sich, sondern nur auf das Aufzeigen der Möglichkeit raumgreifender Fortbewegung durch die Luft – welcher Art auch immer – bezogen werden kann. Das Flugzeug hat den Weg schließlich geebnet und ausgebaut, Zeppeline gehören unwiederbringlich der Vergangenheit an.

Erdweg im Frühjahr 1988 H. G. Knäusel

Inhalt

Wie ich Luftschiffer wurde . . .

Wege und Umwege

Der 26. Oktober 1914 wird mir immer in Erinnerung bleiben. Denn das war der Tag, an dem ich den Grafen Ferdinand von Zeppelin zum ersten Mal sah. Ich bin nun 75 Jahre alt geworden, aber lebendig frisch steht mir noch immer das Bild jenes großen alten Mannes vor Augen, der als weltberühmter Erbauer der Luftschiffe und ehemaliger Kavalleriegeneral damals in aller Munde war und dessen Bekanntschaft ich als junger Fähnrich in recht unvermuteter Weise machte. Und das kam so:

Ich habe ursprünglich gar nicht Luftschiffer werden wollen. 1891 in Buckhagen bei Kappeln in Schleswig geboren, hing ich mit Leib und Seele an der Seefahrt. Sieben Jahre lebte ich auf dem elterlichen Gut, dann gab man mich in Hamburg in Pension. In Plön in Holstein machte ich 1912 meine Reifeprüfung. Dann trat ich als Seekadett in die Kaiserliche Marine ein. Bei der Mobilmachung 1914 war ich als Fähnrich zur See auf einem Artilleriekursus in Sonderburg. Mein Mobilmachungskommando war ein altes Linienschiff, das erst am 29. Mobilmachungstag in Dienst gestellt werden sollte. So lange wollte ich dann doch nicht warten. Man war ja damals der Ansicht, daß der Krieg schon in ein paar Wochen beendet sein könnte. So versuchte ich, mir ein anderes Kommando zu „besorgen", wie man bei der Marine sagte. Ich kannte den Kommandanten eines Torpedoboots, der mir wohlgesonnen war und bei dem ich einstieg. Wir hatten aber kaum einige Fahrten auf der Ostsee hinter uns gebracht, als wir bei der Ausfahrt zu einem Rettungsunternehmen aus dem Hafen Pillau Havarie hatten. Die Reparatur des Bootes sollte drei Monate dauern. Da klagte ich meinem Vorgesetzten mein Leid.

Der Kommandant des Torpedoboots hatte Verständnis für mich. Mit seiner Einwilligung fuhr ich nach Kiel. Ich kam nachts dort an und meldete mich morgens bei der Flugstation in Holtenau, wo man nach meiner eindringlichen Schilderung der Flugvorbildung – ich hatte immerhin schon einen Flug auf einem Motorflugzeug mitgemacht – sagte: „Gut, Fähnrich, wir können Sie brauchen. Aber holen Sie erst mal Ihre Sachen!" Ich fuhr also in mein Hotel zurück, fand aber in meinem Schlüsselfach einen Zettel: „Der Fähnrich zur See Hans von Schiller hat sich sofort auf der Marinestation der Ostsee, Personalamt, zu melden!" Das war Verrat! Ich fuhr also hin und meldete mich. Ein Korvettenkapitän fragte mich, woher ich käme. Ich gab ihm wahrheitsgemäß Auskunft. Er hörte mich ruhig an und fragte: „Wissen Sie, was Sie gemacht haben?" Ich sah ihm nach altem militärischem Grundsatz frei und offen, aber bescheiden in die Augen und überließ ihm selbst die Antwort. Er gab sie mir: „Sie haben Fahnenflucht begangen", sagte er, „und ich werde Ihnen Gelegenheit geben, darüber nachzudenken."

Damit mußte ich für 10 Tage ein Kommando auf dem Leuchtturm Bülk beziehen, wo ich einen Funkkursus zu absolvieren hatte, der normalerweise sechs bis acht Wochen dauerte. Ich schaffte ihn in den 10 Tagen. Die Zeit war kurz, aber der Tag hatte 24 Stunden, und wenn die nicht ausreichten, nahm ich – wie es bei der Marine hieß – die Nacht zu Hilfe. So bestand ich mein Funkexamen und meldete mich wieder bei der Marinestation. Hier lautete nun mein Kommando: Marineluftschiffabteilung. Ich meldete mich bei ihrem Kommandeur, Korvettenkapitän Strasser, in Fuhlsbüttel bei Hamburg. Er hatte für mich ein Sonderkommando. Es war da ein Hauptmann der Reserve namens Stein – als Schriftsteller schrieb er unter dem Namen „Rumpelstilzchen" –, der mit einem Freiballon nach England fliegen und eine Bombe abwerfen wollte. Das hätte ich ganz gern mitgemacht. Aber ich wurde als Strippenkuli, das heißt als Zugführer der Haltemannschaft des Ballons, eingeteilt. Das war wieder nichts für mich. Da traf ich in meiner Not Dr. Hugo Eckener. Eckener war zu jener Zeit luftschifftechnischer Berater beim Kommandeur der Marineluftschiffabteilung. Er war ein guter Bekannter meines Vaters, der oft mit ihm zusammen auf der Ostsee gesegelt hatte. In meiner Schülerzeit war ich manchmal dabei gewesen. Zum Glück konnte sich Dr. Eckener noch daran erinnern. „Na ja", sagte er, nachdem er mich angehört hatte, „Sie sind ja Segler und werden wohl auch genügend Kenntnis von der Meteorologie und Seefahrt haben, daß wir Sie brauchen können. Ich will mal sehen, vielleicht findet sich für Sie doch noch etwas."

Und bald darauf wurde ich tatsächlich dem in Fuhlsbüttel stationierten Marineluftschiff zugeteilt, zur „Information und Ausbildung". Ich durfte also auf „L 4" meine erste längere Aufklärungsfahrt mitmachen.*

* Bei „L 4" handelt es sich um das Marineluftschiff Nr. 4. Jedes Schiff bekam auf der Werft eine laufende Baunummer. Dazu kennzeichneten Heer, Delag und Marine ihre Luftschiffe unterschiedlich: das Heer mit Z und Nummer, die Delag mit einem Namen und die Marine mit L und Nummer. Über diese Kennzeichnung sowie die technischen Daten, Leistungen und Schicksale sämtlicher Bauten des Luftschiffbau Zeppelin (LZ) s. Anhang S. 156–210.

Als die Marine in Leipzig eine Marineluftschifferschule eröffnete, deren Leitung Dr. Eckener übernahm, war ich einer der ersten, die dorthin kommandiert wurden. Ein ehemaliger Luftschiffführer der Delag, der 1909 gegründeten Deutschen Luftschifffahrts AG, Dr. Lempertz, war unser Lehrer. An Bord der „Viktoria Luise", dem Delag-Luftschiff mit der Baunummer LZ 11, hatte ich eben 17 Ausbildungsfahrten hinter mich gebracht, als mich ein Telegramm aus Fuhlsbüttel nach Friedrichshafen beorderte. Dort sollte ich als Wachoffizier der Besatzung eines neugebauten Marineluftschiffes zugeteilt werden, das dem Kommandanten Oberleutnant zur See Horst Freiherrn Treusch von Buttlar-Brandenfels unterstellt war. Zu dem jungen Kommandanten brauchte man einen noch jüngeren Wachoffizier. Korvettenkapitän Strasser rief mich noch persönlich an, um mir zu sagen: „Du hast aber daran zu denken" – wenn Strasser gemütlich wurde, redete er uns einfach mit du an –, „in sechs Monaten machst Du dein Examen als Luftschiffführer, sonst wirst Du wieder abgelöst!"

Damit war ich nun doch am Ziel meiner Wünsche, wenn auch nicht als Flieger. Im Luftschiff – so glaubte ich – ginge es nun bald an den Feind. Zunächst aber kam ich nach Friedrichshafen. Ich ging gleich auf die Werft. Freiherr von Buttlar war noch nicht eingetroffen. Eigentlich hätte ich mich sofort beim Grafen Zeppelin, dem dienstältesten Offizier des Standorts, melden müssen. Aber eine unerklärliche Scheu ließ es mich immer wieder aufschieben. Wohl war ich nun Wachoffizier und fühlte mich für das Luftschiff zuständig. Aber gegenüber dem berühmten Schöpfer der Luftschiffe kam ich mir doch sehr klein vor.

Der Mythos „Graf Zeppelin"

Man muß meine Lage verstehen. Seit ich denken konnte, erregte der Name Zeppelin die Gemüter. Im Juli 1900 – ich war eben neun Jahre alt – erfolgte der Aufstieg seines ersten Luftschiffs. Achtzehn Minuten hielt sich die Riesenzigarre mit fünf Personen an Bord in der Luft, aber diese Minuten bedeuteten für uns Weltgeschichte. Seitdem erschien der Name „Zeppelin" immer wieder in den Zeitungen. Und doch umfaßte dieser Augenblick des ersten Starts nur den Zeitpunkt, der das späte Lebenswerk des Grafen der großen Öffentlichkeit bekannt machte. Was vorher war an Arbeit und Mühe, an Idealismus und Enttäuschung um den Bau des Luftschiffs – das ist mir erst nach meinen Forschungen im Privatarchiv der Familie von Brandenstein-Zeppelin klargeworden. Allen Widrigkeiten zum Trotz und aller skeptischen Beurteilung entgegen blieb Graf Zeppelin seiner Idee treu.

Ferdinand Graf von Zeppelin (1838–1917)

Wann Graf Zeppelin zum ersten Mal den Gedanken eines Luftschiffes faßte, läßt sich schwer feststellen. Im Jahrgang 1874 seines „Tagebuches", das von ihm in unregelmäßigen Abständen von 1864 bis 1917 geführt wurde, hat er die Idee des „Ballonfahrzeugs", wie er es nannte, zuerst niedergeschrieben. Sicher ist, daß er als junger Offizier bei seinem Besuch Nordamerikas zum Studium des Sezessionskrieges seinen ersten Ballonaufstieg in St. Paul in Minnesota am 15. August 1863 mitmachte und daß er bei der Belagerung von Paris im deutsch-französischen Krieg 1870/71 zusah, wie Mitglieder der französischen Regierung – darunter Staatspräsident Gambetta – im Freiballon aus der eingeschlossenen Stadt entkamen.

Gewiß hat das großen Eindruck bei ihm hinterlassen. Den wirksamsten Anstoß zu einem eigenen Luftschiffplan erhielt aber der Graf durch eine Denkschrift des Postministers Heinrich von Stephan, in welcher dieser unter dem Titel „Weltpost und Luftschiffahrt" 1873 von einer „notwendigen Beschleunigung der Postbeförderung durch Luftfahrt" schrieb, sich jedoch über die Ausführung dieses neuen

Luftverkehrsmittels verständlicherweise nicht äußerte. Graf Zeppelin sandte daraufhin eine Denkschrift an den König von Württemberg und notiert 1874 in seinem Tagebuch den detaillierten Plan eines Luftschiffes. Dieser ersten Idee sind Skizzen und Berechnungen für ein Luftschiff von 20 000 m³ Größe für 20 Fahrgäste beigegeben. Es enthielt bereits alle wesentlichen Elemente seiner „Zeppelin"-Konstruktion: Größe, starres Gerippe aus Ringen und Längsträgern und dynamische Lenkbarkeit. Für dieses „starre System" gab es zu diesem Zeitpunkt noch keine Vorgänger*. Man hatte zwar, insbesondere in Frankreich, mit kleinen Luftschiffen ohne starres Gerippe, sogenannten „Prallluftschiffen", schon Versuche gemacht. Graf Zeppelin beschritt nun aber einen neuen Weg, der der Luftschifffahrt den Erfolg bescherte.

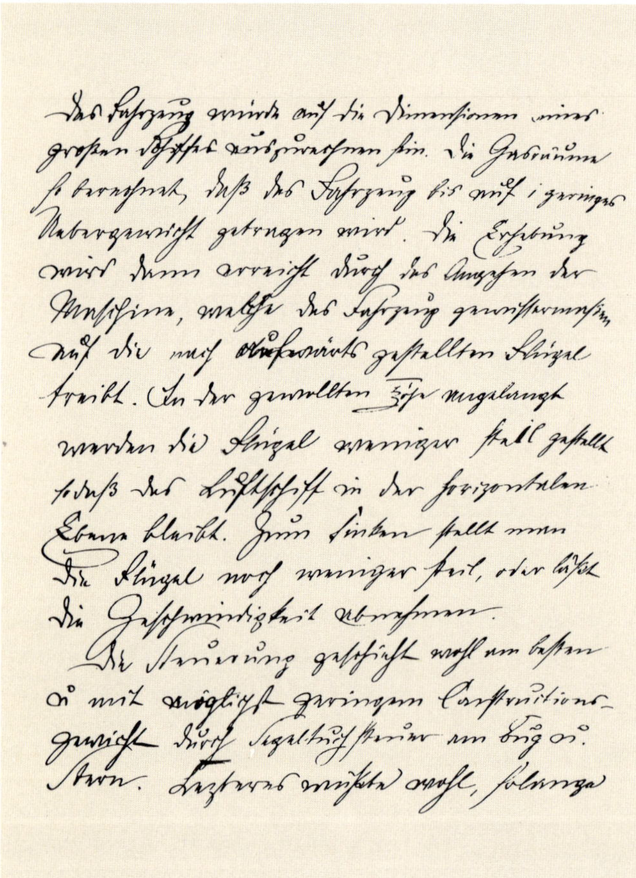

Erste nachweisbare Niederschrift des Grafen Zeppelin über ein Luftschiff

Transkription: „Das Fahrzeug würde auf die Dimensionen eines großen Schiffes auszurechnen sein. Die Gasräume so berechnet, daß das Fahrzeug bis auf ein geringes Übergewicht getragen wird. Die Erhebung wird dann erreicht durch das Angehen der Maschine, welche das Fahrzeug gewissermaßen auf die nach aufwärts gestellten Flügel treibt. In der gewollten Höhe angelangt, werden die Flügel weniger steil gestellt, so daß das Luftschiff in der horizontalen Ebene bleibt. Zum Sinken stellt man die Flügel noch weniger steil oder läßt die Geschwindigkeit abnehmen. Die Steuerung geschieht wohl am besten und mit möglichst geringem Konstruktionsgewicht durch Segeltuchsteuer an Bug und Stern."

Mit welcher Vollkommenheit der Graf bereits in diesem ersten Entwurf das Wesentliche erfaßt hatte, haben zwei seiner alten Mitarbeiter deutlich ausgesprochen. Dr. Ludwig Dürr, der spätere Erbauer aller Zeppeline, sagte 1936 in seiner Dankesrede anläßlich der Verleihung der Lilienthal-Medaille:

„Das Genie des Grafen Zeppelin war so groß, daß er bereits in seinem ersten Entwurf die Idee in ihren Grundzügen so voll erfaßt hatte, daß es uns, den späteren Erbauern der Zeppeline, nicht möglich war, Grundsätzliches zu ändern. Wir konnten nur verbessern und ausfeilen."

Und Diplomingenieur Alfred Graf von Soden-Fraunhofen, seit dem Jahre 1910 Mitarbeiter des Grafen Zeppelin, zunächst als Leiter der Versuchsabteilung des Luftschiffbaues und dann als Mitgründer und Direktor der Zahnradfabrik Friedrichshafen, schrieb in einem Beitrag zur Festschrift des Luftschiffbaues anläßlich des 75. Geburtstags Graf Zeppelins:

„In der Geschichte der Erfindungen zählt es zu den großen Seltenheiten, daß die Hauptmerkmale, welche einem ersten Projekt eigen sind, besonders insoweit sie konstruktiven Charakter tragen, bis zu dessen Vervollkommnung unverändert beibehalten werden. Das Zeppelinluftschiff stellt einen solchen seltenen Fall dar. Die Hauptmerkmale, die ein heutiges Zeppelinluftschiff von anderen Luftschiffen unterscheiden, sind folgende:

die schlanke Form,
das Gerippe aus Aluminium,
die Einteilung des Gasraumes in eine große Zahl gleicher zylindrischer Zellen,

---

* Nach neueren Untersuchungen hat allerdings bereits um 1850 der Franzose Prosper Meller ein Luftschiff konzipiert, das wesentliche konstruktive Merkmale des Zeppelin-Luftschiffs vorwegnimmt (s. Knäusel, LZ 1 – Der erste Zeppelin, Bonn 1985, S. 26). Ob Zeppelin von diesem Projekt wußte, ist nicht bekannt.

Seite 15:
Skizze von Theodor Kober, die sich mit dem Problem der Kraftübertragung vom Motor zu den Luftschrauben auseinandersetzt. Das Blatt ist auf den 29. November 1896 datiert.

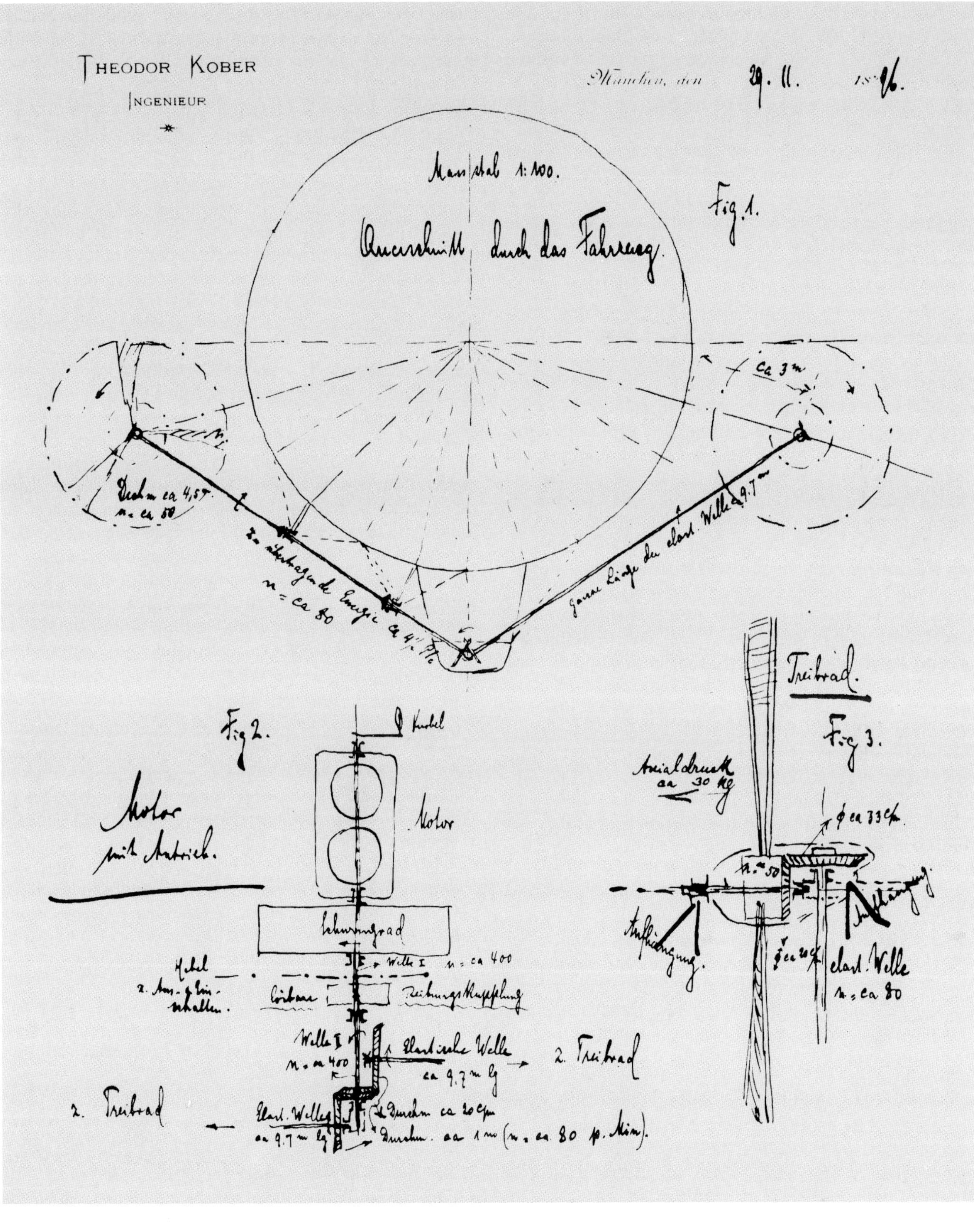
THEODOR KOBER
INGENIEUR
München, den 29. 11. 1896.
Masstab 1:100.
Fig. 1.
Querschnitt durch das Fahrzeug.
ca 3 m
Durchm ca 4,5 m
n = ca 50
zu übertragende Energie ca 4 1/2 PS
n = ca 80
ganze Länge der elast. Welle 9.7 m
Treibrad.
Fig. 3.
Axialdruck ca 30 Kg
φ ca 33 Cm
n = 50
Aufhängung
Aufhängung
φ ca 20 Cm
elast. Welle
n = ca 80
Fig. 2.
Kurbel
Motor
Motor mit Antrieb.
Schwungrad
Welle I
n = ca 400
Hebel z. Aus- u. Einschalten.
Reibungskupplung
Welle II
n = ca 400
Elastische Welle
ca 9.7 m lg
2. Treibrad
2. Treibrad
Elast. Welle
ca 9.7 m lg
Durchm ca 20 Cm
Durchm. ca 1 m (n = ca 80 p. Min).

die Anordnung von zwei getrennten Gondeln,
die feste Verbindung der Gondeln mit dem Gerippe,
die Anordnung eines Verbindungsganges zwischen den Gondeln,
die Anbringung der Luftschrauben in Höhe des Luftwiderstandsmittelpunktes.

Alle diese Merkmale wies das erste unter Leitung des Grafen Zeppelin von Theodor Kober in den Jahren 1892/93 ausgearbeitete Projekt schon auf. Wenn auch das eine oder andere Merkmal nicht neu war – die Einteilung in mehrere Zellen war beispielsweise schon 1807 vom Deutschen August Wilhelm Zachariae in Roßleben vorgeschlagen worden –, so brachte jedenfalls die Vereinigung all dieser Merkmale eine vollkommen neue Schöpfung zustande."

Das war also der Entwurf, der dann in seiner Zweitauflage zur Erteilung eines Patentes in der Klasse „Sport" führte. Bemerkenswert ist auch, daß Graf Zeppelin neben den wesentlichen Konstruktionen das erste Schiff gleich mit all jenen Nebeneinrichtungen versah, die sich für die Führung der Zeppeline als unumgänglich notwendig erwiesen, wie Maschinentelegraf mit Signaleinrichtungen zur hinteren Gondel, die Verwendung von Wasser als Ballast und die entsprechende Einrichtung dazu, Gasventile zum Manövrieren und Gasüberdruckventile. Seitensteuer waren auch schon bei den früheren Lenkballonen vorhanden. Dagegen war es als ganz neue und bedeutungsvolle Erfindung zu betrachten, daß Graf Zeppelin vor dem dritten Aufstieg seines ersten Luftschiffes Höhensteuer anbringen ließ. Zuvor mußte sein Luftschiff durch ein Laufgewicht willkürlich in eine Schräglage gebracht werden, wenn es der Anforderung „ohne Ballastabgabe zu steigen und ohne Gasverlust zu sinken" genügen wollte.

Auf diese Ausnützung der Drachenwirkung des Schiffskörpers beim dynamischen Fahren hatte Graf Zeppelin schon vor den praktischen Versuchen immer wieder hingewiesen. Mit ihr wollte er das Schiff, wenn es schwerer als Luft war, zum Steigen, wenn es leichter als Luft war, zum Heruntergehen zwingen. Und daß gerade dies möglich sein sollte, hatte man ihm nicht glauben wollen. Man hatte auf die Schwierigkeiten verwiesen, die das Tauchen den damals noch in den Anfängen der Entwicklung steckenden Unterseebooten bereitete. Umsonst hatte Graf Zeppelin darauf aufmerksam gemacht, daß es sich hier um völlig verschiedene Dinge handele. Er meinte: „Das Tauchboot muß in zwei ganz unterschiedlichen Elementen gleichzeitig fahren, während das Luftschiff in einem einheitlichen Element schwimmt." Daß das Luftschiff in und mit der Luft schwimmt, gleichgültig, ob sich diese in Ruhe oder bei Wind und Wetter in Bewegung befindet, war für Zeppelin eine ausgemachte Sache – in einer Zeit, in der von Aerodynamik noch keine Rede sein konnte!

Wohl stand Graf Zeppelin mit den Grundbegriffen der Mechanik manchmal auf Kriegsfuß, nannte er sich doch in technischen Dingen gern einen Laien. Aber er hatte nach einer soliden Grundausbildung durch einen tüchtigen Hauslehrer mit 15 Jahren die Polytechnische Schule in Stuttgart und zwei Jahre später die Kriegsschule in Ludwigsburg besucht. Auch in seinem Soldatenberuf behielt er immer Kontakt mit technischen Problemen: So, als er als frischgebackener Leutnant bei seiner kurzen Kommandierung zur Universität Tübingen neben Staatswissenschaft Maschinenkunde, Physik und Chemie belegte. So auch, als er bei seiner Ausbildung zum technischen Offizier beim Ingenieurkorps in Ulm und dann bei der Ingenieurabteilung des Quartiermeisterstabes in Ludwigsburg diente. Und so endlich, als er in mehrjährigen Reisen durch Österreich, Italien, Frankreich, Belgien und England sein Allgemeinwissen vervollkommnete. Er besaß also eine, wenn auch nicht spezialisierte, doch durchaus gute technische Vorbildung. Besonders in allem, was die Luft und ihre Bewegung betrifft, war er infolge seines besonderen Einfühlungsvermögens und seiner mit klarem, logischem Denken verbundenen Intuition wahrhaft Meister. Schwierigkeiten bereitete es ihm immer nur, das, was er so klar vor Augen sah, auch anderen begreiflich zu machen.

Graf Zeppelin war sich in der Anfangszeit seines Planens völlig bewußt, daß vorerst zur Ausführung nicht viel geschehen konnte. Die Zeit schien für seine Gedanken nicht reif. Aber immer wieder befaßte er sich in Mußestunden mit seinen Ideen, wenn er auch in einem Tagebuchvermerk davon schrieb, daß noch viel Wasser aus dem Bodensee abfließen müßte, ehe seine systematischen Versuche ein brauchbares Ergebnis haben würden. Vielleicht sah er im Geiste schon seinen Zeppelin am Himmel, wenn er, wie Weihnachten 1874, in seinem Tagebuch über das Geheimnis der menschlichen Vorstellungskraft meditierte: „Die Schönheit der Form zu empfinden, ist die geheimnisvollste der Gewalten, die den Geist der Menschen beherrschen. Sie erscheint mir einer der höchsten Genüsse, die dem Menschen beschieden sind."

Daneben aber finden wir, wie in der Tagebucheintragung vom 4. April 1875, sehr praktische Nutzanwendungen: „Auf eine nicht unwesentliche Änderung in der Verkehrsweise durch die Luftschiffahrt möchte ich im voraus aufmerksam machen: Die Beschaffungskosten werden zwar groß sein, dagegen die Betriebskosten unbedeutend. Es wird die Luftschiffahrt anfangs teils Luxusvergnügen sein, teils nur das einführen, wofür beim Erdtransport beziehungsweise beim Wasserverkehr besondere Schwierigkeiten zwischen zwei Punkten vorliegen, die einer sicheren, leichten und schnellen Verbindung fortwährend bedürfen (Luftfähren). Ohne Zweifel wird die Verallgemeinerung des neuen Verkehrsmittels nicht lange auf sich warten lassen."

Ein Reitergeneral baut Luftschiffe

Die Entwicklung der Luftschiffe wartete jedoch zunächst auf die Zeit, in der sich Graf Zeppelin ihr voll widmen konnte. Sie sollte bald genug kommen. Denn der Graf hatte nicht nur in seiner Liebhaberei eine eigene Meinung, sondern auch in seinem Beruf als Diplomat und Soldat.

Jedenfalls war schon der junge Offizier von seiner Reise nach Amerika mit militärischen Neuerungsideen im Gepäck zurückgekommen. Er hatte als Beobachter im Sezessionskrieg das amerikanische Milizsystem kennengelernt. Während man in Europa noch mit stehenden Heeren und geschlossenen Formationen rechnete, ließ man in Amerika den einzelnen Mann handeln. Hiervon leitete der Graf die Forderung ab, daß man den Bildungsstand der einfachen Mannschaft für die Handhabung der neuartigen Waffentechnik heben müsse. Er war so unvorsichtig, den Unterschied zwischen „sehendem und blindem Gehorsam" der Truppe zu definieren. Hierfür erntete er das Lächeln seiner Vorgesetzten. Als er aber später als Truppenführer Ernst machte – wie er ja auch den Krieg gegen Frankreich 1870 durch einen kühnen Erkundungsritt weit ins feindliche Hinterland hinein reichlich eigenwillig beginnen ließ –, zog er sich den nachhaltigen Unwillen so mancher Vorgesetzten zu.

Graf Zeppelin hat neben seiner militärischen Tätigkeit öfter im diplomatischen Dienste des Königs von Württemberg Verwendung gefunden: als Militärbevollmächtigter Württembergs in Berlin und später als außerordentlicher Gesandter und bevollmächtigter württembergischer Minister am preußischen Hof. Wie sehr er auch hier seinen eigenen Standpunkt bewahrte, zeigt eine Bemerkung aus dem Jahre 1876, in der es heißt: „Jedes Gemeinwesen bedarf für seine Fortdauer einer lebenskräftigen Idee, in welcher sich seine sonst auseinanderfallenden Teile zum gemeinsamen Handeln vereinigen. Verblaßt der lebenserhaltende Gedanke, so beginnt der Verfall, der mit gänzlicher Auflösung endet, wenn nicht rechtzeitig ein neues Ideal wie ein Geisteshauch den verglimmenden Funken zur frischen Flamme entfacht. Dem jungen Deutschen Reiche fehlt heute schon ein Brennpunkt für das Wollen, für das Streben seiner Bürger. Das nächste Ziel, Machtstellung nach außen, war bald erreicht. Seine Zugkraft läßt nach mit dem Schwinden der Furcht vor äußeren Feinden...

Das Reich wird sich in seiner jetzigen Form aber noch befestigen, solange die rücksichtslos kräftige Faust des Fürsten Bismarck die Zügel hält. Aber nach ihm muß etwas Neues kommen, oder es kommt der Verfall, weil er kein Prinzip hat als ‚seine reine Subjektivität mit ihrem zeitweiligen Belieben', wie C. Frantz sagt, somit die Kontinuität zum Tun irgendwelchen Nachfolgers fehlt.

George Washingtons Vereinigte Staaten von Amerika haben beinahe ein Jahrhundert gewährt, Bismarcks Deutschland kann seinen Schöpfer kaum überleben, denn es hat keine andere Seele als nur ihn selbst. Beten wir zu Gott, und arbeiten wir jeder an seinem Teil daran, daß dem Werke des großen Kanzlers der Lebensodem eingehaucht werden möge zur rechten Zeit."

So dachte Graf Zeppelin in den „Gründerjahren", die jedermann für den Aufbruch eines goldenen Zeitalters hielt. Es ist kaum glaubhaft, daß er, dem das Wohlergehen seines Vaterlandes auf der Seele brannte, diese seine Sorgen für sich behielt. Und es ist auch nicht anzunehmen, daß sie bei seinem täglichen Umgang mit höchsten Regierungsstellen am kaiserlichen Hofe unbekannt blieben. Seine militärische Karriere wurde allerdings wohl erst durch seine Denkschrift beendet, in der er 1890 gegen die absolute Machtvollkommenheit des preußischen Kommandierenden Generals in den Fragen der Offiziersernennungen bei allen Teilen der Armee, auch den württembergischen, offen Stellung nahm. Er wollte seinen König nicht in die Rolle eines bloßen Bestätigers drängen lassen. Nicht lange darauf erhielt er nach kurzem Kommando über die 30. Kavalleriebrigade in Saarburg – nach einer herben Kritik seiner Leistungen bei der Führung einer Kavalleriedivision in den Herbstmanövern – den militärischen Abschied.

Dies war für ihn, der seinem Vaterland mit ganzem Herzen als Soldat gedient hatte, ein harter Schlag. Aber es war der Anfang zur Erfüllung seines eigentlichen Lebenswerks. Er war erst 52 Jahre und bei vollkommener körperlicher und geistiger Frische. Sein Streben, seinem Volke noch etwas Besonderes zu geben, blieb bestehen. Und bald hatte er mit seiner neuen und doch schon alten Aufgabe sein Selbstvertrauen wiedergefunden. Im Juni 1891 schickte er dem preußischen Generalstabschef General von Schlieffen einen „Entwurf" zum Thema „Luftschiffe". Im Begleitschreiben lesen wir:

„Euer Exzellenz erinnern sich vielleicht eines Gespräches anläßlich eines gemeinsamen Morgenrittes im Tiergarten über lenkbare Luftfahrzeuge. Ich wollte damals meinen Gedanken darüber einen Versuch zur Ausführung nicht folgen lassen, weil mir die Zeit zur Bearbeitung fehlte und weil es mir störend gewesen wäre, auch nur vorübergehend für einen Kandidaten des Irrenhauses angesehen zu werden. Jetzt, wo ich nichts Besseres mehr wirken darf und die Meinung der Menschen nur meiner Person, aber keinem Beruf, in dem ich mich befinde, mehr schaden kann, habe ich jene Gedanken wiederaufgenommen und ihnen – vorläufig noch in der Zeichnung – Gestalt gegeben . . ."

Wie sehr sich aber mit seiner ihn immer stärker in ihren Bann zwingenden Aufgabe der Traum seines Lebens erfüllte, das hat er später dem Dichterarzt Carl Ludwig Schleich gegenüber geäußert, zu dem er in einem Gespräch über Jugendgepflogenheiten und deren Auswirkungen auf das spätere Leben* sagte: „Sie haben ganz recht, unsere Kindersehnsüchte sind entscheidend für unsere späteren sogenannten Großtaten. Ich habe als Junge so viele rote Ballons gekauft, wie mir nur irgend erreichbar waren. Ich habe sie aneinander gebunden und mit Papier belastet, um ein schwebendes Gleichgewicht zu erzielen. Es ist mir dies nicht geglückt – aber den ‚Zeppelin' habe ich doch erfunden."

War Zeppelin ein „Militarist"?

Man hat in der ausländischen Literatur, besonders in England und Amerika, oft hervorgehoben, daß Graf Zeppelin sein Luftschiff für kriegerische Zwecke entwickelt hätte. Und man hat auf den Einsatz der Zeppeline zu Kampfhandlungen im Ersten Weltkrieg hingewiesen.

Dazu ist zu bemerken: Wenn auch der Graf zwei entscheidende Eindrücke über die Verwendbarkeit von Luftfahrzeugen in Kriegszeiten empfing – in St. Paul und Paris, also im Ausland –, so galten doch seine ersten Entwürfe nicht der Waffe, sondern dem Transportmittel Luftschiff. Die Kosten all seiner Vorarbeiten zahlte er aus eigener Tasche. Erst als das französische Militär die Luftschiffahrt so energisch in Obhut nahm, sah auch er die Möglichkeit, daß der Staat die immer kostspieligeren Versuche unterstütze. Seine Bitte an die Reichsregierung, sein Projekt vor einer Kommission von Fachleuten vortragen und verteidigen zu dürfen, wurde aber zwei Jahre lang mit Schweigen übergangen und dann – ohne daß man ihn persönlich zu Wort kommen ließ – abgelehnt. 1894 versuchte er, den Kriegsminister Bronsart von Schellendorf zu interessieren, an den er schrieb:

„Vor mehr als 20 Jahren brachte mich der Zufall auf die meinem heutigen Entwurf für lenkbare Luftschiffe zugrunde liegenden Gedanken . . . Eingehende Studien und das Bekanntwerden mit den Fehlern und Schwächen der bisherigen Versuche, das Problem der Lenkbarkeit von Luftschiffen zu lösen, haben zu der Ausgestaltung meines Entwurfes geführt, wie ich ihn jetzt nach mehrjähriger Arbeit in voller Überzeugung von seiner Brauchbarkeit einer Kommission von Autoritäten ersten Ranges auf den Gebieten der Maschinenkunde und des Luftschiffwesens zur Prüfung vorlegen möchte . . .

In einigen Fragen über Ballonbehandlung und -führung habe ich mir durch Ermietung des bewährten Luftschiffers Spelterini mit seinem Ballon ‚Urania' Gewißheit verschafft. Um für die berechnete Festigkeitsforderung die geeigneten Ausmaße der einzelnen Metallteile zu finden, habe ich viele hundert Ermittlungen in der Kgl. Materialprüfungsanstalt zu Stuttgart vornehmen lassen . . .

---

* Schleich, Besonnte Vergangenheit. Verlag Rowohlt, Berlin 1930, S. 52.

Die Berechnungen und Konstruktionszeichnungen sowie die verschiedenen Maschinen- und Materialprüfungen sind durch tüchtige, erfahrene Ingenieure, welche ich in meinen Dienst nahm, ausgeführt...

Die Konstruktion, wie sie Ihnen heute vorliegt, ist nur in den Grundfragen von mir erdacht. Das ganze Verdienst der Ausführung, die sich kühnlich der Lösung der schwierigsten technischen Aufgaben an die Seite stellen darf, welche die Neuzeit gesetzt hat in einer Überbrückung des Kanals, einem Eiffelturm und dergleichen, gebührt meinem Ingenieur Herrn Kober...". Theodor Kober (1865–1930) war 1892 in den Dienst des Grafen getreten; über seine Leistungen, insbesondere auch im Bereich Flugzeugbau, wird an anderer Stelle berichtet.

Berlin blieb abwartend. Nach Ablehnung seines ersten Gesuchs machte Zeppelin eine zweite Eingabe an die Reichsregierung, in der er neben den militärischen auch auf die vielseitigen zivilen Verwendungsmöglichkeiten der Luftschiffe hinwies. Fünf Punkte von sieben sind es, die er in seinem Tagebuchentwurf vom Dezember 1895 festhält:

1. Flotte: Aufklärungen und Photographieren,
2. Heer: das gleiche,
3. Nachrichtenübermittlung, Vermessung,
4. Erschließung der Kolonien,
5. Erderforschung (Afrika, Nordpol) und Errichtung von Stützpunkten,
6. Meteorologische Forschung, da meteorologische Navigation erforderlich erscheint,
7. Weltpostverkehr.

Zu den Punkten Photographieren und Vermessung hielt Graf Zeppelin übrigens im Jahre 1909 einen Vortrag vor der Geografischen Gesellschaft in Stuttgart, der viel Beachtung fand.

Für die Friedensprojekte machte er immer wieder genaue Berechnungen. Wir lesen in seinem Tagebuch unter dem 30. November 1895: „Werden mit einer Tagesfahrt 50000 Briefe zu je 15 g (750 kg) befördert, so bringen diese der Post (à 20 Pf.) 10000 Mark. Gibt sie davon 5000 Mark ab, so hat man 4650 Mark Reingewinn. Für kürzere Reisen sind die Fahrzeuge für 6 bis 8 Reisende einzurichten, die sollen am Tage 600 Mark bezahlen."

Zu einem „Aufruf an das deutsche Volk", in dem er versuchte, die Öffentlichkeit für sein Projekt zu gewinnen, notierte er am 17. August 1896: „Es könnte die Post von Berlin aus zum Beispiel nach Konstantinopel in 38 Stunden, nach New York in 5 Tagen, nach Bombay in 6 Tagen je Flug gebracht, Afrika in 3 Tagen durchquert werden."

Bei den Bemühungen, sein Vorhaben durchzusetzen, wandte er sich an alle, die Öffentlichkeit, die Industrie, die Regierung, die Marine, das Heer. Am wenigsten konnte er die Militärs von der Kriegstauglichkeit seiner Luftschiffe überzeugen. So betrug die Unterstützung, die man ihm nach seiner zweiten Eingabe auf Intervention des Kaisers hin gnädigst gewährte, 6000 Mark für den Bau seines Luftschiffes, den er auf 800000 Mark veranschlagt hatte. Und als er Gutscheine zur Eigenfinanzierung herausgab, die er allen einflußreichen und vermögenden Persönlichkeiten Deutschlands anbot und die schließlich 100000 Mark einbrachten, warnte das Kriegsministerium die militärischen Kreise dringend vor Zeichnungen. Man wußte warum, und Zeppelin war sich über die Verletzlichkeit seiner riesigen Luftfahrzeuge im Kampf auch klar. Die großen Verluste der Zeppeline schon in den ersten Wochen des Krieges haben ihm recht gegeben. Sehr schnell entwickelte sich eine wirkungsvolle Flugabwehr. Lediglich bei der Aufklärung über See konnten sich die Zeppeline noch länger erfolgreich halten, bis die im Anfang noch völlig unzureichenden Flugzeuge ebenfalls in der Lage waren, weit in die Nordsee vorzustoßen und größere Höhen zu erreichen.

Gerade weil er um die sehr bedingte Verwendungsmöglichkeit seiner Luftschiffe im Kriege wußte und weil es ihm letztlich um die Eroberung der Luft, um die Erfüllung eines uralten Menschheitsanliegens und nicht um die Ausbildung einer neuen Waffe ging, hat sich das Interesse des Grafen Zeppelin ja auch schon früh den Problemen der Flugzeugentwicklung zugewandt. Bereits 1897 schrieb er in seinem Tagebuch:

„Meine Meinung über die nichtgasgetragenen Maschinenflugzeuge ist durch die bisherigen Erfahrungen voll bestätigt worden: Das einzige von diesen vielen sinnreich erdachten Fahrzeugen, welches bisher in wirklicher Größe zur Ausführung gelangte, das des bekannten englischen Ingenieurs Maxim*, kam nicht zum Fluge. Es wurde, ehe es noch an seinen Leitschienen zum Start heraus war, am Boden zerstört. Aber auch das Flugzeug wird sicherlich zu entwickeln sein. Heute hat man noch keine Erfahrung in seiner Handhabung. Lilienthals Bemühungen um den persönlichen Flug sind sehr beachtenswert.** Aber solange den Flugzeugen die ausreichende Eigenbewegung fehlt, wird man einen sicheren Flug nicht erreichen...

---

* Hiram Stevens Maxim, amerikanischer Ingenieur (1840-1916).

** Otto Lilienthal (1848-1896) hatte 1891 Gleitversuche aufgenommen. 1896 erreichte er 300 Meter Weite.

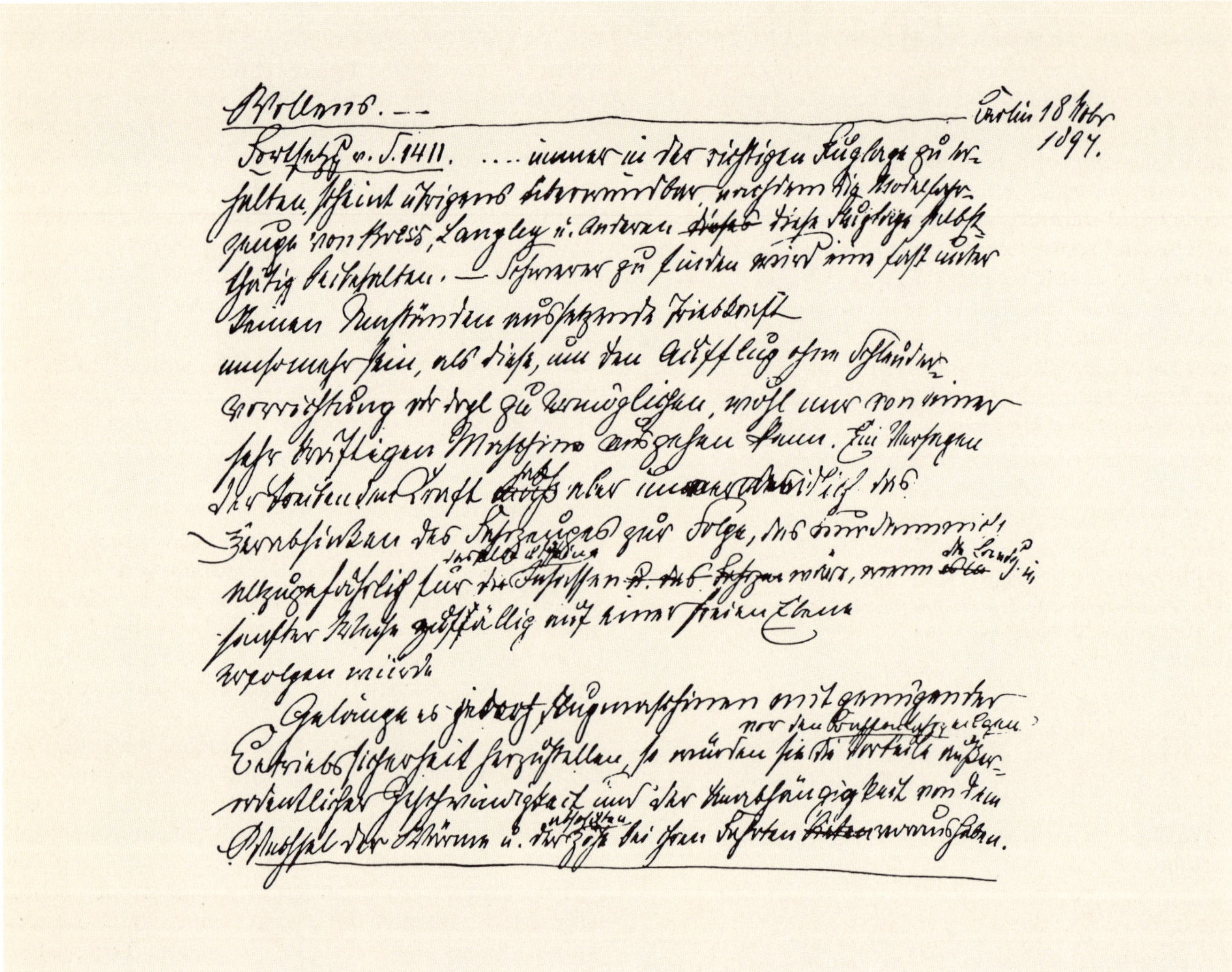

Gelänge es jedoch, Flugmaschinen mit genügender Betriebssicherheit herzustellen, so würden diese vor den Ballonfahrzeugen die Vorteile außerordentlicher Geschwindigkeit und der Unabhängigkeit von dem Wechsel der Wärme und der absoluten Höhe bei ihren Fahrten voraushaben."

Das also war Graf Zeppelin: Er erkannte schon Jahre, bevor sich sein Luftschiff in die Lüfte erhob, dessen Grenzen. Und er anerkannte leidenschaftslos die Entwicklungsmöglichkeiten des Flugzeugs, das er nicht weniger erfolgreich förderte, als es ihm an der Zeit schien. Er war kein „Militarist", sondern genialer Bahnbrecher der Luftfahrt. Schließlich taugt alle Technik zum Wohle der Menschen im Frieden und zum verderbenbringenden Einsatz im Krieg! Aber kein Luftfahrzeug ist in seinem Raumanspruch und seiner Verletzlichkeit so auf den Frieden angewiesen wie der riesenhafte, gasgefüllte Zeppelin.

Notiz des Grafen Zeppelin vom 18. November 1897, in der Gedanken über die Entwicklung von Flugzeugen festgehalten werden.

Transkription: „Schwerer zu finden wird eine fast unter keinen Umständen aussetzende Triebkraft umsomehr sein, als diese, um den Aufflug ohne Schleudervorrichtung oder dgl. zu ermöglichen, wohl nur von einer sehr kräftigen Maschine ausgehen kann. Ein Versagen der treibenden Kraft hat aber unvermeidlich das Herabsinken des Fahrzeugs zur Folge, das wiederum nicht allzu gefährlich für dasselbe und seine Insassen wäre, wenn die Landung in sanfter Weise zufällig auf einer freien Ebene erfolgen würde. – Gelänge es jedoch, Flugmaschinen mit genügender Betriebssicherheit herzustellen, so würden sie vor den Ballonfahrzeugen die Vorteile außerordentlicher Geschwindigkeit und der Unabhängigkeit von dem Wechsel der Wärme und der absoluten Höhe bei ihren Fahrten voraushaben."

Eine Idee gewinnt Gestalt

Jahre brauchte es, bis sich Graf Zeppelin mit seiner Luftschiffidee in der technischen Welt wirklich Gehör verschaffte. Immer wieder hielt er Vorträge vor allen möglichen Gremien. Er warb in voller Überzeugung für ein Menschheitsanliegen! So können wir in der Vorrede zu einem Vortrag, den er 1896 vor der Naturwissenschaftlichen Gesellschaft Stuttgart hielt, lesen:

„Welch neue, gewaltige Umwälzung müßte die Folge sein, wenn es dem Menschen gelänge, sich in schnellem Fluge nach jedem beliebigen Punkte des Erdenrunds zu versetzen und selbst bedeutende Frachten aller Art dorthin zu tragen oder zurückzubringen. Wer hätte nicht schon in wachen Träumen daran gedacht? Aber werden sich solche Träume jemals verwirklichen? Die große Masse bejaht die Frage, die meisten wohl, ohne zu wissen, warum. Von den übrigen denken die einen, der Vogel fliegt, warum sollte der Mensch es ihm nicht nachtun können? Andere mögen glauben, daß so viele Leute, auch hervorragende Ingenieure, die Lösung des Flugwollens verfolgen, daß die endliche Lösung des Problems nicht ausbleiben könne. Leider ist die Zahl derer auch groß, die sich einbilden, sie hätten selbst eine Lösung gefunden. Das sind die schlimmsten, zu diesen gehöre auch ich."

Was er hier so humorvoll von sich selber aussagte, verfolgte er mit wacher Anteilnahme auch bei allen anderen. So schrieb er anläßlich des Todes Lilienthals, der in den Havelbergen vor Berlin bei Flugversuchen mit seinem Segeldrachen abstürzte:

„Den einzigen Weg, vielleicht doch einmal zum Flug zu gelangen, schien mir Lilienthal eingeschlagen zu haben. Wenn Lilienthal viele Nachahmer in seinem Sport finden sollte, so wäre es denbkar, daß, wie das Fahrrad bereits mit einem kleinen Motor ausgerüstet ist, ein solcher auch im Flügelgerüst für Einzelflug angebracht werden könnte, womit der Grund zum Fahren in der Luft gelegt würde."

Er bewies damit seinen guten Realismus auch für die Möglichkeiten zur Ausbildung von Flugmedien schwerer als Luft. Denn tatsächlich fingen die Brüder Wright ihre Entwicklung des Motorflugs wie Lilienthal mit Gleitversuchen an. Aber Graf Zeppelin hatte sich nun einmal für das Luftfahrzeug leichter als Luft entschieden. In einem Vortrag vor dem Verein Deutscher Ingenieure umriß er im gleichen Jahr 1896 noch einmal die Gründe hierfür. Dort heißt es:

„Bislang ist es noch nicht gelungen, mit Flugmaschinen zu fliegen, während man im Ausland, besonders in Frankreich, bereits Erfolge mit kleineren Luftschiffen unstarren Prinzips, wie denjenigen von Renard und Krebs sowie Giffard, gezeigt hat. Man sollte doch auch in Deutschland eine Gesellschaft zur Förderung des Luftschiffs gründen..."

Wie gut er sich mit der Vorgeschichte der Luftschifffahrt in den Ballonen und Flugzeugen vertraut gemacht hatte, das bewies Graf Zeppelin in seinen Veröffentlichungen. Sie zeugen von einer erstaunlichen Feinsinnigkeit der Anschauung, doch auch von der

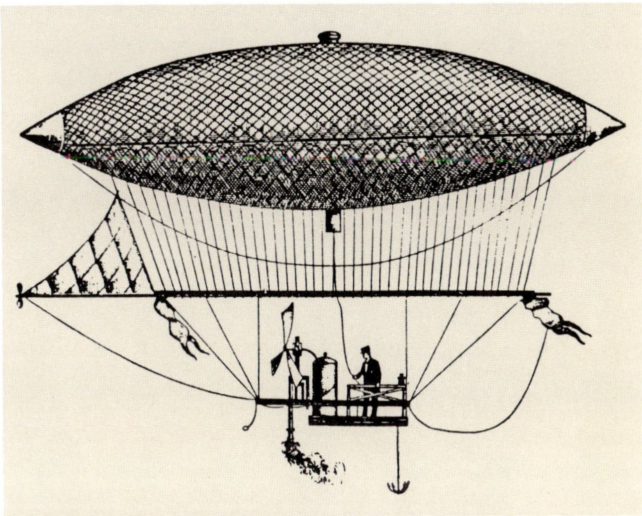

Luftschiff von Henri Giffard 1852.

Sicherung in nüchternen Berechnungen. Bereits im September 1895 schrieb er:

„Wenn dem Freiballon keine ausreichende Eigenbewegung gegeben wird, ist er dem Spiel der Lüfte preisgegeben. Er wird vom Winde fortgeführt. Nur das Aufsuchen allgemein günstiger Windrichtungen in verschiedenen Höhenlagen gestattet einigermaßen, einem bestimmten Ziel nahe zu kommen. Auf diese Art ist es dem englischen Major Anderson z. B. gelungen, und dies sogar zweimal, in Woolwich aufzusteigen und unter Benutzung verschiedener Luftströmungen, wie beabsichtigt, im Lager von Aldershot zu landen.

Mittels eines Schlepptaues, das über Land oder übers Meer gleitet, gibt der Schwede Andrée* dem vom

* Salomon August Andrée (1854–1897), schwedischer Ingenieur und Polarforscher, kam auf seiner Freiballonfahrt zum Nordpol um. 1930 wurden seine und seiner Begleiter Leichen gefunden.

Wind getriebenen Ballon eine Hemmung. Indem er ferner eine Segelfläche, zur Windrichtung geneigt, stellt, erreicht er es, daß seine Fahrt nicht unbedeutend nach der von ihm gewünschten Seite aus der Windrichtung abweicht. Bei diesem sehr beschränkten Steuervermögen will der kühne Mann im nächsten Sommer die Fahrt nach dem Nordpol wagen. Wir wünschen ihm alles Glück dazu. Aber auch in dem Gelingen dieses Unternehmens könnten wir noch keine befriedigende Lösung des Problems der Lenkbarkeit erkennen. Erst wenn der mit majestätischer Ruhe tagelang dahinschwebende und seine Bürde sicher tragende Ballon mit eigener Kraft nach jeder beliebigen Seite und Richtung hingetrieben werden kann, werden wir das ersehnte Ziel erreicht haben.

„La France" von Renard und Krebs im August 1884.

Eine Reihe von Versuchen ist dem Ziel sehr nahe gekommen. Der Franzose Giffard hat wohl als erster begriffen, daß die Phantasie bei der Konstruktion von Luftschiffen vollständig verbannt sein muß und daß Form und Gewicht und Widerstandskraft eines jeden Stückes ebenso genau zu berechnen sind, als ob es sich um eine Blechplatte zu dem Kessel einer Lokomotive handele. Mit einem ersten Fahrzeug, dessen Ballon 44 m Länge und 12 m Höhe hatte, konnte er nur eine Auffahrt am 23. September 1852 ausführen, weil seine Mittel erschöpft waren und er sich das Gas für weitere Füllungen nicht mehr zu beschaffen vermochte. Als ihm aber seine Erfindung der Dampfstrahlpumpe Millionen eingebracht hatte, da unternahm er bereits im Jahre 1855 wieder eine Auffahrt mit einem 72 m langen Ballonfahrzeug. Infolge des Propellerdrucks entwandte sich die Gashülle allmählich dem über sie gespannten Netz und schoß im Augenblick der Landung zu den Wolken empor.

Giffard, um weitere Erfahrung in der Ballontechnik zu gewinnen, fertigte nunmehr den gewaltigen Fesselballon für die Ausstellungen in Paris und London an. Als er aber mit einer dazu bereitgelegten Million zum Bau eines dritten Luftschiffes, welches ohne Zweifel bereits damals eine befriedigende Lösung gebracht hätte, schreiten wollte, wurde der ebenso geniale wie auch technisch hochgebildete Mann durch Erblindung zur Untätigkeit verdammt.

Ein Fahrzeug, welches 50,4 m lang war und vollkommene Lenkungsfähigkeit in einer Eigenbewegung von 5 m/sec aufwies, erbaute 1871 unser deutscher Landsmann Ingenieur Haenlein aus Mainz. Eine Gesellschaft unter dem Vorsitz des Barons Oppenheim in Wien hatte dazu die Mittel gewährt. Da machte der Börsenkrach auch Haenleins soweit gediehenen Bestrebungen ein jähes Ende.

Die Konstrukteure Renard und Krebs erbauten in den französischen Militärwerkstätten zu Chalais-Meudon bei Paris die ‚La France'*, welche in den Jahren 1884 und 1885 eine Reihe von Fahrten durchführte, bei denen sie trotz starker Winde an ihren

* Zum Antrieb der „La France" wurde ein Elektromotor von 8,5 PS mit Akkumulatorenbatterie verwendet, dazu ein zweiflügeliger Propeller als Zugschraube.

Ausgangspunkt zurückkehrte, womit jeder Zweifel an der Lenkbarkeit auch bei noch gewissen Unzulänglichkeiten behoben wurde.

Dabei hatte die ‚La France' aber noch zwei Hauptmängel:

1. Eine vorübergehend erreichte Geschwindigkeit von 6,5 m/sec ist gegenüber den namentlich in höheren Luftschichten häufigeren Luftströmungen nicht ausreichend.
2. Mit der ohne Überlastung nicht zu verlängernden Betriebsdauer des Motors von höchstens eindreiviertel Stunden ließen sich keine Fahrten in solche Ferne ausführen, daß sich die Aufwendungen eines so großen und kostspieligen Apparates gelohnt hätten.

An dem Tage, an welchem ein Fahrzeug gebaut sein wird, das die Eigenschaften der ‚La France' besitzt, aber nicht mehr an diesen Mängeln leidet, ist das Problem, ferne Ziele durch die Luft zu erreichen, endgültig gelöst.

Nach den Vorgängern Giffard, Haenlein, Renard und vielen anderen handelt es sich nicht mehr um die Erfindung der Lenkbarkeit, sondern nur noch um die Vervollkommnung des von jenen Geschaffenen.

Kaum hatte die ‚La France', welche noch als Versuchsschiff in kleinem Maßstabe angesehen werden muß, die Probe bestanden, als die französische Regierung Renard den Auftrag und die Mittel gab, nunmehr ein für den Gebrauch gebautes Fahrzeug zu bauen, welches mehrere Stunden lang Geschwindigkeiten über 12 m/sec erreichen sollte, um noch gegen Windströmungen bis zu 12 m/sec ankämpfen zu können.

Renard hat zunächst langwierige, kostspielige Versuche zur Findung einer verhältnismäßig leichten Maschine gemacht. Nach fünfjähriger Arbeit erst scheint er zu einem bestimmten befriedigenden Ergebnis gekommen zu sein. Das von ihm entworfene Fahrzeug, ‚Le Général Meusnier' genannt, sollte 70 m Länge bei 12 m Durchmesser an der dicksten Stelle haben. Man erwartete eine Fahrgeschwindigkeit von 11 m/sec. Wie weit der Bau dieses Fahrzeuges gediehen ist, vermag ich nicht zu sagen. Jedenfalls haben Flugversuche in größerer Höhe als die Bäume des Parks von Meudon nicht stattgefunden, da solche, wie einst die der ‚La France', von Tausenden gesehen worden und Berichte darüber nicht ausgeblieben wären.

Aber wie damals das französische Fahrzeug ganz unerwartet in den Lüften erschien, so könnte jeden Tag von Chalais-Meudon oder irgendwoher die Welt in ähnlicher Weise überrascht werden, und Deutschland hätte das Nachsehen.

Um unserem Vaterlande den Ruhm und die Vorteile des ersten Besitzes wirklich leistungsfähiger Luftfahrzeuge zu verschaffen, habe ich mich vor vier Jahren an die Arbeit gemacht, meine über eine mögliche Ausführung längst gemachten Gedanken zu einem förmlichen Entwurf zu gestalten."

Erste Anerkennung und Hilfe

Der Graf wurde nicht müde, in Wort und Schrift für seine Pläne zu werben. Doch er mußte viele vergebliche Bittgänge tun, ehe ihm eine gewichtige Institution wertvolle Hilfe erteilte: Der Verein Deutscher Ingenieure, der eine nochmalige Überprüfung des Luftschiffprojektes veranlaßte. Es waren teilweise die gleichen Mitglieder, die schon in der ersten, 1894 in Berlin zusammengetretenen Prüfungskommission gesessen und seinen damaligen Entwurf abgelehnt hatten, nun aber den in einigen Einzelheiten verbesserten, aber nicht im Wesentlichen veränderten zweiten Entwurf guthießen. Auf ihre Veranlassung erließ im Dezember 1896 der VDI folgenden Aufruf:

„Es ist nicht die Aufgabe des Vereins Deutscher Ingenieure, einzelne Unternehmen zu fördern, welche den Interessen gewisser Personen oder Kreise dienen sollen. Von diesen Erwägungen ausgehend, haben wir zunächst eine Kommission von Fachmännern ersucht, den von Herrn Graf von Zeppelin vorgelegten Entwurf einer Prüfung zu unterziehen. Die Kommission hat in dem Protokoll einer am 25. Oktober 1896 in Karlsruhe abgehaltenen Sitzung das Ergebnis ihrer Studien in einer Reihe von schriftlichen Gutachten und gutachtlichen Äußerungen niedergelegt, welche in den beiden Sätzen gipfeln:

1. Das Projekt des Herrn Grafen Zeppelin stellt in Aussicht, daß gegenüber den früheren Ausführungen lenkbarer Luftschiffe, wenn nicht höhere Geschwin-

Seiten 24/25:
Aufruf des Vereins Deutscher Ingenieure vom 20. Dezember 1896, mit dem insbesondere die deutsche Industrie zur Unterstützung des Zeppelinschen Vorhabens aufgefordert wird.

Aufruf.

Berlin, 30. Dezember 1896

Gelegentlich der XXXVII. Hauptversammlung unseres Vereines im Juni d. J. ist an uns die Bitte gerichtet worden, wir möchten dem Entwurfe des Grafen von Zeppelin für ein lenkbares Luftfahrzeug unsere Aufmerksamkeit und gebotenenfalls fördernde Mitwirkung zuwenden.

Nach eingehender Erwägung aller Umstände haben wir dieser Bitte Folge geben zu sollen geglaubt, und zwar in voller Erkenntnis und Würdigung der scheinbar entgegenstehenden grundsätzlichen Bedenken.

Es ist nicht Aufgabe des Vereines deutscher Ingenieure, einzelne Unternehmungen zu fördern, welche den Interessen gewisser Personen oder Kreise dienen sollen, sondern zum Wohle der gesamten vaterländischen Industrie bezweckt der Verein ein inniges Zusammenwirken der geistigen Kräfte deutscher Technik. Nur bei vollständiger Uebereinstimmung mit diesen Grundsätzen dürften wir der Sache näher treten. Diese Uebereinstimmung schien uns gegeben einerseits dadurch, dass niemand wirtschaftliche Vorteile — auch nicht Erstattung bereits gemachter Aufwendungen — von der in Rede stehenden Unternehmung für sich erwartet oder zu erlangen sucht, sondern dass lediglich der allgemeine Gewinn für die Entwickelung der Aerotechnik ins Auge gefasst ist, welchen man von der Verfolgung des vorliegenden Entwurfes und von der Verwertung des darin angesammelten Arbeitsmaterials sich verspricht, anderseits deshalb, weil wir der Meinung sind, die Förderung der Aerotechnik diene nicht bloss — mittelbar und unmittelbar — dem Wohle der vaterländischen Industrie, sondern sie bedürfe und verdiene in ihrem gegenwärtigen Entwickelungsstande ganz besonders die Mitwirkung der technischen und industriellen Kreise.

Von diesen Erwägungen ausgehend haben wir zunächst eine Kommission von Fachmännern ersucht, den von dem Herrn Grafen von Zeppelin vorgelegten Entwurf einer Prüfung zu unterziehen. Diese Kommission bestehend aus den Herren:

Baudirektor Professor von Bach in Stuttgart,
Geh. Regierungsrat Professor Busley in Berlin,
Professor Dr. Finsterwalder in München,
Professor Dr. Linde in München,
Geh. Regierungsrat Professor Müller-Breslau in Berlin,
Direktor Peters in Berlin,
Professor Schröter in München,
Geh. Regierungsrat Professor Dr. Slaby in Berlin

hat in dem Protokoll einer am 25. Oktober d. J. in Karlsruhe abgehaltenen Sitzung das Ergebnis ihrer Studien in einer Reihe von schriftlichen Gutachten und gutachtlichen Aeusserungen niedergelegt, welche in den beiden folgenden Sätzen gipfeln:

1. „Das Projekt des Herrn Grafen von Zeppelin stellt in Aussicht, dass gegenüber den früheren Ausführungen lenkbarer Luftschiffe, wenn nicht eine höhere Geschwindigkeit, so doch eine wesentlich längere Fahrtdauer (bei grösster Geschwindigkeit etwa 10 Stunden) erreicht werden kann."
2. „Die erfolgreiche Ausführung des Entwurfes ist an die Lösung einiger Vorfragen gebunden, deren experimentelle Beantwortung an sich so wichtig für die Entwickelung der Luftschiffahrt ist, dass die Kommission dem Vorstand weitere Schritte zur Verwirklichung des Projektes empfiehlt."

Des weiteren sprachen die Kommissionsmitglieder sich dahin aus, dass ein entscheidender Schritt in der technischen Ausbildung der Luftfahrzeuge nur mit sehr grossen Mitteln erreichbar sei, dass man sich von den Arbeiten, welche zur Verwirklichung des Zeppelinschen Projektes erforderlich sind und derselben vorausgehen müssen, nicht nur einen unmittelbaren Gewinn für das Gebiet der Luftschiffahrt, sondern auch eine wesentliche und für viele technische Gebiete wichtige Erweiterung und Ergänzung unserer heutigen sehr lückenhaften Kenntnisse über die dynamischen Verhältnisse von relativ zu Luft bewegten Körpern zu erwarten haben, dass es sich also um die allgemeine Lösung eines technisch wissenschaftlichen Problems handle, und dass es dem Vereine deutscher Ingenieure zur Ehre gereichen würde, hierzu beigetragen zu haben.

Die Herstellung brauchbarer Luftfahrzeuge gilt erst seit kurzer Zeit als dem Arbeitsgebiete des Ingenieurs angehörend. Eine sehr grosse Anzahl von Technikern steht heute noch allem gleichgültig oder gar skeptisch gegenüber, was sich auf Luftschiffahrt bezieht, und verhältnismässig klein ist die Zahl derjenigen, welche auf Grund eines vertieften Studiums in der Ausbildung der Mittel für den Transport im Luftmeere eine der grössten technischen Aufgaben erkennen, die das scheidende Jahrhundert dem kommenden übermacht. Von theoretischer Seite herrscht Uebereinstimmung darin, dass die Naturgesetze keinerlei Hindernisse bieten, und dass die heutigen technischen Hilfsmittel für die statischen und dynamischen Anforderungen an den Bau von Luftfahrzeugen ausreichen. Die Schwierigkeiten und Bedenken übersteigen nach der Meinung hervorragender Physiker und Ingenieure nicht diejenigen, welche sich vor Zeiten der Schiffahrt auf dem hohen Meere und dem Eisenbahnbetriebe bei den damaligen technischen Hilfsmitteln entgegenstellten. Das Ziel dieser Bestrebungen ist: Sicherer Transport in der Atmosphäre, also unabhängig von Strassen jeder Art, mit bisher unerreichten Geschwindigkeiten. So fern dieses Ziel heute noch erscheinen mag, jeder, der es naturgesetzlich und technisch für erreichbar hält, wird es vieler Opfer und Anstrengungen für wert halten. Nur Schritt für Schritt, wie bei allen früheren Kulturfortschritten — wird man diesem Ziele sich nähern können. Einen solchen Schritt würde nach der von uns geteilten Meinung hervorragender Sachverständiger der Bau eines Luftfahrzeuges auf der Grundlage des Zeppelinschen Entwurfes und der vorausgehenden experimentellen Ermittelungen bedeuten.

Es erscheint ausgeschlossen, dass die erheblichen Geldmittel, welche zur Bethätigung solcher Schritte notwendig sind, aus rein wirtschaftlichen Erwägungen, d. h. mit der Aussicht auf unmittelbaren finanziellen Gewinn von einzelnen Personen oder Erwerbs-Gesellschaften aufgewendet werden. Denn der technische Erfolg wird zweifellos Allgemeingut werden und würde sich nicht zu Gunsten der einzelnen Unternehmer monopolisieren lassen.

So kann nur auf die gemeinnützige und opferwillige Geneigtheit derjenigen Kreise, welche dazu im stande sind, insbesondere also auf die Geneigtheit der Vertreter der deutschen Industrie, die Hoffnung gesetzt werden, dass sie für die Förderung einer sehr wichtigen und grossen technischen Aufgabe unseres Zeitalters zur Aufbringung der bedeutenden Mittel sich bereit finden lassen möchten, ohne welche ein entscheidender Fortschritt nicht zu erwarten ist.

Frankreich, Nordamerika und England sind uns mit bedeutenden Aufwendungen vorausgegangen. Sollte die deutsche Technik nicht auch ihren Anteil an der Lösung dieser Aufgabe haben und nehmen?

Wir glauben in diesem Sinne an die deutschen Industriellen und insbesondere an die Mitglieder unseres Vereines uns wenden und ihnen die Bitte um ihre Mitwirkung bei dem bedeutenden Unternehmen warm ans Herz legen zu sollen.

Der Vorstand des Vereines deutscher Ingenieure:

Kuhn. Engelhard. Daevel. C. Linde. Mehler.

Der Direktor:

Th. Peters.

digkeiten, so doch eine wesentlich längere Fahrtdauer (bei größter Geschwindigkeit 10 Stunden) erreicht werden kann.

2. Die erfolgreiche Ausführung des Entwurfs ist an die Lösung einiger Vorfragen gebunden, deren experimentelle Beantwortung an sich so wichtig für die Luftfahrt ist, daß die Kommission dem Vorstand weitere Schritte zur Verwirklichung empfiehlt.

Die Kommissionsmitglieder sprechen sich dahin aus, daß ein entscheidender Schritt in der technischen Entwicklung der Luftfahrzeuge nur mit großen Mitteln erreichbar sei, daß man von den Arbeiten, welche zur Verwirklichung des Zeppelin'schen Projekts erforderlich sind und denselben vorausgehen müssen, nicht nur einen Gewinn für das Gebiet der Luftschiffahrt, sondern auch eine wesentliche und für viele technische Gebiete wichtige Erweiterung und Ergänzung unserer heute noch sehr lückenhaften Erkenntnisse über die dynamischen Verhältnisse von relativ zu Luft bewegten Körpern zu erwarten habe, daß es sich also um die allgemeine Lösung eines technischen und wissenschaftlichen Problems handele und daß dem VDI es zur Ehre gereichen würde, hierzu beigetragen zu haben. Die Schwierigkeiten und Bedenken übersteigen nach Meinung der hervorragenden Physiker und Ingenieure nicht die, welche vor Zeiten der Schiffahrt auf dem hohen Meere und im Eisenbahnfach bei den damaligen technischen Hilfsmitteln sich entgegenstellten. Das Ziel dieser Bestrebungen ist: sicherer Transport in der Atmosphäre, also unabhängig von Straßen allerart, mit bisher unerreichten Geschwindigkeiten.

So fern dieses Ziel heute erscheinen mag, jeder, der es naturgesetzlich und technisch für erreichbar hält, wird es vieler Opfer und Anstrengungen für wert halten. Nur Schritt für Schritt, wie bei allen Kulturfortschritten, wird man diesem Ziele sich nähern können.

Einen solchen Schritt würde, nach der von uns geteilten Meinung hervorragender Sachverständiger, der Bau eines Luftfahrzeuges auf der Grundlage des Zeppelin'schen Luftschiffs bedeuten.

Es erscheint ausgeschlossen, daß die erheblichen Geldmittel, welche zur Betätigung solcher Schritte notwendig werden, aus rein wirtschaftlichen Erwägungen, d. h. mit Aussicht auf unmittelbaren finanziellen Gewinn, von einzelnen oder Erwerbsgesellschaften aufgewendet werden. Denn der technische Erfolg wird zweifellos Allgemeingut werden und würde sich nicht zugunsten der einzelnen Unternehmer monopolisieren lassen.

So kann nur auf die gemeinnützige und opferwillige Geneigtheit derjenigen Kreise, welche dazu imstande sind, insbesondere also auf die Geneigtheit der Vertreter der deutschen Industrie, die Hoffnung gesetzt werden, daß sie für die Förderung einer sehr wichtigen und großen technischen Aufgabe unseres Zeitalters zur Aufbringung der bedeutenden Mittel sich bereitfinden lassen möchten, ohne welche ein entscheidender Fortschritt nicht zu erwarten ist. Frankreich, Nordamerika und England sind uns mit bedeutenden Aufwendungen vorausgegangen. Sollte die deutsche Technik nicht auch ihren Anteil an der Lösung dieser Aufgabe haben und nehmen? Wir glauben, in diesem Sinne an die deutschen Industriellen und insbesondere an die Mitglieder unseres Vereins uns wenden und ihnen die Bitte um ihre Mitwirkung bei dem bedeutsamen Unternehmen warm ans Herz legen zu sollen.

Der Vorstand des Vereins Deutscher Ingenieure."

Zum ersten Mal hatte also eine Kommission von Fachleuten die Tragweite des Zeppelin'schen Projektes voll erfaßt. Zum ersten Mal erkannte und anerkannte ein Gremium von Technikern – in einer Zeit, in der es weder ein Flugzeug noch ein brauchbares Luftschiff gab – die Auswirkungen weit über den unmittelbaren Bereich des Objektes hinaus.

Jedoch – der erhoffte große finanzielle Erfolg blieb aus. Die Industriellen blieben zurückhaltend. Zwar wurde 1898 eine „Aktiengesellschaft zur Förderung der Luftschiffahrt" gegründet, doch mehr als die Hälfte des angesetzten Kapitals der Gesellschaft trug Graf Zeppelin aus eigenem Vermögen bei.*

Eine wichtige Verbindung und industrielle Abmachungen kamen allerdings zustande, die das Problem eines brauchbaren Werkstoffes für das Gerippe des Luftschiffs betrafen, das ja bei möglichst leichtem Gewicht auch ausreichende statische Belastungen aushalten mußte. Schon vor einigen Jahren hatte sich Graf Zeppelin an den bergischen Industriellen Carl Berg in Lüdenscheid gewandt**. Neue hochprozentige Bauxitlager gaben bei neuartigen Herstellungsverfahren Berg die Möglichkeit, aus dem bisherigen „Edelmetall" Aluminium ein Gebrauchsmetall zu machen. In sein Tagebuch klebte der Graf 1896 einen Zeitungsausschnitt mit folgenden Angaben ein:

Der Preis für Aluminium

für das Jahr 1885 noch	1000 Mark
ist 1888 auf	20 Mark
und jetzt (1895) auf	4 Mark

pro Kilo herabgesunken.

Doch Zeppelins Appell an Berg mußte von diesem damals abgelehnt werden, weil ihn ein Vertrag bereits an einen anderen Luftschiffkonstrukteur band. Dies war der Ungar David Schwarz.

David Schwarz (1859–1897) hatte ein Luftschiff entwickelt, das – einschließlich der Außenhülle – ganz aus Metall gebaut wurde. Er hatte eine Unterteilung in mehrere Gasräume vorgesehen, jedoch in wesentlich geringerer Zahl als Graf Zeppelin. Schwarz' Konstruktion bestand auch nicht aus beweglichen Zellen, sondern gewissermaßen aus einer Reihe von „Konservendosen", deren Deckel die wenigen Schotten des Schiffes waren. Man brachte das Gas direkt in die einzelnen Zellen ein. Da man aber zu damaliger Zeit weder durch Nietung noch durch Schweißung eine gasdichte Verbindung der Metallteile erreichte, wurde das Gas nach kurzer Zeit unrein und verlor an Auftrieb. In wenigen Tagen bildete sich aus dem Auftriebsgas Knallgas. Diese Knallgasbildung wurde noch verstärkt, wenn in den Gaszellen beim Höhergehen des Luftschiffs Überdruck entstand und beim Heruntergehen die Abblasventile Luft einsaugen. Inzwischen war der Erfinder aber verstorben, noch bevor der einzige Start seines Luftschiffes erfolgte.

Der Start mißglückte und das Projekt wurde fallengelassen.*** Der Graf erneuerte seine Kontaktaufnahme zu Berg mit folgendem Schreiben:

„Der früheren Einladung, mich am Bau des Schwarzschen Luftschiffs zu beteiligen, habe ich nicht zu folgen vermocht, weil dieses mir (wie ich im einzelnen nachwies) nicht die nötige Sicherheit für einen allgemeinen Gebrauch bot. Ew. Hochwohlgeboren haben schon damals die Vorzüge meines Entwurfes anerkannt, waren aber gebunden, zunächst einen entscheidenden Versuch mit jenem Fahrzeug abzuwarten. Dieser hat die eine Seite meiner Behauptung, das Blechkastensystem sei nicht entwicklungsfähig, nur zu schnell erwiesen. Ew. Hwg. haben diese Nachteile so vollkommen erkannt, daß Sie auf das bestimmteste erklärten, niemals mehr nach dem Schwarzschen System bauen zu wollen.

Das Aluminiumluftschiff von David Schwarz und Carl Berg am 3. November 1897 kurz vor dem Aufstieg.

---

* Zur Vor- und Baugeschichte des ersten Zeppelin-Luftschiffs s. Knäusel, LZ 1 – Der erste Zeppelin, Geschichte einer Idee 1874 bis 1908, Bonn 1985.

** Carl Berg (1851-1906), Industrieller, stellte als erster in Deutschland Aluminium in industriellem Maßstab her und erprobte feste Aluminiumverbindungen.

*** Zum Schwarz'schen Luftschiff und seiner Entstehungsgeschichte ausführlich bei Knäusel, LZ 1, S. 31ff. und bei Rotem, David Schwarz – Die Tragödie des Erfinders, Bloomington, Indiana/USA 1983 (Knäusel, LZ 1, S. 40).

Auf der anderen Seite meiner Behauptung haben Sie durch eigene Kenntnisnahme meiner Entwürfe und deren genaue Prüfung durch Ihren Ingenieur Herrn Tenzer die Überzeugung gewonnen, daß nach diesen gebaute Fahrzeuge aller denkbaren Wahrscheinlichkeit nach bei großer Betriebssicherheit langdauernde Fahrten unter Mitnahme bedeutender Lasten ermöglichen werden.

Die vorzügliche Bearbeitung des Aluminiums in Ew. Hwg. Fabriken würde die beste Ausführung des Festbaues meiner Fahrzeuge sichern und unsere Verbindung das Vertrauen der Laienwelt erwecken, welches man mir allerdings zu schenken bisher nicht geneigt war.

Dagegen muß ich Ew. Hwg. daran erinnern, daß aus unserer Erörterung dessen, was von Ihrem Luftschiff für das meinige anwendbar wäre, nichts übrig blieb als vielleicht die Schwarzsche Gitterkonstruktion zur Befestigung der Gondel am Ballon. Diese mag besser sein als die meines Entwurfes, aber sicher ist die letztere, weil von praktischen und erfahrenen Ingenieuren angeordnet und geprüft, vollkommen genügend..."

Das war der Beginn einer jahrelangen Arbeitsverbindung und engen Freundschaft, die alle schweren Prüfungen der Folgezeit überstand.* Von Kommerzienrat Berg wurde nicht nur das Metall geliefert, sondern auch in Eveking eine eigene Halle erbaut, in welcher man die im Aluminiumwerk fertig verarbeiteten Einzelstücke zusammensetzte. Wieder auseinandergenommen, wurden die Teile mit der Bahn nach Friedrichshafen versandt.

Der Bau des ersten Luftschiffs

Die Arbeit konnte beginnen, als König Wilhelm II. von Württemberg dem Grafen Zeppelin ein in Manzell bei Friedrichshafen am Bodensee gelegenes Gelände für den Luftschiffbau überließ. Eine kleine Werkstatt entstand, eine schwimmende Halle wurde erstellt und unweit des Ufers im See verankert. Im Jahre 1899 waren alle diese Vorbereitungen beendet. Am 17. Juni begann man, die von Berg gelieferten Trägerstücke in der schwimmenden Halle zu Ringen zusammenzufügen. Das Schiff sollte nach der Konstruktion von Kober eine Länge von 128 m, einen Durchmesser von 11,7 m und einen Gasinhalt von 11000 m³ bekommen. Als Antriebsmaschinen waren zwei in der vorderen und hinteren Gondel unterzubringende, von der Firma Daimler gebaute Motoren von 12 bzw. 16 PS Leistung und 320 bzw. 325 kg Gewicht vorgesehen. Die damit zu erreichende Geschwindigkeit veranschlagte man auf 7,8 m/sec.

Man fing guten Mutes an, doch der Bau verzögerte sich immer wieder. Ein schwerer Sturm beschädigte die schwimmende Halle und das werdende Schiffsgerippe. Erhebliche Gelder mußten für die Instandsetzung aufgewandt werden. Eveking kam nur zögernd mit den Lieferungen voran, da Schwierigkeiten in der Fabrikation auftraten. Das zweimalige Montieren – einmal in Eveking und dann in Manzell – sowie der Bahntransport verursachten erhebliche Kosten. Als im Frühjahr 1900 der Zeppelin fast fertiggestellt war, waren die Mittel der „Gesellschaft zur Förderung der Luftschiffahrt" nahezu erschöpft.

Obwohl Graf Zeppelin versuchte, sein Vorhaben möglichst geheimzuhalten, wurde doch allgemein bekannt, daß dort in Manzell ein Luftschiff im Bau war. Das Für und Wider wurde zum Tagesgespräch. Als eines der gutbesetzten Bodenseeschiffe einmal Manzell passierte, soll einer der Passagiere geäußert haben, man möge doch die Luft den Vögeln überlassen, worauf ein mitfahrender Schwabe, der auf die Unternehmung des Grafen besonders stolz war, zur Antwort gab: „Und die Erde den Rindviechern."

Trotz aller Schwierigkeiten wurde der Bau zu Ende geführt. Mit den letzten zur Verfügung stehenden Mitteln konnten die Gaszellen eingebracht werden. Hauptmann Bartsch von Sigsfeld von der Berliner Luftschifferabteilung übernahm auf Wunsch Graf Zeppelins die Gasfüllung. Es zeigte sich, daß die Gewichtsberechnungen der Planung tatsächlich nicht überschritten worden waren. Der Zeppelin hatte mehr Auftrieb, als angenommen. Leider ergab sich aber auch schnell, daß die Dichtigkeit der Gaszellen die Hoffnungen nicht erfüllte, sondern der Gasverbrauch

* Anmerkung des Herausgebers: Diese vielfach kolportierte Einigkeit war in Wahrheit intensiven Spannungen zwischen dem geschäftstüchtigen Carl Berg und dem impulsiven und emotionalen Graf Zeppelin ausgesetzt (vgl. Knäusel, LZ 1, u. a. S. 64ff.).

Extrablatt des „Seeblattes."

Friedrichshafen, 3. Juli 1900.

Der erste Aufstieg des Luftschiffes.

Der Aufstieg des Luftschiffes erfolgte gestern abend erst um 8 Uhr. Vor demselben hielt Graf Zeppelin eine Ansprache und verrichtete ein Schutzgebet. Nachdem der Ballon kurze Zeit festgehalten, stieg er rasch in die Höhe von 3—400 Meter und führte verschiedene Schwenkungen aus, so daß das Publikum über den großartigen Anblick in freudigste Stimmung versetzt wurde. Beim Abstieg nach etwa 20 Minuten, scheint an der Steuerung etwas versagt zu haben und erfolgte derselbe, um nicht auf das Land zu kommen, schnell. Unweit des Ufers bei Immenstaad kam der Ballon, resp. die beiden Gondeln auf den See. Hiebei berührte der Ballon einen zur Sicherung der Dampfbootfahrten gesetzten Pfahl und erhielt die Hülle einen Riß. Nachdem der Floß herbeigeschafft war, wurde der Ballon auf denselben gebracht und gegen 1 Uhr morgens in die Halle zurückbefördert. Das Resultat soll trotz des Unfalles ein günstiges sein. In der einen Gondel befand sich Graf Zeppelin, Baron Bassus, Ingenieur Burr und in der andern Gondel der Afrikareisende Dr. Wolff und Maschinist Groß.

Redaktion, Druck und Verlag von R. Geßler, Friedrichshafen.

infolge Durchlässigkeit sehr hoch war. Hierzu muß daran erinnert werden, daß Erfahrungen über die Gasdichtigkeit von Luftfahrzeugen über einen längeren Zeitabschnitt hinweg noch nicht vorlagen. Frei- oder Fesselballons hielt man nur wenige Tage gasgefüllt; meist entleerte man sie schon nach Stunden.

Unter welchen Schwierigkeiten der Bau dieses ersten Luftschiffs nach dem Zeppelin-System vor sich ging, geht aus den Eintragungen im vom damaligen Geschäftsführer der „Gesellschaft zur Förderung der Luftschiffahrt“, Ernst Uhland, handschriftlich geführten „Journal“ hervor. Nachstehend einige Auszüge:

1. 6. 1899	Versenkung eines Zementblocks im Gewicht von 40 t für die Verankerung der schwimmenden Halle 800 m vom Ufer.
17. 6.	Ankunft der ersten Teile aus Eveking. Werden in der Montagehalle [fest am Ufer gelegen] zusammengesetzt und vermittels eines Floßes in die schwimmende Halle verbracht.
18. 7.	Im Sturm reißt die Halle sich los. Öse am Zementblock gebrochen. Dampfer bringt schwimmende Halle an Ankerplatz zurück.
19. 7.	Nochmaliges Losreißen. Verankerung mit schweren Marineankern.
29. 7.	Richtfest in der Halle [hier: Schwimmhalle].
19. 8.	Professor Hergesell läßt Drachen für Windmessungen bauen, die vom Säntis hochgelassen werden sollen.
Okt./Dez.	Stoffe für Zellen immer noch schlecht. Anfrage bei englischer Firma Tounton, Birmingham, welche Goldschlägerhaut-Ballons für englisches Militär liefert.
12. 1. 1900	Wilhelm Maybach, [der Schöpfer des modernen Automobils (Daimler)], bespricht geeignete Kühlvorrichtung aus Aluminiumrohren mit Rippen.
27. 1.	Auswiegung des Gerippes ergab 4120 kg gegen 4800 kg des Voranschlages.
14. 2.	Im Sturm reißen die Haltetrossen der schwimmenden Halle. Sie treibt ans Ufer, keine Schäden am Schiffsgerippe. Man hofft, da der See Niedrigwasser hat, daß bei Steigen des Wasserstandes die Halle wieder freikommt und aufschwimmt.
2. 5.	Halle schwimmt wieder, Pontons leergepumpt, Halle am alten Liegeplatz verankert.
25. 5.	Endlich scheinen Versuche mit Zellenstoff befriedigend.
7. 6.	Blitzschlag in die Halle, ohne Zünden.
12. 6.	Anweisungen an Dampfschiffgesellschaften, wegen evtl. Probefahrten, auch über evtl. Einschleppen des Luftschiffs. 3 Mann Landjäger vom Landratsamt für 28. 6. bestellt.
30. 6.	Aufstieg beabsichtigt. Da Füllung zu lang dauerte, abgesagt.
1. 7.	Tausende von Menschen am Ufer, Dampfer auf dem See. Aufgelassener Fesselballon meldet starken Wind bis zu 10 m/sec. Fahrt abgesagt. Schiff abends mit Floß aus der Halle gezogen. Abwiegen und Propellerversuche; zurück zur Halle.
2. 7.	Da alle Beteiligten schon zwei Tage angestrengt gearbeitet haben, werden weitere Vorbereitungen für Start erst am Nachmittag begonnen. Aufstieg beschlossen, da Prof. Hergesell Lage als günstig beurteilt.“

Graf Zeppelin hatte seinen in den letzten Tagen übermäßig beanspruchten Männern diese Ruhepause bis zum Nachmittag geben müssen, so daß der Start des Luftschiffes erst gegen 8 Uhr abends stattfand.

Ehe das Floß die Halle verließ, versammelte er alle Beteiligten zu einem Gebet, in dem er den Segen des Himmels für sein Werk erbat. Nach dem Herausschleppen des Floßes durch einen Schlepper stellte sich das nur durch eine Schleppleine gehaltene Luftschiff ohne besondere Schwierigkeiten in die Windrichtung ein. Für den ersten Start waren natürlich noch nicht genügend Erfahrungen vorhanden. Man hielt die achtere Gondel zu lange am Floß fest, so daß der LZ 1 mit starker Schräglage bugaufwärts in die Höhe stieg. Zur Höhensteuerung war ein Laufgewicht an einem durchhängenden Seil vorgesehen, durch dessen Verschiebung man die Gleichgewichtslage rasch wiederherstellte.

Graf Zeppelin führte, wie auch später immer wieder, sein Schiff selber. Außer ihm befanden sich noch vier weitere Personen an Bord: Sein Freund Baron von Bassus, Privatgelehrter und Physiker, und der Ingenieur Burr mit ihm in der vorderen Gondel, Maschinist Groß sowie der Afrikaforscher und Journalist Eugen Wolff in der hinteren. Der damalige Bauleiter des LZ 1 hatte sich geweigert, mitzufahren, da die Versicherungsgesellschaft kein Risiko übernommen hatte. Während der achtzehn Minuten, die das Luftschiff in der Luft war, brach einer der Motoren zusammen, und auch der Mechanismus zum Bewegen des Höhensteuergewichts fiel aus. Der Graf entschloß sich zur Landung. Sie gelang ohne Schwierigkeiten.

Das Einschleppen des LZ 1 wollte allerdings nicht recht klappen, da der Dampfschlepper keine ausreichende Geschwindigkeit erreichte. Das Luftschiff trieb mitsamt dem Schlepper auf das Seeufer zu. Ein Fischernetzpfahl bohrte sich in seinen Rumpf und mußte abgesägt werden. Glücklicherweise gab es am Schiffsrumpf nur leichte Beschädigungen. Schließlich gelang es bei abflauendem Wind, LZ 1 in die Halle einzubringen.

Das war die erste Fahrt eines großen Luftschiffes mit fünf Personen an Bord. Sie bedeutete trotz aller aufgetretenen Mängel und ihrer Kürze eine Weltsensation. Allen Gewalten zum Trotz und entgegen den pessimistischen Voraussagen seiner Gegner hatte Graf Zeppelin die Richtigkeit seiner Idee grundsätzlich bewiesen.

Graf Zeppelin hat die Erfolgspunkte dieser ersten Auffahrt in seinem Tagebuch noch einmal zusammengefaßt:

„Die Unterbringung des Fahrzeugs in der auf dem See schwimmenden Halle ging glatt vonstatten...

Das Fahrzeug hat, trotzdem die teilweise Füllung mit nicht reinem Gas einen Minderauftrieb von ungefähr 300 kg nach sich zog, noch eine genügende Menge von Ballast mit hochheben können: 3350 kg, von welchen es 270 kg zurückbrachte...

Sobald die Schrauben in Gang gesetzt waren, folgte das Fahrzeug der Steuerung willig.

Die waagerechte Lage konnte immer wieder erreicht werden, obgleich der bald eingetretene Bruch einer Kurbel die Verwendung der Winde für das Laufgewicht verhinderte.

Das Herabschweben auf den See erfolgte, trotz bedeutender und rascher Gasabgabe und nur geringer Ballastabgabe, so sachte, daß die Landung auch auf festem Boden unbedenklich erscheinen muß..."*

2. Juli 1900, 20 Uhr: Das Luftschiff LZ 1 wird vom Floß aufgelassen.

Seite 31:
Eines der schönsten Fotodokumente der Technikgeschichte! Es hat den Augenblick festgehalten, in dem LZ 1 erstmals frei schwebt und aufsteigt.

---

* Faksimile des Berichts des Grafen Zeppelin, die offizielle Stellungnahme der „Gesellschaft zur Förderung der Luftschiffahrt", in Knäusel, LZ 1, S. 108.

Weitere Fahrversuche

Da sich gewisse Schwächen im Gerippe des LZ 1 gezeigt hatten, konnten mit den letzten Geldmitteln der „Gesellschaft zur Förderung der Luftschiffahrt" noch die erforderlichen Verbesserungen und Verstärkungen durchgeführt werden. Ernst Uhlands „Journal" berichtet aber von neuen Schwierigkeiten vor dem nächsten Start. Es heißt dort im Jahr 1900 über einen Unfall des in der schwimmenden Halle aufgehängten Luftschiffs:

25. 9. Durch langsame Reibung* waren die Nieten der Aufhängebügel des Tragkörpers in der Nacht gebrochen, und der mittlere Teil des Schiffs hatte sich herabgesenkt. Es waren dadurch Biegungen entstanden, deren Reparatur mehrere Wochen in Anspruch nimmt. Am 24. 9. abends waren sämtliche Arbeiten zur Vorbereitung neuer Fahrversuche beendet; am 25. sollte die Gasfüllung vorgenommen werden. Das Fahrzeug hing, wie schon seit beinahe einem Jahr, an jedem Ring durch Ösen befestigt, in einem Flaschenzug zusammenlaufender Drahtseile am Firstbalken der Halle. Die vier Ringe bei den Viermeterabteilungen, welche, an sich schon schwerer, noch die Last der Gondeln mit den Motoren zu tragen hatten, waren außerdem noch mit zwei weiteren, außen angreifenden Drahtseilen an einem Querbalken der Halle befestigt.

Noch am 23. und 24. trat durch das Einbringen der Gaszellen und das Füllen der Wasserballastsäcke, als mehrere Arbeiter zugleich an einzelnen Stellen in das Fahrzeug stiegen, eine ungewöhnliche Beanspruchung der Aufhängung ein, ohne daß das geringste Nachgeben wahrzunehmen gewesen wäre. Etwas nach 1 Uhr in der Nacht zum 25. hörte der die Runde gehende Nachtwächter ein Knacken, und wenige Sekunden später sank mit lautem Krachen der größte Teil des Fahrzeugs auf das Floß herab. Die Aufhängungen der Viermeterabteilungen hielten stand, wodurch die Gondeln mit den Motoren vollständig, die beiden Fahrzeugenden nahezu unversehrt blieben.

Die mittleren Abteilungen erlitten verschiedene starke Verbiegungen und Verkrümmungen. Brüche von Längsträgern und Umfangringen sind nur an wenigen Stellen eingetreten, so daß dem Fahrzeug durch Geraderichten, fast ohne daß neue Stücke verwendet werden müssen, seine Gestalt wiedergegeben werden kann.

Die Herstellungsarbeiten wurden so rasch wie möglich in Angriff genommen und zu ihrer tunlichen Förderung eine Anzahl weiterer Arbeiter eingestellt, auch statt der bisherigen Beleuchtung mit Glühlampen eine solche mit zwei Bogenlampen eingerichtet, um auch bei Nacht arbeiten zu können, so daß bis Mitte Oktober das Fahrzeug voraussichtlich wieder fahrbereit sein wird. Durch den Unfall entstandene Kosten sind auf etwa 10 000 Mark zu veranschlagen.

17. 10. Zweite Fahrt, 4.45 bis 6.15 Uhr nachmittags.

24. 10. Dritte Fahrt, 5.02 bis 5.25 Uhr nachmittags. Volle Drehkreise, Geschwindigkeit 8 m/sec. Vorschlag: Verstärkung des Laufgangs.

11. 11. Graf Zeppelin hat in Berlin nichts erreicht, schlägt Liquidation vor, die in Generalversammlung am 15. 11. beschlossen werden soll.

15. 11. Schwimmende Halle wird am Ufer festgelegt. Entlassung der meisten Arbeiter.

3. 12. Genaue Auswertung der Geschwindigkeit ergibt 9 m/sec."

Die zweite Fahrt des LZ 1, bei der es gute Manövriereigenschaften zeigte, brachte bei der Landung einen Versager der Wasserballastabgabe. Es setzte heftig aufs Wasser auf, so daß die Streben der vorderen Gondel brachen. Die achtere Gondel kam weich herunter, so daß am Gerippe keinerlei Schaden entstand. Man hatte die Gondelstreben schon damals als Sollbruchstellen ausgebildet, um das Schiffsgerippe bei harten Landungen zu entlasten. Beim Einschleppen des Luftschiffs frischte der Wind stark auf. Der kleine Schlepper „Buchhorn" konnte das Floß nicht zu dem nach Westen abtreibenden Luftschiff hinbringen. Glücklicherweise nahm der Bodenseedampfer „König Karl" LZ 1 in Schlepp. Bei den Böen war das Aufbringen auf das Floß schwierig, weil das Luftschiff stark buglastig war. Eine der vorderen Gaszellen entleerte sich langsam, da der Hebel des Auslaßventils in geöffneter Stellung klemmte und das Ventil nicht von Bord aus geschlossen werden konnte. Endlich gelang das Einhallen ohne weitere Zwischenfälle.

* Reibung wohl infolge der Schwankungen der Halle im Seegang.

In der Zeit zwischen dem 17. und 24. Oktober 1900 hatte man feststellen müssen, daß die Gaszellen mehr als 200 Kubikmeter Gas pro Tag verloren. Friedrichshafen besaß keine Wasserstoffanlage, so daß jedesmal das Gas für die Fahrten von auswärts beschafft werden mußte. Die Kosten waren erheblich. Für die dritte Fahrt stellte die Heeresluftschifferabteilung dem Grafen 250 Flaschen zur Verfügung, die mit der Bahn befördert werden sollten. Unterwegs hatte man in irgendeiner kleinen Station den Waggon vom Eilzug abgehängt. Der von den Heeresluftschiffern mitgegebene Soldat protestierte. So wurde der Waggon auf Betreiben des Grafen Zeppelin einfach an einen Personenzug angehängt. Er kam im letzten Augenblick an. Die Flaschen wurden auf einen bereitliegenden Prahm geladen, so daß LZ 1 gerade noch rechtzeitig gefüllt werden konnte. Viele geladene Gäste, darunter der König und die Königin von Württemberg, waren schon versammelt, um das Schauspiel des Aufstiegs zu sehen. Auch nachdem die dritte Fahrt glücklich beendet war, hatte die Heeresverwaltung ihre Bedenken gegen die Brauchbarkeit eines Zeppelins nicht aufgegeben*. Zudem fehlten der „Gesellschaft zur Förderung der Luftschiffahrt" weitere Geldmittel. Graf Zeppelin sah sich genötigt, sie zu liquidieren. Aus der Liquidationsmasse übernahm er das Luftschiff, die Halle und die Werkstätten selber. Der Kreis der bisherigen Mitarbeiter mußte aufs äußerste eingeschränkt werden. Nur wenige konnte der Graf im Dienste behalten. Unter ihnen war Dr. Ludwig Dürr.

Der Chefkonstrukteur der Zeppeline

Ludwig Dürr (1878–1956) war als junger Ingenieur, gerade aus dem Militärdienst bei der Marine entlassen, im Herbst 1899 beim Grafen Zeppelin eingetreten und hatte bereits am Bau des LZ 1 mitgewirkt. Dieser geniale, für sich selbst äußerst bescheidene Ingenieur, wurde der Erbauer der 118 Zeppeline, die nach LZ 1 die Werften des Zeppelinkonzerns verließen. Dürr war nicht nur ein tatsächlich berufener Ingenieur, sondern auch ein sich immer mehr bewährender Praktiker, ein Mensch von großer Gewissenhaftigkeit und feinem Einfühlungsvermögen, der stets auf Sicherheit in seinen Arbeiten bedacht war.

Ludwig Dürr (1878–1956)

Schon beim Bau des ersten Luftschiffes erkannte Dürr, daß der volle Erfolg von einem möglichst geringen Gewicht des Schiffskörpers abhängig war, der aber dabei äußerst stabil sein mußte. Während man bisher noch die flachen Träger aus „T"- und Winkelprofilen mit reichlichen Wandstärken für das Gerippe verwandte, erfand er den „Dreiecksträger", bei dem man für Ringe und Längsträger mit weit dünneren Profilen auskam.**

Neu zum Kreise der Luftschiffbauer hinzugekommen, hatte es Dürr anfangs nicht leicht. Man war skeptisch. Aber bald fand er bei Vorgesetzten und Untergebenen Anerkennung. Er sprach nicht viel und trat nicht gern hervor, war von Natur aus zurückhaltend. Nur wenn er über sein Fach sprechen konnte, waren seine Ausführungen hervorragend, klar und für jeden verständlich.

Eines Tages hatte Dürr wieder ein besonderes Werkstück entworfen. Die „Alten" zweifelten, ob es tatsächlich so zu machen sei. Da stellte sich Dürr selbst an die Werkbank und überzeugte durch sein handwerkliches Können. Aber nicht nur mit der Konstruktion und dem Schiffsbau befaßte sich Dürr. Er wurde auch selber Luftschifführer. Und als es die finanziellen Mittel dem Grafen nicht mehr erlaubten, Investitionen zu machen, errichtete sich Dürr in einem Nebenraum der Werkstätte auf eigene Kosten eine kleine Gießerei:

* Ausführlich hierzu: Graf Zeppelin und die Militärs 1890-1900, in Knäusel, LZ 1, S. 145ff.

** Anmerkung des Herausgebers: Die auch in anderen Publikationen vertretene Ansicht, die Erfindung des Dreiecksträgers stamme von Dürr, ist nach neueren Untersuchungen nicht richtig. Der Vorschlag, Dreiecksträger im Luftschiff zu verwenden, stammt nach eigener Aussage Dürrs vom Grafen Zeppelin (Brief vom 23. 3. 1903; vgl. Knäusel, LZ 1, S. 192/193).

Die Hexenküche, wie sie bald genannt wurde. Hier führte er Legierungsversuche durch, da ihm das bisher gelieferte Aluminium statisch nicht genügte. Und er hatte tatsächlich Erfolg. Mit seinen neuen Legierungen konnte man die zur Verwendung kommenden Bleche erheblich dünner halten und sie trotzdem statisch hoch beanspruchen. Auch durch Sicken der kleinen Verstrebungen erreichte er bei den Ringen und Längsträgern eine erhebliche Verbesserung der Festigkeit.

Graf Zeppelin unterhielt sich mit Professor Hergesell einmal darüber, wie man einem Pfeil durch Federn am Ende beim Fluge Stabilität verleiht. Dürr, der am Gespräch teilgenommen hatte, baute hierauf – um die Wirkung von Stabilisierungsflächen und Rudern auszuprobieren – in Manzell einen Windkanal, der wohl im Jahre 1900 der erste in Deutschland gewesen sein dürfte. Als der Luftschiffbau-Zeppelin 1909 den Ausbau seiner Werft vornahm, konnte man – auf Dürrs Erfahrungen aufbauend – auch gleich einen größeren Windkanal einrichten. In ihm wurden dann Strömungsversuche nicht nur für Luftschiffe und Flugzeuge, sondern auch für Kraftwagen (Mercedes-Rennwagen) und Motorräder (des Rennfahrers Henne) sowie für die Eisenbahn („Fliegender Hamburger" mit Maybachmotoren) durchgeführt. Und später als bedeutende Fachkräfte anerkannte Wissenschaftler (wie Oberingenieur Paul Jaray, Prof. Dr.-Ing. Klemperer und Diplom-Ingenieur Schirmer) kamen hier zu ihren ersten Erfolgen.

Dürr wußte sich also auch in den Zeiten der größten finanziellen Not nützlich zu machen. Als zunächst keine Aussicht auf eine Fortführung der Fahrten mit dem Luftschiff mehr bestand, wollte Graf Zeppelin durch ihn ein von dem Monteur Rüb entworfenes Flugzeug bauen lassen. Es handelte sich um ein mehrflächiges Schwimmerflugzeug, zu dem man dann einen Rotationsapparat und einen Flügelmechanismus herstellte. Rüb hatte als Antrieb eine Tretmaschine vorgesehen, die Dürr – wie es Graf Zeppelin schon für Lilienthal vorgeschlagen hatte – mit einem Fahrradmotor unterstützen wollte. Da aber Rüb in einem Jahr bereits 30 000 Mark verbraucht hatte, vor jedem Flugversuch jedoch immer wieder zurückschreckte, löste man den Vertrag mit ihm. Dürr beschäftigte sich mit Versuchen zur Verbesserung der Luftschrauben für das Motorboot des Grafen, das 1902 bei einer Motorbootausstellung in Berlin Aufsehen erregte.

Ernst Uhlands „Journal" ist eine interessante Quelle sowohl für die weitschauenden Planungen und Erfindungen Zeppelins als auch für die Vorschläge und Arbeiten Dürrs:

27. 8. 1902 Von Prof. Hergesell wird ersucht, die maßgeblichen Stellen zur Genehmigung der nötigen Mittel für die Errichtung einer Drachenstation am Bodensee zu bewegen . . .
Versuch mit 2200-cbm-Ballon, der von Schwimmern Dürrscher Konstruktion geschleppt wird.

Es waren dies erste Versuche und Bemühungen um eine Wetterstation, wie sie später in Friedrichshafen entstand. Anfänglich trugen gegen den Wind hochgeschleppte Drachen die Instrumente, später auch Ballons. Nach Gründung der „Drachenstation" wurde ein kleines torpedobootähnliches Dampfboot eingesetzt. Der langjährige Leiter dieser Station wurde Professor Dr. Kleinschmidt.

Im „Journal" lesen wir weiter:

12. 9. 1902 Aus den Flächen des Rübschen Flugzeugs Drachen durch Dürr hergestellt (8 Flächen).

29. 9. Eingabe an Reichstag zur Genehmigung Drachenstation Manzell.

12. 11. Dürr bringt Entwurf für neuen, begehbaren Laufgang.

17. 11. Dürrs neuartiger Träger (Profilträger in Dreiecksform).

30. 12. Angebot an Dürr, in den USA zu arbeiten, was Dürr abschlägt.

Das Angebot aus den USA verhieß Dürr bei einem sehr hohen Gehalt volle Freiheit in Konstruktion und Bau von Luftschiffen. Er blieb trotz dieser Lockung bei dem mit größten Schwierigkeiten ringenden Grafen. Ein Dürr war nicht käuflich. Daß Graf Zeppelin ihm seine Treue gedankt hat, ist selbstverständlich. Mitten im Kriege, aus Anlaß der Vollendung des 50. Luftschiffes, fand er Gelegenheit zu einem herzlichen Dank. Wir finden in seinem Tagebuch unter dem 6. Februar 1916 das Konzept zu folgender Ansprache:

„Mein lieber Herr Direktor Dürr!

Heute in der Morgenfrühe ist das 50. Luftschiff, das Sie persönlich gebaut haben, seinem Nest entflogen – hinaus in den Krieg. Leider ist mir diese Tatsache zu spät zum Bewußtsein gekommen, um noch äußere Zeichen der Dankbarkeit und Anerkennung beschaffen zu können, die ich, der Luftschiffbau, Ihre schwäbische Heimat und das ganze deutsche Volk für Ihre hingebende und geistvolle Arbeit schulden, und um noch eine kleine Feier, von größeren, geräuschvollen Festlichkeiten in gegenwärtiger Zeit abzusehen, anzuordnen. Im allgemeinen pflegt man die Zahl 50 nur zu feiern, wenn es sich um von Menschen in besonderer Stellung erlebte 50 Jahre handelt – so z. B. wenn ein Ehepaar solange glücklich gewesen ist. Aber etwas Ungewöhnliches und darum des zu danken Wertes ist es doch, das 50. Luftschiff – ein so eigenartiges, vielgegliedertes, kunstvolles, riesiges Gebilde gebaut zu haben in einer Zeit, wo vorher nur ein einziges und wenig nachahmenswertes Stück bestanden hatte und während welcher Sie allen Nachahmern zum Trotz in steter Vervollkommnung die tüchtigsten Schiffe hervorbrachten.

Von ganzen Herzen danke ich Ihnen für den unermüdlichen Eifer, mit welchem Sie sich den Aufgaben widmeten, zu deren Lösung ich Sie auswählte, weil ich in Ihnen die Eigenschaften erkannt hatte, welche Sie dazu in ungewöhnlichem Maße brauchbar erscheinen ließen. In das, was ich mir laienhaft zurechtgedacht hatte, haben Sie mit überlegenem Wissen und Können und mit eigenen schöpferischen Gedanken erst wahres Leben hineingebracht.

Der Name Dürr wird mit dem Zeppelinluftschiffbau auf immer verbunden sein."

Das also war Dürr: groß in der Leistung, doch bescheiden im Anspruch, seinem besten Wesen nach Schwabe, starr und voll Eigenwillen, aber stets höflich, zuvorkommend und liebenswürdig gegen jedermann. Ich kann mich seiner Hilfsbereitschaft noch sehr wohl erinnern, als ich als frischgebackener Wachoffizier bei meinem ersten Besuch Friedrichshafens den „L 6" abnehmen sollte. Es war ja nur eine kurze Ausbildung zum Luftschiffer vorausgegangen und manche Frage offengeblieben. Bereitwillig gab Dr. Dürr mir unerfahrenem Fähnrich auf die vielen Fragen Antwort. Und wenn im Fahrbetrieb später Störungen entstanden, so war es stets Dr. Dürr, der uns sofort Abhilfe verschaffte.

Der Start von LZ 2 und LZ 3

In den Jahren nach der Jahrhundertwende sah es keineswegs so aus, als ob sich das „System Zeppelin" je würde durchsetzen können. Der „Notruf zur Rettung der Flugschiffahrt", den Graf Zeppelin in der Zeitschrift „Die Woche" im Oktober 1903 veröffentlichte, war wohl der Tiefpunkt in dem verzweifelten Bemühen, sein Werk zu retten. Dort hieß es:

„Eine kurze Spanne Zeit, und Wetter, Sturm und Wellen werden mein lagerndes Material unverwendbar gemacht haben. Meine letzten geschulten Gehilfen werden mir nicht mehr zur Verfügung stehen. Die letzten Mittel, die ich selbst zu diesem Zweck zu opfern vermag, werden erschöpft sein. Die Gebrechlichkeit des Alters oder der Tod werden meinem Schaffen ein Ziel gesetzt haben.

Wer wagt es zu hoffen, daß in naher Zukunft die Gunst des Schicksals und die Förderung durch seine Mitmenschen einem anderen soweit helfen werden, wie mir geholfen wurde?

Findet sich aber der andere nicht, so fällt mit mir die Aussicht dahin, jene Flugschiffe zu erhalten, die nach klar vorgezeichneter Entwicklung als fliegende Funktelegraphenstationen die weitesten Verbindungen improvisieren lassen, die die Pole gefahrlos erreichen, die unerforschte Gebiete erschließen, die die abgelegenen Posten mit der Kulturwelt verbinden und endlich das sicherste, schnellste und zugleich behaglichste Reisemittel gewähren.

Darum eilt, die ihr solche Flugschiffe haben wollt, dem Mittel zu bieten, der allein sie auch schaffen kann! Eilt, sonst werdet ihr das in die Tiefe versinkende Kleinod nicht mehr fassen können."

Auch dieser erschütternde Appell verhallte. Nur wenige standen dem Grafen zur Seite. Der König von Württemberg genehmigte zugunsten des Luftschiffbaues eine Lotterie, die 125 000 Mark einbrachte. Preußen lehnte das ab, spendete aber einen Betrag von 50 000 Mark. Wohl hielten seine alten Mitarbeiter zum Grafen. Kommerzienrat Berg erklärte sich bereit, Aluminium, Daimler, neue Motoren zu liefern. Und dies waren – nach der beachtlichen Entwicklung des neuen Verkehrsmittels Auto und seiner Motoren durch Wilhelm Maybach – viel geeignetere Motoren mit höherer Leistung und geringerem Gewicht als anfangs. Der Graf hatte endlich wieder die notwendigsten Gelder zur Weiterarbeit. Den Rest deckte er aus freigewordenen Mitteln der livländischen Güter seiner Frau noch einmal selbst.

So konnte er 1904 Dr. Dürr eine weitere wertvolle Kraft an die Seite stellen, den späteren Oberingenieur Karl Stahl, der bisher bei Daimler an der Konstruktion eines neuen 85-PS-Motors mitgearbeitet hatte und ein

LZ 3 über der Schwimmhalle bei Manzell

überzeugter Anhänger des Grafen war. Stahl übernahm unter Dürrs Leitung in Manzell die Gesamtkonstruktion des gegen den LZ 1 abgeänderten Projekts LZ 2, für das er bis zum Einzelteil die inzwischen erfundenen Dreiecksträger und die neuen Aluminium-Legierungen zugrunde legte. In Zusammenarbeit mit den Zulieferfirmen erstellte er die Fertigbaupläne. Erst beim Bau des LZ 4 erhielt Stahl weitere Techniker zur Unterstützung. Als Fahringenieur unter der Führung des Grafen Zeppelin bekam er später das Luftschifferpatent Nr. 31 der „Fédération Aéronautique Internationale". Er gehörte zur ständigen Werftbesatzung, welche die Erstfahrten der Zeppeline in der Anfangszeit vornahm.

Mit großen Erwartungen ging man schließlich an den Bau des LZ 2. Anstelle der nicht ganz 30 PS der LZ-1-Motoren sollten ja schließlich den LZ 2 nun 170 PS antreiben. Auch erweckten das neuartige Gerippe und die bessere Steuerung berechtigte Hoffnungen auf gute Fahreigenschaften. Doch während des Baues gab es wieder Verzögerungen. Statt im frühen Herbst 1905 wurde man erst Ende November fertig. Als endlich der Zeppelin startklar war, gab es schon beim ersten Verlasssen der Halle eine Panne. Ein seitlicher Windstoß traf das noch auf dem Floß befestigte Schiff. Schnelles Slippen gelang nicht, da die Ballasteinrichtung nicht in Ordnung war. Wohl nahm ein rasch herbeigerufener Bodenseedampfer LZ 2 in Schlepp, doch während des Einfahrens in die Halle wurde das Luftschiff von einer Bö zur Seite gedrückt und stark beschädigt. Erst am 17. Januar 1906 war LZ 2 wieder fahrbereit.

Diesmal gelang der Start. Das Schiff nahm sofort Fahrt auf und gehorchte den Rudern. Man hatte den Zeppelin reichlich leicht gemacht. So stieg er unerwartet schnell und geriet in eine vorher nicht erkannte starke Westströmung. Dazu fiel in der Höhe plötzlich einer der Motoren aus. Mit dem zweiten allein konnte das Schiff gegen den strammen Wind nicht aufkommen. Es trieb in östlicher Richtung ab. Da der Bodensee nicht mehr zu erreichen war, entschloß sich Graf Zeppelin zu einer Landung auf festem Boden. In der Nähe von Kißlegg im Allgäu brachte er LZ 2 auf einer Wiese völlig unbeschädigt herunter, wo es an Obstbäumen vertäut wurde. Von Manzell forderte man Hilfe an, vor allem einen neuen Motor und Wasserstoff zum Nachfüllen. Das Schiff lag an seiner Verankerung verhältnismäßig ruhig. Doch während der

Nacht kam Schlechtwetter auf. Der Wind sprang schnell um. Das sich in die Windrichtung drehende Schiff berührte Bäume, die man nicht schnell genug aus dem Wege schaffen konnte, und wurde stark beschädigt. Als am frühen Morgen Graf Zeppelin diese Zerstörungen erkannte, gab er schweren Herzens den Befehl zum Abwracken. Er glaubte sich am Ende und äußerte in seiner Bestürzung spontan, er wolle keine Luftschiffe mehr bauen, denn er selbst hatte einmal für die Brauchbarkeit von Luftschiffen folgende Anforderungen aufgestellt:

„Ausreichende Betriebssicherheit, eine den meisten Windströmungen überlegene Eigenbewegung und Fahrtmöglichkeit von mehreren Tagen, eine Tragfähigkeit, die ausreicht, die zur Erfüllung lohnender Aufgaben erforderlichen Menschen und Gegenstände mitzuführen, und endlich, wenn möglich, eine solche Steigkraft, daß man Mittelgebirge überfahren und günstigere höhere Luftströmungen aufsuchen kann."

Diese Bedingungen erschienen ihm jetzt fast unerfüllbar. Doch als er, ruhiger geworden, seinem neuer-

Das Gerippe von LZ 4 in der Schwimmhalle (Juni 1908).

LZ 4 verläßt die schwimmende Halle auf dem Bodensee.

lichen Unglück noch einmal nachsann und sich die Vorgänge während der Fahrt vergegenwärtigte, erkannte er: Eigentlich hatte das Luftschiff sich im böigen Wind bewährt. Nur durch das Ausfallen des einen Motors war es zu Boden gezwungen worden, wobei ihm aber die erste Landung auf festem Boden gelang! Allein die Ungunst der Naturgewalten hatte sein Schiff nach der glücklichen Landung zerstört. Also begann er sich selbst und seinen Getreuen neuen Mut zuzusprechen. Ja, es gelang ihm wider Erwarten, den Kriegsminister davon zu überzeugen, daß die Unglücksfahrt eigentlich die Brauchbarkeit seines Luftschiffes bewiesen hatte. Er erhielt die Erlaubnis zur Abhaltung einer Lotterie in Preußen. Da es damit aber dann doch noch mancherlei Widerstände gab, begann er mit dem brauchbaren Material seines LZ 2 schon den Bau des LZ 3. Eine nochmalige Lotterie in Württemberg erbrachte die notwendigen Mittel. Von der Regierung erhielt er einen Betrag von 5 000 Mark. Bereits im Oktober des gleichen Jahres machte sein Luftschiff die ersten Probefahrten.

Sie wurden ein voller Erfolg. Man hatte den Laufgang des Schiffes verstärkt und diesem – auf Grund der Dürrschen Versuche im Windkanal – am Heck seitlich angebrachte, doppelte Stabilisierungsflächen gegeben. Zwischen den Horizontalflächen lagen die Seitenruder, die Höhenruder verlegte man seitlich in den Propellerstrom. Das Schiff ließ sich damit außerordentlich gut steuern und erreichte in merklich ruhigerer Fahrt eine Geschwindigkeit von mehr als 12 m/sec. Diese Leistung überzeugte selbst Gegner. Das starre System des Grafen Zeppelin hatte sich endlich durchgesetzt. Als durch Geldmangel eine Einstellung des Fahrbetriebs von LZ 3 drohte, war es die unter kaiserlicher Führung arbeitende „Motorluftschiff-Studiengesellschaft", welche sich bisher ausschließlich mit der Entwicklung der kleinen Prallschiffe befaßt hatte, die einen Betrag von 500 000 Mark zur Aufrechterhaltung der Versuche gab.

Im Herbst 1907 konnte LZ 3 noch vier Fahrten von insgesamt 16 Stunden ohne Störungen durchführen, darunter eine Fahrt von acht Stunden Dauer. Dann wurde es für den Winter außer Dienst gestellt. In Berlin war jetzt tatsächlich eine großzügige Unterstützung des Zeppelinluftschiffbaues angelaufen. Der Reichstag hatte in seltener Einmütigkeit aller Parteien die vorgesehenen 500 000 Mark im Nachtragsetat bewilligt. Das Reich beabsichtigte, für 3 050 000 Mark ein Luftschiff abzunehmen. Graf Zeppelin schlug selbst vor, vor der Abnahme eine Dauerfahrt von 24 Stunden durchzuführen. Im Winter 1907/08 begann er den Bau des LZ 4. In seinem Tagebuch finden sich folgende Sätze:

„Ich habe jetzt die Pflicht, alles so sorgsam wie irgend möglich vorzubereiten und vorzudenken. Ich darf nichts ohne vollständige Gewißheit des Gelingens tun, denn es ist wirklich das fernere Geschick meines Schiffes ganz von dem glücklichen Ausgang der Vierundzwanzigstundenfahrt abhängig."

So tat man alles zum Gelingen der Sache. Mit Mitteln des Reiches wurde eine neue schwimmende Halle erbaut, in die man den LZ 3 legte. In der alten schwimmenden Halle, die man bei der Liquidation der AG zur Förderung der Luftschiffahrt abgebrochen, dann am Ufer aber wieder aufgebaut und auf Fundamente gesetzt hatte, ging man an den Zusammenbau des Gerippes für LZ 4. Ihm gab man zum ersten Mal im Laufgang eine kleine Passagierkabine. Der gesamte Laufgang wurde mit Stoff verkleidet und war vom Bug bis zum Heck begehbar.

Aber so ganz ohne Zwischenfälle sollte das Werk nicht vollendet werden. Durch einen schweren Sturm wurde die neuerbaute Reichshalle beschädigt und auch der darin befindliche LZ 3 stark mitgenommen. Im Frühjahr tauschte man die Zeppeline in ihren Hallen aus. Die Schiffsgerippe wurden, auf Flößen verankert, aus ihren Hallen herausgezogen und umquartiert. LZ 4 sollte in der schwimmenden Halle auf seine Probefahrten vorbereitet werden. LZ 3 wurde als späteres Heeresluftschiff in der festliegenden Halle am Ufer repariert. Im Juni 1908 konnte man die erste Probefahrt des LZ 4 mit vollem Erfolg durchführen.

Und am 1. Juli machte Graf Zeppelin mit seinem neuen Luftschiff zum ersten Mal eine Fahrt ins Ausland: seine berühmte Schweizfahrt. Es war auch die erste Fahrt mit Passagieren. Unter dem Jubel der Bevölkerung fuhr das Luftschiff zum Vierwaldstätter See und zurück. Mühelos überwand es mit zwölf Personen an Bord in zwölf Stunden Luftfahrt diese Strecke. Man denke zurück: Drei Jahre zuvor war es den Brüdern Orville und Wilbur Wright erstmalig gelungen, sich mit ihrem Motorflugzeug und nur dem Flugzeugführer an Bord anfangs Sekunden, dann Minuten in der Luft zu halten! Über die Schweizfahrt des LZ 4 aber schreibt Professor Hergesell, der als Meteorologe auch diesmal wieder an Bord tätig war:

„In zwölfstündiger Fahrt hatten wir die Städte und Berge in mannigfacher Gestaltung und Lage überflogen. Grenzen verschiedener Staaten gekreuzt, immer Herr unseres Schiffes, immer Meister im flutenden Luftmeer, wahre Eroberer des Luftozeans.

Neben mir aber stand der Mann, der dies alles, man

kann wohl sagen, gegen den Widerstand einer ganzen Welt geschaffen hatte, in ruhiger, stolzer Bescheidenheit. Ein mildes Lächeln verklärte seine ruhigen Züge, als er auf seine Arbeitsstätte, den Bodensee, herabblickte. Die Abendsonne beschien das edle Antlitz und küßte es mit dem Hauch der Unsterblichkeit."

An einer der Schweizfahrt folgenden Fahrten über den Bodensee haben der König und die Königin von Württemberg teilgenommen, an einer Fahrt des LZ 3 der deutsche Kronprinz. Am 8. Juli wurde Graf Zeppelin 70 Jahre alt. Um allen Veranstaltungen zu entgehen, zog er sich auf sein Gut Girsberg zurück. Aber auch dort erreichte ihn eine Flut von Glückwünschen, darunter die Ernennung zum Ehrendoktor der Universität Tübingen und die Verleihung der Ehrenbürgerschaft von Stuttgart.

Echterdingen und die Volksspende

Nach den guten Erfahrungen dieser Flüge des LZ 4 glaubte Graf Zeppelin, die geplante 24-Stunden-Fahrt wagen zu können. Bei schönstem Wetter startete das Luftschiff am 4. August 1908 um 6.30 Uhr früh. Man beabsichtigte, den Rhein hinab bis Mainz und wieder zurück zu fliegen, eine Strecke von etwa 1500 km Länge. Alles schien gutzugehen. Man erreichte Basel und überflog Straßburg. Wo sich der Zeppelin zeigte, strömten die Menschen auf den Straßen zusammen und winkten und jubelten. Kirchenglocken läuteten und Böllerschüsse kündeten sein Nahen an. Telefon und Telegraf sowie Extrablätter der Zeitungen meldeten den jeweiligen Standort und Kurs des Schiffes.

Doch am Spätnachmittag trat unweit Oppenheim am Rhein eine Störung auf: Ein Motor versagte. Graf Zeppelin entschloß sich, zur Reparatur auf den Strom niederzugehen, wo man das Schiff am rechten Ufer zwischen zwei Kribben vertäute. Man konnte die Störung beheben, doch hatte sich während des Liegens in der Sonnenbestrahlung das Auftriebgas stark erwärmt, so daß die Gaszellen abbliesen. Der Auftrieb verringerte sich hierdurch. Man mußte das nicht unbedingt Erforderliche an Ballast, Reserveteilen und Besatzung von Bord geben. Dann gelang der Aufstieg. Gegen Mitternacht wurde Mainz erreicht. Man drehte auf Heimatkurs. Aber kurz darauf fiel der gleiche Motor wieder aus, und eine Notreparatur erschien nicht mehr möglich. Um ein Auswechseln des beschädigten Motors vorzunehmen, schritt man in der Nähe der Daimler-Werke bei dem Dorf Echterdingen zur Landung. Heute befindet sich hier der Stuttgarter Flughafen. Die Stelle der Landung von LZ 4 kennzeichnet ein Gedenkstein. Durch Abwurfbeutel konnte man die Landung und auch das Auswechseln des beschädigten Motors vorbestellen. Man landete glatt. Dr. Dürr ließ das Vordergestell eines landwirtschaftlichen Wagens in einer schnell geschaufelten Grube versenken, um einen Ankerpunkt für das Luftschiff zu schaffen.

Ruhig lag LZ 4 an dieser Verankerung, von den eilig aus nahegelegenen Garnisonen herbeigeholten Soldaten gehalten. Man baute den Motor aus. Da kam ungewöhnlich schnell am Nachmittag eine dunkle Gewitterfront herangezogen. Eine gelbbraune Wolkenwand zog über dem Zeppelin auf und riß die Verankerung aus der Erde. In niedriger Höhe trieb LZ 4 einige 100 m windabwärts. Es waren noch zwei Mann der Besatzung an Bord. Obermeister Schwarz zog eilends die Gasventile, um das Schiff wieder auf die Erde herunter zu bekommen. Als das gelungen war, streifte der Schiffskörper einige Bäume, und das Gerippe wurde durch den Anprall beschädigt. Aus dem Zeppelin schossen Flammen, die ihn in Sekundenschnelle einhüllten und verzehrten. Den beiden Männern an Bord gelang es, sich zu retten, doch das Schiff war zerstört.

Graf Zeppelin hatte sich gerade in den Ort Echterdingen begeben, um Friedrichshafen vom Fortgang des Motorenwechsels telefonisch zu verständigen. Die Katastrophe kam so schnell, daß man ihn nicht mehr erreichen konnte. Als er nun durch eine schweigende Menschenmenge vor die Trümmer seines Werkes trat, mußte es wie ein endgültiges Abschiednehmen von seinem Lebenswerk erscheinen. Denn niemand rechnete wohl mit der Reaktion im deutschen Volk! Es hatte lange gewährt, bis man auf diesen Mann aufmerksam wurde, der unerschütterlich gegen alle Anfeindungen seinen mühevollen Weg gegangen war. Als man aber begriff, was hier – menschlich noch mehr als in der Sache – vorging, da kannte das Vertrauen zu diesem Mann keine Grenzen. Zeppelin, der die menschlichen Widerstände überwunden hatte, sollte vor den Elementen nicht kapitulieren müssen. Jeder

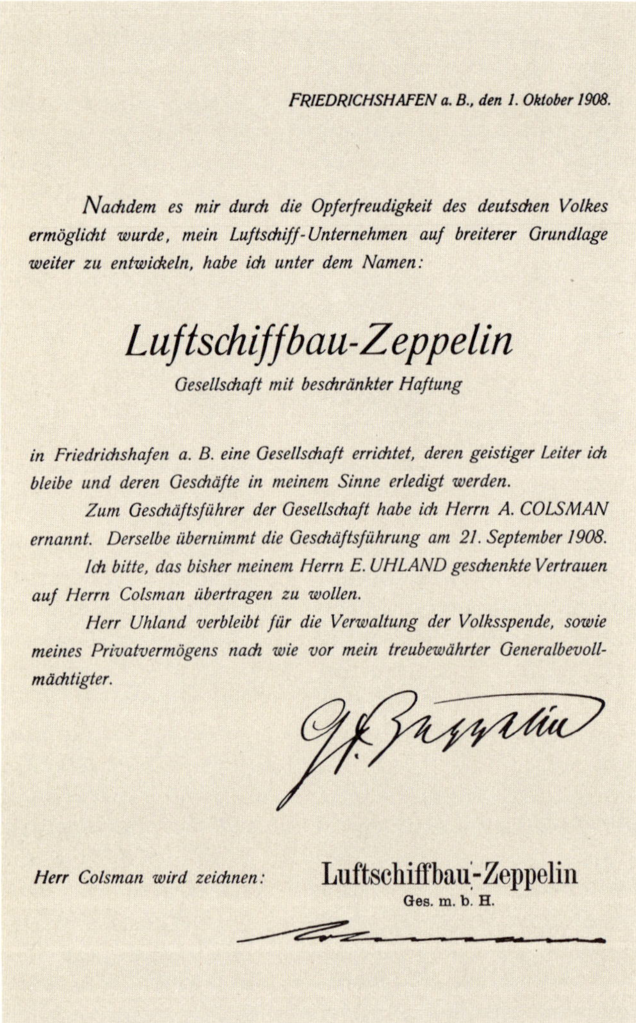

FRIEDRICHSHAFEN a. B., den 1. Oktober 1908.

Nachdem es mir durch die Opferfreudigkeit des deutschen Volkes ermöglicht wurde, mein Luftschiff-Unternehmen auf breiterer Grundlage weiter zu entwickeln, habe ich unter dem Namen:

Luftschiffbau-Zeppelin

Gesellschaft mit beschränkter Haftung

in Friedrichshafen a. B. eine Gesellschaft errichtet, deren geistiger Leiter ich bleibe und deren Geschäfte in meinem Sinne erledigt werden.

Zum Geschäftsführer der Gesellschaft habe ich Herrn A. COLSMAN ernannt. Derselbe übernimmt die Geschäftsführung am 21. September 1908.

Ich bitte, das bisher meinem Herrn E. UHLAND geschenkte Vertrauen auf Herrn Colsman übertragen zu wollen.

Herr Uhland verbleibt für die Verwaltung der Volksspende, sowie meines Privatvermögens nach wie vor mein treubewährter Generalbevollmächtigter.

Herr Colsman wird zeichnen: Luftschiffbau-Zeppelin Ges. m. b. H.

Gründungsurkunde der Luftschiffbau-Zeppelin GmbH.

wollte jetzt am Wiedererstehen des Werkes mithelfen. So wuchs diese Spende, die sich aus kleinsten Beträgen und größeren Summen zusammensetzte, bis auf 6,25 Millionen Mark an.

Die große Anteilnahme des Volkes hatte also wahrhaftig die Zeppelin-Luftfahrt gerettet. Alles, was nach Echterdingen geschaffen wurde – die künftigen Luftschiffe, die Flugzeuge, die Industrien des Luftschiffbau-Zeppelinkonzerns –, konnte großzügig angepackt und in die Zukunft gegründet werden.

Es ist im Luftschiffbau, wenn auch die Zeppeline nur eine Epoche der Luftfahrt begründeten, doch Bleibendes geschaffen worden. Dies Bleibende ruhte auf einem einmaligen Fundament. Graf Zeppelin hat es wohl richtig empfunden und sich gegen eine Verfälschung der Spendenabsicht durch Einflußnahme von Ministerialbeamten und durch Aufsichtspersonen leidenschaftlich gewendet. Er schrieb am 9. April 1909 in sein Tagebuch:

„Kraft der mir von den Gebern übertragenen freien Verfügung über die Spende habe ich mit deren gesamten Beträgen nebst Zinsen und Erträgnissen eine Stiftung unter dem Namen ‚Zeppelin-Stiftung' mit dem Sitz in Friedrichshafen am Bodensee errichtet, welche nunmehr am 29. März diesen Jahres die staatliche Genehmigung erhalten hat. Die Stiftung ist befugt, anderweitige Zuwendungen anzunehmen und dadurch ihr Vermögen zu vergrößern.

Unter weit überwiegender Beteiligung der Stiftung ist bereits eine Gesellschaft zum Bau und Betrieb von Luftschiffen unter dem Namen ‚Luftschiffbau-Zeppelin' in Friedrichshafen gegründet worden. Umfassende Anlagen, welche den raschen Bau von Luftschiffen in den in Aussicht genommenen Verhältnissen ermöglichen sollen, sind in Ausführung begriffen.

Verschiedene Unternehmungen, die eine wesentliche Förderung und Hebung des Luftschiffbaues oder die bessere Ausnutzung der Luftschiffahrt versprechen, erhalten die notwendige Unterstützung. Wissenschaftliche Untersuchungen, Versuche aller Art und die Prüfung der einschlägigen Vorgänge in der Welt sind im Gange, damit wir fortschreitend immer Vollkommeneres leisten können.

Von solchem Vorgehen ist zu hoffen, daß Deutschland für lange Zeit im Luftschiffbau an der Spitze der Völker schreitet.

Durch die Anspannung der mir noch verbleibenden Kräfte, uns diesem Ziel näher zu führen, glaube ich, am besten dem tiefen Dankgefühl Ausdruck verleihen zu können, das mich für alle erfüllt, die mir mit ihren Gaben Ehrungen und Auszeichnungen gebracht haben. Das schönste Ergebnis des durch die Volksspende ermöglichten Entwicklungsganges meines Unternehmens wäre aber die allgemeine Erkenntnis, welche herrlichen Früchte das einige, begeisterte Zusammenwirken von Fürsten und Volk unter Hintansetzung aller Sonderbestrebungen zu zeitigen vermag; und wenn diese Erkenntnis dann zur Wiederholung solchen einmütigen, opferfreudigen Zusammengehens anfeuern würde, sooft es sich um eine für das Wohlergehen und die Ehre des deutschen Volkes wichtige Sache handelt."

Unauslöschlich steht Graf Zeppelins „Echterdingen" auch mir im Gedächtnis. Ich war siebzehn Jahre alt, als wir Schüler unsere kleinen Gaben in einer Schulsammlung darbrachten. Noch wußte ich nicht, in wie nahe Beziehung zum Werke Zeppelins und zum Grafen selber ich nur wenige Jahre später treten sollte.

LZ 4 nach der Landung bei Echterdingen am 5. August 1908 kurz vor dem Unglück.

LZ 4 nach der Katastrophe bei Echterdingen am 5. August 1908.

Gedenkstein für die Katastrophe von LZ 4.

Exzellenz läßt bitten

Ich hatte mich, wie anfangs erzählt, schon zwei Tage in Friedrichshafen aufgehalten, das damals ein Städtchen von weniger als 10000 Einwohnern war, und mich noch nicht zum pflichtgemäßen Besuch bei Graf Zeppelin aufgeschwungen. Immer wieder fand ich für mein Versäumnis Gründe, so auch an jenem Morgen, an dem mich das Schicksal in die Schranken rief. Ich hatte soeben die Werft des Luftschiffbaues verlassen, wo es etwas turbulent zugegangen war, und befand mich auf dem Wege zum Außenpförtner. Aus der Tasche zog ich einen Brief, den man mir im Büro ausgehändigt hatte. Er kam – ganz unvermutet – von einer mir nahestehenden Person. Ich war wohl mit der Nachbargutstochter nicht gerade verlobt, aber „versprochen." Und ich kannte sie von der Wiege auf. Von Leipzig aus hatte ich ihr meine Abberufung nach Friedrichshafen erst vor wenigen Tagen telegrafisch mitgeteilt und nicht mit einer so schnellen Antwort gerechnet. Aber nun hielt ich den Brief in Händen und öffnete ihn. Bald war ich im Lesen völlig versunken – da sah ich mich plötzlich einem nicht großen Herrn mit weißem Schnurrbart gegenüber, der mich kurz musterte und sofort ansprach: „Ach, Sie sind wohl der Fähnrich zur See von Schiller?" Es war Graf Zeppelin.

Ferdinand Graf von Zeppelin (1838–1917)

Ich bekam einen ordentlichen Schreck und riß mich zusammen, machte als der zum Wachoffizier auf Marineluftschiff „L6" kommandierte Fähnrich zur See Hans von Schiller eine vorschriftsmäßige Meldung, wobei ich nicht unterließ, mich zu entschuldigen, daß ich mich noch nicht gemeldet hätte. Er hörte mich ruhig an, nahm mir dann lächelnd die Hand von der Mütze und sagte: „Wir werden uns in den nächsten Tagen ja sehen. Sowie Ihr Kommandant da ist, werde ich Sie beide einmal abends einladen."

Und so geschah es dann auch, als Oberleutnant von Buttlar eintraf. Wir bekamen eine Einladung zu einem „kleinen Abendessen" bei Graf Zeppelin. Es sollte im ersten Stock des Kurgartenhotels stattfinden, wo der Graf ein Appartement innehatte. Am Mittag kam Graf Soden bei uns vorbei, der damals noch Leiter der Versuchsabteilung beim Luftschiffbau war, und sagte, wir hätten ja wohl die Einladung erhalten, aber er müßte doch darauf hinweisen, daß Exzellenz Graf Zeppelin immerhin schon 76 Jahre alt sei. Wir möchten doch auf sein Alter Rücksicht nehmen, denn als alter Offizier fühle er sich verpflichtet, wenn ihm jemand beim Essen zutrinke und dabei sein Glas leere, das ebenfalls zu tun. Wir versprachen größte Rücksicht.

Am Abend versammelte sich die kleine Gesellschaft im Arbeitszimmer Seiner Exzellenz. Es waren einige hohe Persönlichkeiten dabei, darunter ein Minister und ein General. Wir gingen zum Speisezimmer und nahmen Platz – „ganz zwanglos, streng nach der Rangliste", wie man so schön sagt. Oben saßen der Minister und der General unmittelbar neben dem Grafen, dann kamen die andern, und unten am „Tampen" saßen Oberleutnant von Buttlar und ich. Während des Mahles herrschte eine angeregte Unterhaltung, vornehmlich am oberen Ende des Tisches. Wir unten schwiegen und lauschten. Ich beobachtete, wie Graf Zeppelin den einzelnen Herren zutrank, wieder zwanglos, streng nach Rangliste. Wir waren schon fast mit dem Essen fertig und nahmen noch einen Zitronenpudding ein, zu dem man ein Glas Sekt gereicht hatte, da ertönte über die Länge des Tisches die helle Stimme des Grafen: „Fähnrich von Schiller!"

Ich stand auf und nahm mein Glas vor die Brust, setzte es kurz an, nahm es wieder herunter und sah den Grafen an. Da ging ein Schmunzeln über seine Züge, und er sagte: „Sagen Sie mal, Herr von Schiller, schmeckt der Sekt vielleicht nach dem Korken?" Er hatte wohl etwas von unserer Instruktion gemerkt.

Nach dem Essen saßen wir noch alle im Gespräch beisammen. Nun richtete Graf Zeppelin immer öfter auch an uns das Wort. Wir mußten sein außerordentliches Verständnis für uns junge Leute bewundern. So fragte er Oberleutnant von Buttlar, wie wir uns denn in „seinem Hotel" fühlten? Dieser antwortete, wir genössen den schönen Aufenthalt sehr und seien gut untergebracht. Vor allem verwöhne uns die Kellnerin in der Bierstube. Sie habe drei Brüder im Felde und sei Österreicherin, einer der Brüder läge in Bregenz im Lazarett. Hierauf fragte der Graf unter eigentümlichem Schmunzeln: „Lieber Herr von Buttlar, Sie haben ja ein außerordentliches Interesse an meinem Personal. Wieviel Brüder hat denn der Oberkellner im Feld?"

Von Buttlar dachte eine Weile angestrengt nach und blieb die Antwort schuldig. Der Graf aber erzählte uns, wie er auf seiner Fahrt nach Amerika einmal gegen einen mitreisenden französischen Offizier eine Wette gewonnen hatte, der nicht glauben wollte, daß man als Nichtseemann in der Nacht bis in die höchste Spitze des Segelschiffes aufentern könnte. Er habe ihn aber hereingelegt und es geschafft.

So befreite uns schon dieses erste Beisammensein von aller Scheu vor dem verehrten Manne, was mir, als meine Eltern mich in Friedrichshafen besuchten, zugute kam. Denn als meine Mutter, die leidenschaftlich gern schwamm, den See vor der Terrasse am Kurgartenhotel erblickte, war ihre erste Frage: „Wo kann man hier schwimmen?" Ich wies auf die dicht angrenzende Badeanstalt. Und noch am gleichen Tage schwammen wir weit in den See hinaus. Wir hatten uns schon ordentlich müde gearbeitet und befanden uns in langen Zügen auf dem Rückweg, da passierte es dann. Wohl kannte ich in dieser Umgebung schon unvermutete Situationen, doch als ich im nassen Element jetzt plötzlich den Schnauzbart des Grafen Zeppelin wahrnahm, war ich von neuem überrascht. Er kam genau auf uns zu, worauf ich mich faßte und in geeigneter Entfernung grüßte und sagte: „Exzellenz, darf ich Ihnen meine Mutter vorstellen?" Er prustete sich das Wasser aus den Augen und nickte. Ich stellte unter solch recht inoffiziellen Umständen vor. Wir schwammen in angeregten Gesprächen zurück, und der Graf verabschiedete sich, nicht ohne meine Eltern und mich zu einem Abendessen einzuladen.

Wie sehr er sich bei solchen Anlässen von seiner Liebenswürdigkeit bestimmen ließ, ergab sich bei unserem Besuch. Denn im Laufe der Unterhaltung erfuhr er von meinen Eltern, daß ihnen die weitere Umgebung des Bodensees noch unbekannt sei. Sofort bot er ihnen sein Motorboot „Württemberg" zur Benutzung an. Zwar meinte mein Vater, daß man das doch wohl nur als Formsache werten könnte. Doch es dauerte keine zwei Tage, da rief mich der Graf schon an und sagte: Er hätte uns doch sein Motorboot angeboten, und das Wetter sei ja schön. Wir sollten also fahren. So haben wir dann einige herrliche Fahrten rund um den See gemacht.

Als meine Eltern abgereist waren, wohnte ich für die Zeit meines Aufenthaltes noch weiter im Kurgartenhotel. An einem jener Tage war Föhnwetter, und ich trat auf den Altan des Hotels hinaus, um den herrlichen Blick des imponierenden Gebirgspanoramas zu bestaunen. Vom Berner Oberland bis zur Zugspitze lag die Alpenkette vor mir ausgebreitet. Plötzlich stand Graf Zeppelin neben mir und fragte: „Nun, wie gefällt Ihnen das?" „Wundervoll, Exzellenz", antwortete ich, „Aber eins weiß ich noch nicht: Wie heißen eigentlich die Berge?"

„Ja, sehen Sie, dies ist der Säntis", beschied mich der Graf und zeigte auf den höchsten Gipfel jenseits des Sees. „Und das ist der Altmann. Die anderen nenne ich nur die Umberge. Denn wenn ich Ihnen die alle erkläre, behalten Sie sie doch nicht." So war es schon fast eine väterlich freundschaftliche Art, mit der er uns behandelte.

„Denken Sie daran", sagte er noch, „wer einmal Bodenseewasser getrunken hat, kann vom Bodensee nicht mehr loskommen."

Er behielt bei mir recht. Schon 1915, ein Jahr später, kam ich mit Oberleutnant von Buttlar wieder nach Friedrichshafen, um den L 11 abzunehmen. Wir wurden von Major Oskar Wilcke, damals Direktor beim Luftschiffbau Zeppelin, mit den Worten empfangen: „Nun gehören Sie ja eigentlich schon zur Familie."

Und dann erhielten wir wieder eine Einladung zum Essen beim Grafen, wofür er uns noch ein besonderes Stichwort mitgab. Wieder waren auch einige hohe Persönlichkeiten eingeladen. Nach dem Essen saß man noch bei einem Glas Bier beisammen. Pünktlich um 22 Uhr erschien aber der Kammerdiener Pfeiffer mit einer Mappe, auf der in Golddruck „Eilige Unterschriften" stand. Er sagte zum Grafen: „Exzellenz, hier sind noch einige eilige Unterschriften." Das war das Zeichen zum Aufbruch. Alle verabschiedeten sich und verließen die Wohnung. Da wir das Stichwort kannten, gingen wir aus dem Hotel hinaus und überquerten den Hof, bis wir vor einer kleinen Tür standen, auf der stand: „Zum Privatbüro Seiner Exzellenz". Wir öffneten sie und erstiegen eine kleine Wendeltreppe, gingen über einen Korridor und standen wieder im Wohnzimmer des Grafen Zeppelin. Exzellenz erwartete uns in der Mitte des Zimmers, rieb sich die Hände und begrüßte uns: „So, nun wird's gemütlich", sagte er, „die Großkopfeten sind weg!" Und es wurde wirklich ein unvergeßlicher Abend. Graf Zeppelin zeigte sich im unvergleichlichen Charme seines echten Humors. Aber auch ernsthafte Dinge kamen zur Sprache. So sagte er unter anderem:

„Dieser Krieg kommt mir gar nicht zupaß, wir hatten ganz andere Pläne. Wir wollten mit dem Luftschiff auf das Meer hinaus und einen Weltverkehr eröffnen." Und er erzählte von fertigen Konstruktionsplänen für ein Großluftschiff, die ihm Dr. Dürr vorgelegt hätte.

So durfte ich also Graf Zeppelin im privaten Bereich erleben. Ich lernte ihn aber auch im Dienst kennen. Bis zuletzt hat er an allem, was seine Luftschiffe betraf, Anteil genommen, wenn auch sein wachsendes Interesse begreiflicherweise im Kriege den Flugzeugen galt. Bis zuletzt blieb er der jugendliche Alte, der sich nicht auf das Altenteil setzen ließ. Auch uns gab er Proben seiner bis ins hohe Alter erhaltenen Spannkraft.

Als Oberleutnant von Buttlar und ich 1916 nach Friedrichshafen kamen, um den L 30 abzunehmen, fanden wir das Luftschiff auf der Werft noch nicht startklar. Wir stiegen durch das Gerippe hinauf zu den Stabilisierungsflächen, da das Schiff noch nicht gasgefüllt war, und orientierten uns über die Lage der Ruderzüge. Hier mochten wir uns 12 m über dem Boden befinden. Neben uns war eine Art Plattform, zu der eine Feuerwehrleiter von unten über die ganze Länge heraufführte. Wir sprachen gerade über die Möglichkeiten für eine etwa anfallende Reparatur der Ruderzüge, da tauchte plötzlich über dem Rand der Plattform der weißhaarige Kopf des nun 78jährigen Grafen auf, der zur Bestürzung der Werftleitung immer wieder einmal die Gelegenheit zur persönlichen Überprüfung der Arbeiten suchte. Auch ließ er sich niemals – und sei es auch mitten in der Nacht – die persönliche Verabschiedung eines Luftschiffes entgehen.

So war Graf Zeppelin bis zuletzt für sein Werk tätig und für seine Leute. Ihm war auf der Werft jeder Arbeiter bekannt. Für ihn war Adel kein Standesvorrecht, sondern eine Sache der Gesinnung, in der er allein eine Verpflichtung sah. Er gewann das Vertrauen und die Liebe aller durch seine Charakterfestigkeit, seine Gerechtigkeit und sein Sozialgefühl. Ganz allgemein schätzte man auch die zu jedermann gleich freundliche Art seines Umgangs. Zwar wußte er sich bei aller Herzensgüte und Hilfsbereitschaft energisch durchzusetzen, wo das wirklich notwendig war. Und wahre Fehler konnte er scharf tadeln. Doch meisterte er selbst die heikelsten Situationen meist durch Liebenswürdigkeit und Gewandtheit, wobei man oft ein feines Lächeln in seinen Augen sah.

Einmal kam in seinem Heim das Gespräch auf sein Verhältnis zu Kaiser Wilhelm II., das ja anfangs sehr schlecht war. Man sprach dann vom Tag der Versöhnung, an dem der Kaiser nach den ersten gelungenen Fahrten des Luftschiffs von Donaueschingen nach Friedrichshafen kam und dem Grafen nach der Besichtigung des Schiffs den hohen Orden vom Schwarzen Adler überreichte. Graf Zeppelin zeigte uns auf unsere Bitten hin den Orden. In den Gliedern der Kette waren die Namen der Vorbesitzer eingraviert. Und während wir diese Inschriften lasen, sagte er: „Jetzt will ich Ihnen aber noch etwas zeigen." Damit entnahm er seinem Schreibtisch die Verleihungsurkunde und reichte sie uns. Wir lasen den üblichen Wortlaut: „Wir, Kaiser Wilhelm von Gottes Gnaden, verleihen" usw. Er aber sagte lächelnd: „Drehen sie mal um!" Wir taten es und fanden auf einem angehefteten Blatt den Ausschnitt aus einer Militärzeitschrift mit der Empfehlung, dem Grafen für seinen Luftschiffbau kein Geld zu bewilligen. Daneben standen in der großen Marginalschrift des Kaisers die Worte: „Und Sie haben doch recht behalten! Wilhelm II. I. R."*

Das war das einzige Mal, daß ich den Grafen ein wenig selbststolz sah. Zum letzten Mal begegnete ich ihm – kurz vor seinem Tod – in Berlin. Ich war nach Potsdam kommandiert worden, wo ich in Vertretung des Kommandanten von Buttlar die Führung des Marineluftschiffs L 25 übernahm. In den allerersten Märztagen war ich nach Berlin gefahren, um Freiherrn von Buttlar, der im Marineamt tätig war, Bericht zu erstatten. Als ich über die Linden ging, sah ich schon von ferne, wie jedermann eine mir entgegenkommende Persönlichkeit grüßte. Es war Graf Zeppelin. Ich grüßte ihn, als er mich bemerkte. Er kam sofort auf mich zu und sagte: „Ich freue mich, Herr von Schiller, Sie hier zu sehen. Ich habe gehört, daß Sie kürzlich geheiratet haben. Wie geht es Ihnen? Und jetzt sind Sie also in Potsdam?"

Mir verschlug es die Sprache, daß der Graf unter den Tausenden von Menschen, die ihn hier grüßten, den einen Leutnant in Uniform ansprach. Als er nach einer Erkrankung und Operation in einem Berliner Sanatorium am 8. März 1917 im 79. Lebensjahr für immer die Augen schloß, verloren wir in ihm nicht nur die überragende Persönlichkeit, die der Welt einen Menschheitstraum erfüllt hatte, sondern auch den teilnehmenden, väterlichen Freund. Wir vergaßen ihn nie.

---

* I. R. = Imperator Rex (Kaiser und König).

Kriegs- und Nachkriegsfahrten im Zeppelin

Die Feuertaufe

Es war Krieg, ein Kommando ohne Fronteinsatz kam für mich nicht in Frage. Nachdem wir im Oktober 1914 unseren Zeppelin übernommen und die drei vorgeschriebenen Probefahrten erfolgreich durchgeführt hatten, überführten wir – Oberleutnant zur See Frhr. von Buttlar als Kommandant und ich als Wachoffizier – das Luftschiff Anfang November in elf Stunden und neun Minuten von Friedrichshafen nach Fuhlsbüttel bei Hamburg. Wir nahmen in der für die Delag errichteten Doppelhalle Aufenthalt. Durch einige Übungsfahrten hatten wir den L 6 in kriegsmäßigen Zustand zu bringen. Ende November bekamen wir Befehl zur Überführung nach Nordholz bei Cuxhaven. Hier lernten wir in dem großen, eben fertiggestellten Marineluftschiffhafen zum ersten Mal eine Drehhalle kennen. Es war eine 200 Meter lange, riesige Zwillingsdrehhalle, die das Starten und Landen bei jeder Windrichtung erlaubte. In etwa Stundenfrist konnte sie um volle 360 Grad gedreht werden. An ihrer Außenseite besaß sie Unterkünfte und Werkstätten für das Pflegepersonal und die Besatzung der Schiffe, so daß man neben dem Schiff auch wohnte. Wenn der Wind umsprang, konnte es vorkommen, daß man am Morgen mit einem ganz anderen Landschaftsbild vor Augen aufwachte, als man sich abends zu Bett begeben hatte.

Am ersten Weihnachtsfeiertag gab es in der Frühe Alarm. Helgoland meldete zwei englische Kreuzer und andere Schiffe. Wir fuhren beim ersten Licht des Tages aus der Drehhalle aus und nahmen Kurs auf die Insel. Das Wetter war nicht besonders, wir fuhren durch niedrige Wolken. Nachdem wir Helgoland in einiger Entfernung passiert hatten, stießen wir auf den englischen Verband. Wir konnten die Kreuzer Arethousa und Endounted sowie eine Halbflottille Zerstörer klar ausmachen. Dahinter sahen wir eine Anzahl von weiteren Schiffen, die wir einfach nicht definieren konnten. Wir hielten sie für Minenleger. Erst nach dem Kriege erfuhren wir, daß es sich um eine Spezialart von Prähmen gehandelt hat, die zur Beförderung von Seeflugzeugen dienten. Diese Flugzeuge waren in der Höhe von Helgoland gestartet, um im Küstengebiet Bomben zu werfen. Eines kam tatsächlich bis Nordholz und warf neben der Halle eine Bombe ab, die aber nur in den Waldbäumen Schaden anrichtete.

Als wir den englischen Verband sichteten, dampfte er bereits mit äußerster Kraft westwärts Richtung England. Da ein strammer Westwind herrschte, gewannen wir nur ganz langsam Raum, Meter für Meter. Schließlich standen wir aber doch über den Prähmen, von denen wir starkes Gewehr- und Maschinengewehrfeuer bekamen. Wir hörten das Klack-Klack der einschlagenden Geschosse. Als wir unsererseits mit unseren Maschinengewehren die feindlichen Decks bestrichen, erzielten wir eine verblüffende Wirkung. Sie waren im Nu wie leergefegt. Von den weiter abliegenden Kreuzern schoß man mit Schrapnells auf uns. Wir sahen und hörten sie mit deutlichem Krach detonieren, hielten aber stand, bis unsere Funkstation ausfiel – und wir weder senden noch empfangen konnten. Da entschloß sich Buttlar zur Umkehr, um möglichst schnell wenigstens etwas über den Verband feindlicher Schiffe zu melden. Wir wußten, daß das Flottenflaggschiff heute die „Moltke" war, die vor Wilhelmshaven lag. Also nahmen wir Kurs auf Wilhelmshaven und gingen, als wir das Flaggschiff sichteten, tief hinunter, um unsere Meldebeutel auf das Achterdeck abzuwerfen. Dann kehrten wir nach Nordholz zurück. Die Landung war schwierig. Durch den Gasverlust war unser Schiff immer schwerer geworden, obwohl alles Erdenkliche über Bord geworfen wurde. In Max Pruß besaßen wir aber den vorzüglichen Höhensteuerer, der das Schiff unbeschadet hinunterbrachte.

Man hatte sich um uns schon Sorgen gemacht, da wir fünf Stunden ohne funktelegrafische Verbindung gewesen waren und das englische Flugzeug zum Angriff auf den Luftschiffstützpunkt erschien. Deshalb hatte man einen Flieger ausgesandt, um uns zu suchen. Der Pilot, Oberleutnant Gresser, hatte vergeblich nach uns gesucht und war – obwohl das verboten war – sogar mehrere Stunden über See geflogen. Man sah von einer Bestrafung ab und war recht froh, als wir wieder in der Drehhalle lagen. An unserem Schiff stellten wir über 100 Schußlöcher fest. Doch war der Schaden in wenigen Tagen behoben.

Am 19. Januar 1915 starteten wir in einem Verband von drei Zeppelinen zu einer Angriffsfahrt nach England. Es herrschte an diesem Tag schlechtes Wetter. Etwa in der Mitte des Kanals brach eine unserer Maschinen zusammen. Wir mußten umkehren. Die beiden anderen Luftschiffe erreichten Südengland, wo sie ihre Bomben abwarfen. Das waren die beiden ersten meiner insgesamt 85 Kriegseinsätze.

Man hat den militärischen Wert unserer im Ersten Weltkrieg auf England durchgeführten Bombenangriffe oft bezweifelt und darauf hingewiesen, daß damit die folgenreiche Entwicklung der Angriffe auf das geg-

nerische Hinterland begann. Hierzu ist zu sagen, daß der militärische Schaden, den Zeppeline durch Bombenabwurf anrichteten, ohne Zweifel nicht sehr ins Gewicht gefallen sein mag. Aber die Zeppelinangriffe bedeuteten doch eine ständige Beunruhigung Englands und banden, je tiefer sie ins Hinterland getragen wurden, immer stärkere Kräfte des englischen Heeres, die dann in den Entscheidungsschlachten auf französischem Boden fehlten. Insofern hatten die Angriffsfahrten der Zeppeline durchaus ihren militärischen Wert. Was aber den Vorwurf des Bombenabwurfs in das zivile Hinterland anbetrifft, so ist an folgende Tatsache zu erinnern: In den ersten Monaten des Krieges war jeglicher Bombenabwurf auf England durch kaiserlichen Befehl verboten. Als man dann im Verlauf der Verschärfung des Krieges hiervon abging, beschränkte man die Bombenangriffe auf wichtigste Kriegsziele, wie Hafen- und Eisenbahnanlagen und kriegswichtige Fabriken.*

Drehhalle für zwei Luftschiffe in Nordholz bei Cuxhaven, dem wichtigsten Stützpunkt für Marineluftschiffe im Ersten Weltkrieg. Im Hintergrund zwei Einzelhallen.

Vor einer Angriffsfahrt auf London – um nur ein Beispiel zu nennen – bekamen wir Pharuspläne ausgehändigt, in denen die Angriffsziele eingezeichnet waren. Mit Kreisen hatte man aber auch Zonen um

---

* Anmerkung des Herausgebers: Inzwischen liegen allerdings mehrere Publikationen vor, die eindeutig nachweisen, daß durch Zeppelin-Luftschiffe in England überwiegend zivile Ziele getroffen wurden. Die schwerfällige und mangelhafte Manövrierbarkeit der Luftschiffe ließ zielgenauen Bombenwurf ohnehin nicht zu. Douglas H. Robinson weist in seinem profunden Buch „The Zeppelin in Combat", London 1962, nach, daß während des Krieges durch Zeppeline 413 Personen getötet wurden, die meisten davon (almost all of these) Zivilisten (S. 2); vgl. hierzu auch G. Chamberlain, „Airships – Cardington", Lavenham, Suffolk 1984 und R. L. Rimell, „Zeppelin – A battle for Air Supremacy in World War I", London 1984. Beim Herausgeber ist ein Buch zum gleichen Themenkreis in Vorbereitung.

Graf Zeppelin und Fregattenkapitän Peter Strasser, der „Führer der Luftschiffe" (FdL) im Ersten Weltkrieg, in der vorderen Gondel des Marineluftschiffs L 4 (LZ 27), 1914.

den Buckinghampalast, die Westminsterabtei und das Parlamentsgebäude gekennzeichnet, die keinesfalls angegriffen werden durften. Ich erinnere mich einer Angriffsfahrt auf die Westküste Englands in der Nacht vom 31. Januar zum 1. Februar 1916. Als wir Liverpool, das Ziel unseres Angriffs, erreichten, sahen wir die hellerleuchtete Stadt bei der Anfahrt vor uns liegen. Als wir sie aber unter uns hatten, konnten wir unsere Angriffsziele wegen einer dichten Wolkendecke nicht klar ausmachen. Wir hatten den Kommandeur der Marineluftschiffabteilung – später Führer der Marineluftschiffe genannt – an Bord des L 11. Wie wir es durch seine Anweisungen gewohnt waren, flogen wir ohne Bombenabwurf über Liverpool hinweg, hinaus auf die irische See, bis wir die Isle of Man erkannten, auf der wir die Lichter der Gefangenenlager ausmachten. Dann kehrten wir um und flogen wiederum, nun von Westen kommend, Liverpool an. Doch auch diesmal schob sich eine Wolkendecke zwischen uns und die Ziele. Und wieder fuhren wir mit unseren Bomben an Bord weiter. Wir stießen dann bei der Weiterfahrt durch die Wolkendecke hindurch und konnten die nicht gut abgedunkelte Stadt Manchester ausmachen. Aus der nun genügend gewarnten Stadt empfing uns aber so heftiges Abwehrfeuer, daß wir uns schleunigst wieder in die schützende Wolkendecke zurückbegeben mußten. So waren wir auf dieser Fahrt 22 Stunden, darunter etwa 9 Stunden über englischem Boden, unterwegs und nahmen unsere volle Bombenlast wieder mit nach Hause.

Im Jahre 1916, als die einschränkenden Bestimmungen für den Bombenabwurf über Feindesland in mancher Hinsicht – nicht zuletzt unter dem Eindruck der Blockade durch England – gelockert, was zivile Ziele anbelangt, aber nie aufgehoben wurden, hatte der Gegner die Abwehr so weit entwickelt, daß die angreifenden Zeppeline schwere Verluste erlitten. Seit die englische Artillerie zur Flugabwehr Phosphormunition benutzte und Nachtjagdflugzeuge Höhen bis zu fast 4000 Meter erreichten, mußten wir vor allem Höhenleistung und Geschwindigkeit unserer Zeppeline zu steigern suchen. So führte Maybach bei Brannenburg auf dem Wendelstein am Inn seine Versuche mit dem Mb-IVa-Motor durch, mit dem er 260 PS erreichte. Und so verringerte der LZ, ohne die Festigkeit zu schwächen, das Gewicht des Luftschiffgerippes, indem die Zellenzahl verringert und damit Einsparungen an Gewicht ermöglicht wurden. Ferner wurden im Windkanal des LZ von Oberingenieur Paul Jaray Verbesserungen durchgeführt und eine immer geeignetere Form des Schiffskörpers gefunden. Da bei den bisher erreichten Höhen schon Höhenkrankheitserscheinungen aufgetreten waren, wurden auch gute Atemgeräte entwickelt.

Die treibende Kraft für all diese Arbeiten war Korvettenkapitän Peter Strasser. Er vertrat den Standpunkt, daß der Einsatz der Zeppeline sowohl in der Aufklärung über See wie in der Fortführung der Fahrten über England mit allen Mitteln sicherzustellen sei, weil Flugzeuge vorerst nicht die nötige Reichweite besäßen. Ihm zur Seite stand als luftschiffstechnischer Berater Dr. Eckener. Die Schiffe wurden groß und größer und immer schneller. Im August 1918 kam endlich ein neuer Zeppelintyp an die Front, von dem Strasser glaubte, daß man mit ihm der gegnerischen Abwehr standhalten könne. Dieses Luftschiff L 70 hatte man im Inhalt auf 62000 m³, in der Nutzlast auf 43,5 t, in den 7 Motoren auf je 260 PS und in der Geschwindigkeit auf 36,5 m/sec gesteigert.

Strasser selber hatte in jeder Angriffsperiode mindestens eine Fahrt nach England mitgemacht. Wir fuhren ja vor allem in den Tagen des Neumondes, wenn wir dunkle Nächte hatten und die Wetterlage günstig war. So nahm also Strasser auch an der Fahrt am 5. August 1918 im neuen Luftschiff teil, die seine letzte werden sollte. Denn unglückseligerweise waren die Wetterverhältnisse über England schlecht. In der Höhenlage zwischen 5000 und 6000 Metern herrschte eine außergewöhnlich hohe Temperatur, so daß das Schiff die gewünschte Höhe nicht erreichen konnte. Es wurde in der Nacht von einem feindlichen Flugzeug überrascht und durch Brandmunition abgeschossen. Die gesamte Besatzung fand den Tod.

Die Delag, erste Luftverkehrsgesellschaft der Welt

In seinem Buch „Deutschlands Hochseeflotte im Weltkrieg" schrieb Admiral Scheer: „Die Technik der Luftschiffahrt ist durch die Kriegserfahrungen so gesteigert worden, daß der Luftschiffverkehr im Frieden daraus große Vorteile ziehen wird und die Erfindung des Grafen Zeppelin als Kulturfortschritt erhalten bleibt."

Scheer spricht hier wie selbstverständlich von einem Luftverkehr im Frieden. Daß er das konnte, war ein Verdienst der Delag, der ersten Luftreederei der Welt. Von ihr waren vor dem Kriege die Anfänge eines planmäßigen Luftverkehrs geschaffen worden, als die Volksspende nach der Katastrophe von Echterdingen dem Grafen Zeppelin die Möglichkeit zum großzügigen Ausbau seiner Luftschiffpläne gab. Mit diesen in die „Zeppelin-Stiftung" eingebrachten Mitteln hatte er als Dachgesellschaft eines vorgesehenen Konzerns die „Luftschiffbau-Zeppelin Friedrichshafen GmbH" (LZ) gegründet, zu deren Generaldirektor er Alfred Colsman, den Schwiegersohn seines Gönners und Aluminiumlieferanten Berg, ernannte. Und in ihm hatte er den Unternehmer gefunden, der die notwendigen Industriegründungen mit großer Tatkraft Zug um Zug vornahm.

Von der Stadt Friedrichshafen wurde 1908 ein großes Geländestück westlich des Riedlewaldes gepachtet und später erworben, dessen Mittelteil als Start- und Landeplatz für die Luftschiffe dienen sollte und dessen Nordteil man der Werft mit ihren Hallen und Werkstätten vorbehielt. Bis zum Bau der geplanten Doppelhalle wurde eine provisorische Zelthalle errichtet, die LZ 3 und dann den in der schwimmenden Halle vor Manzell liegenden LZ 6 aufnahm. Das Gerippe dieses Luftschiffes wurde in die dann fertiggestellte Doppelhalle getragen, ohne daß man es abmontierte. Das erste Schiff, das in der neuen Halle angefangen und ganz fertiggestellt wurde, war LZ 7. Wie großzügig und richtig man all diese Planungen durchführte, erwies sich im Laufe der folgenden Jahre, vor allem als nach Beginn des Weltkrieges die Erzeugung von Zeppelinen sprunghaft stieg. Nördlich der Doppelhalle konnte man weitere Bauhallen errichten, und auch für Werkstätten, Blechschmieden, Versuchsstände, für Windkanal und Unterdruckkammer war genügend Platz. Außer diesen Einrichtungen stand dem Luftschiffbau eine für das Heeresluftschifferbataillon IV nur wenige Kilometer nordöstlich in Löwental errichtete weitere Luftschiffhalle zur Verfügung, so daß 1915 zeitweise alle drei Wochen ein Zeppelin die Werft verließ. Als in den beiden letzten Kriegsjahren die Anforderungen nach Zeppelinen zurückgingen, da das Heer die Luftschiffahrt völlig aufgab, war die Werft zu einem Großunternehmen angewachsen, das sich auf andere Gebiete der Erzeugung umstellen ließ. Sowohl in der Gießerei als auch in der Blechschmiede hatte man ja in der Bearbeitung von Aluminium weitreichende Erfahrungen gewonnen. So ergab sich die Umstellung zur Erzeugung von Flugzeugeinzelteilen für andere Werke und zur Herstellung von Flugzeugen Jarayscher Konstruktion von selbst.

Blick in die Fahrgastkabine von LZ 7 „Deutschland" (1910).

LZ 8 „Deutschland II“ über Friedrichshafen.

LZ 8 „Deutschland II“ am 16. Mai 1911 in Düsseldorf.

Man war also in Friedrichshafen schon 1908 zum Bau von Luftschiffen sehr wohl gerüstet, doch fehlte es an Abnehmern für den noch immer umstrittenen Zeppelin. Heer und Marine vergaben bis zum Ausbruch des Krieges nur zögernd Bestellungen. Andere Abnehmer hatte man aber nicht. Da gelang es Direktor Colsman, eine Reihe deutscher Städte wie Düsseldorf, Gotha, Baden-Oos, Berlin-Johannisthal, Frankfurt, Hamburg, Leipzig und Dresden, für den Gedanken der zivilen Luftfahrt zu interessieren. Man wetteiferte, auf stadtnahen Plätzen Luftschiffhallen zu errichten, und gründete am 16. November 1909 die „Deutsche Luftschiffahrts-Aktiengesellschaft“ (Delag), der auch die Hamburg-Amerika-Linie beitrat.

Man beabsichtigte, zwischen den Städten einen ständigen Verkehr einzurichten, und setzte als erstes Schiff den eben fertiggestellten LZ 7 ein, den man auf den Namen „Deutschland“ taufte. Aber schon auf seiner siebenten Passagierfahrt strandete das Luftschiff mit Journalisten an Bord bei schlechtem Wetter im Teutoburger Wald. Zwar konnten die Fahrgäste sämtlich ohne Schaden über schnell herbeigeholte Leitern das Schiff verlassen, aber es mußte an Ort und Stelle abgewrackt werden. Der wiederhergestellte LZ 6, den man mit einem dritten Motor ausgerüstet hatte, trat an seine Stelle. Nach einigen Probefahrten wurde er nach Baden-Oos überführt, wo er nach acht Passagierfahrten wahrscheinlich durch elektrostatische Entzündung beim Gondelreinigen in der Halle verbrannte. Und auch mit dem dritten Schiff, dem LZ 8, hatte die Delag kein Glück. Es wurde in Düsseldorf beim Ausfahren aus der Halle durch eine Bö gegen die Hallenwand gedrückt und so stark beschädigt, daß man es nur noch abwracken konnte.

Damit ergab sich für die Delag eine schwierige Situation. Sie hatte in kurzer Frist drei Schiffe verloren, so daß die Versicherungsgesellschaften zögerten, eine weitere Versicherung abzuschließen. Wenn es Direktor Colsman auch gelungen war, die organisatorischen Vorbedingungen für den Zeppelinluftverkehr zu schaffen, so hatte sich doch gezeigt, daß dieser noch nicht zuverlässig genug durchgeführt werden konnte. Dafür war die Leistung der Luftschiffe zu schwach. Auch machte sich das Fehlen ausgebildeten Personals bemerkbar. Dies war das erste, was der seit dem Verlust des LZ 7 mit der Leitung der Delag beauftragte Dr. Eckener zu ändern versuchte. Der vorzügliche Ausbildungsdienst, den er für das fahrende und betreuende Luftschiffpersonal einrichtete, machte sich bald bezahlt, so daß er auch vom Personal der Marine und des Heeres in Anspruch genommen wurde.

Graf Zeppelin, Kapitän Hacker und Dr. Eckener in der Gondel von LZ 10 „Schwaben".

LZ 11 „Viktoria Luise" wird in die Halle gebracht (oben).
LZ 13 „Hansa" über der Nordsee (unten).

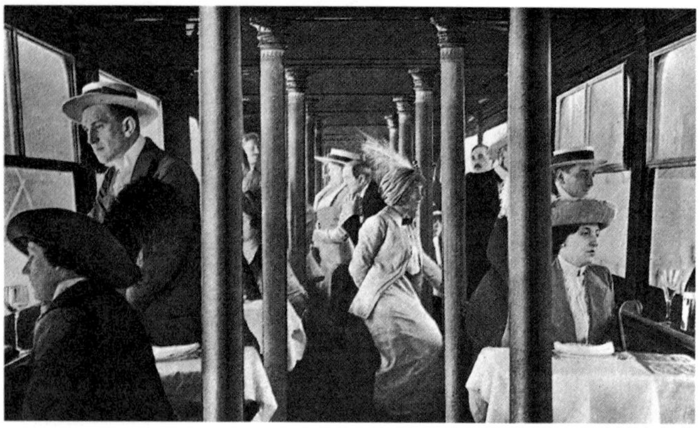

LZ 13 „Hansa“: Eine Filmgesellschaft posiert für Reklamezwecke in der Fahrgastkabine. Die Aufnahme entstand wahrscheinlich am Boden.

Dazu kam die Leistungssteigerung der Zeppeline vor allem durch Verbesserung der Antriebsmaschinen. Auch hier war es schließlich die Selbsthilfe des Luftschiffbaues, die weiterhalf. Denn die betriebstechnischen Anforderungen, die an Luftschiffmotore gestellt werden mußten, konnte nur eine spezielle Konstruktion erfüllen. Dem Luftschiffmotor wurden bei leichtem Gewicht hohe Leistungen und Betriebssicherheit abverlangt. Außerdem mußte er gegen Vergaserbrand besonders gesichert werden. Zwar hatte Daimler mit seinem zweiten Motormuster für den Zeppelin bereits Beachtliches geleistet, aber die weitere Entwicklung war doch nur in eigener Regie sicherzustellen, da kein großer Bedarf vorlag. Als Wilhelm Maybach, der Konstrukteur Daimlers, den Grafen Zeppelin auf eine Neukonstruktion seines Sohnes Karl aufmerksam machte, die bei einer Leistung von 145 PS und einem Gewicht von 3,1 kg pro PS einen sehr geringen Brennstoffverbrauch versprach, griff dieser zu und schloß mit Karl Maybach einen Vertrag. Gegründet in Stuttgart, siedelte der Maybach-Motorenbau 1910 nach Friedrichshafen über, wo man an der südlichen Seite des LZ-Geländes das neue Werk erstellte. Der LZ 9, der 1911 seine erste Probefahrt unternahm, wurde mit Maybachmotoren ausgerüstet, die sich bereits in der „Schwaben“ bewährt hatten. Bis zum Ausbruch des Krieges steigerte Karl Maybach seine Motoren auf eine Leistung von 210 PS.

Als Dr. Eckener den Fahrbetrieb der Delag wieder aufnahm, tat er es also mit einem wesentlich verbesserten Instrument. Auch beschränkte er sich an Stelle eines planmäßigen Verkehrs auf Rundfahrten an den einzelnen Plätzen, bei denen er jeweils 24 Passagiere mitnahm, und dies in einer Zeit, in der Flugzeuge außer dem Piloten höchstens zwei Personen aufnehmen konnten. In gemütlicher Kabine konnte man die Landschaft aus niedriger Höhe genießen. Für das leibliche Wohl der Fahrgäste sorgte als erster Luftsteward Heinrich Kubis, der beim Luftschiffbau von der „Schwaben“ bis zur „Hindenburg“ als Stewart diente. War es ein Wunder, daß die Schiffe „Schwaben“, „Viktoria Luise“, „Hansa“ und „Sachsen“ immer ausgelastet waren? Wenn auch die „Schwaben“ nach einjährigem Dienstbetrieb in Düsseldorf vor der Halle verbrannte: 17 402 Fahrgäste, fast 34 000 Personen (mit dem Ausbildungspersonal) hat die Delag ohne jeden Unfall mit ihren sieben Schiffen vom Spätsommer 1909 bis zum Kriegsbeginn in über 1 500 Aufstiegen befördert, eine Leistung, welche die Möglichkeit eines Luftfahrbetriebes mit Passagieren schon vor dem Ersten Weltkrieg bewies.

Graf Zeppelin fördert den Flugzeugbau

So nahm also die weitere Entwicklung des Luftschiffbaues einen wenn auch nicht glatten, doch stetigen Verlauf. Trotzdem beachtete Graf Zeppelin sehr genau die Fortschritte der Flugzeugentwicklung. Ja, man kann sagen, je mehr sein Luftschiff zu dem in seiner Weise vollkommenen Luftfahrzeug wurde, um so stärker sah er seine Aufgabe im Flugzeugbau. Graf von Soden schrieb 1925 im „Zeppelindenkmal“: „Zu einer Zeit, in der der Bau von Flugzeugen noch recht in den Kinderschuhen steckte, hatte Graf Zeppelin schon den Plan gefaßt, ein sehr großes ‚Gesellschaftsflugzeug‘ zu bauen. Die umfangreichen Vorarbeiten, die in seinem Auftrage ausgeführt wurden, zeigten damals, daß die Vorbedingungen noch nicht gegeben waren. Aber

Graf Zeppelin ruhte nicht, das Interesse für diese neuesten Flugzeuge blieb wach und wuchs immer mehr, sein Interesse für Luftschiffe selbst noch übersteigend. Diese hatten die Probe bestanden, für sie brauchte er nicht mehr zu sorgen."

Kennzeichnend hierfür war auch, wie Graf Zeppelin Theodor Kober behandelte. Diplom-Ingenieur Kober war ja der Konstrukteur seines ersten, zum Patent führenden „lenkbaren Luftfahrzuges mit mehreren hintereinander angeordneten Tragkörpern". Die ihm gestellte Aufgabe führte in völliges Neuland. Es gab hierfür keine Vorgänger. Kober leistete in den Jahren 1891 bis 1900, in denen er die Zeppelinkonstruktion ausführte, echte Pionierarbeit. Ihm gelang es, die Ideen des Grafen Zeppelin in Zeichnungen und Berechnungen umzusetzen, wobei LZ 1 bereits von dem im Patent erwähnten „Luftfahrzug" mit „Lokomotive" und angehängten „Tragkörpern" zugunsten eines einzigen langgestrecken Schiffskörpers abwich. Als er 1900 in der praktischen Durchführung der Luftschiffbauten von Dürr abgelöst wurde, blieb er als Berater im Dienste des Grafen tätig. 1910 machte er die Flugzeugführerprüfung. Er wurde nicht nur hierin vom Grafen Zeppelin unterstützt, sondern erhielt auch vom Zeppelinkonzern bald Mittel zur Entwicklung eigener Flugzeuge. Aus seinem in dem ehemaligen Betrieb in Manzell errichteten „Flugzeugbau Friedrichshafen" gingen Schwimmerflugzeuge hervor, die bereits in den Jahren 1912 bis 1914 hervorragende Leistungen zeigten.

An diesen Arbeiten zur Entwicklung leistungsfähiger Flugzeuge nahm Graf Zeppelin von Anfang an tätigen Anteil. Schon 1910 notierte er in seinem Tagebuch: „Vor einigen Monaten habe ich in Sitzungen des Luftschiffbaues besonders Kober erklärt, wie nützlich Flugmaschinen nur durch Hintereinandersetzen von Flügeln, Triebwerken, Menschen- und Lasträumen gebaut werden können."

Die Fortschritte im Flugzeugbau bewogen ihn dann, die Problemkreise Luftfahrzeug „leichter als Luft" und „schwerer als Luft" von neuem zu überdenken. Diese Diskussion trug vor Ausbruch des Krieges ein anderes Gesicht als im Krieg. So schrieb er im März 1914: „Wie schon oft in letzter Zeit mit Colsman, Dürr, Dornier* und Soden bin ich gestern auf meine frühere mit Kober verfolgte Idee eines großen Flugzeugs gekommen. Ich ziehe ernstlich in Erwägung, ob ich das Großluftschiff aufgeben und dafür Riesenflugzeuge bauen soll."

Als ihm Dürr aber genaue Berechnungen über den Bau eines neuen Luftschiffes mit einem Nutzauftrieb von 40 000 kg und einer Besatzung von 25 Mann vorlegte, das mit höherer Geschwindigkeit als bisher eine Fahrstrecke von 8 000 km zurücklegen sollte, schrieb er über die friedliche Nutzung seines Luftschiffs am gleichen Tage: „Unter solchen Voraussetzungen kann eine wesentliche Steigerung der Leistungen – hauptsächlich an Höhe und Fahrdauer – schon für die nächsten Zeppeline erreicht werden. Dieses Schiff könnte in der zweiten Hälfte 1916 fertig sein. Es kann nach New York, Colombo pp. oder in zwei Etappen nach Australien fahren, wobei es zusätzlich Post mitnehmen würde. Es ist Deutschland als Kulturaufgabe zugefallen, diese Aufgabe zu verwirklichen."

Nach Ausbruch des Krieges im August 1914 aber bedachte der Graf vor allem die Möglichkeiten und Notwendigkeiten der weiteren Entwicklung für den Krieg. So schrieb er am 6. August 1914: „Die Erfahrungen im Flugzeugbau, die fortschreitenden Verbesserungen der Motore und eine neugefundene Verwendung der Baumaterialien gestatten die Inangriffnahme von Flugzeugen mit einer Reichweite von 900 km. Wenn diese Flugzeuge auch zunächst noch nicht wie die Luftschiffe beobachten, drahtlos melden, feindliche Flugzeuge abschießen können, so hätten sie vor den Luftschiffen voraus den Nichtgebrauch des nicht überall leicht erreichbaren Gases sowie der sehr großen Hallen und das Auskommen mit sehr viel kleineren Besatzungen ... Um Mißverständnissen vorzubeugen, bemerke ich aber, daß es unrichtig wäre, den Bau von Luftschiffen wegen der Aussicht auf mächtige Flugzeuge einzustellen oder auch nur einzuschränken, denn noch sind solche Flugzeuge nicht erbaut oder erprobt. Aber Dürr, Dornier und jetzt auch Klein und Bosch, der dasselbe von Hirth berichtet, sind von der Ausführbarkeit der mächtigen Flugzeuge überzeugt."

Nun also unterstützte er den Flugzeugbau rückhaltlos. Man baute auf den Grundlagen der bewährten Flugzeugkonstruktion Kobers auf und entwickelte in vergrößertem Maßstabe ein mehrmotoriges Riesenflugzeug, das im Flugzeugbau „Gotha" hergestellt wurde. Auch diese Unternehmung des Grafen Zeppelin lehnte Berlin zunächst ab. Diese Einstellung änderte sich erst, als die ersten Probeflüge die Richtigkeit der konstruktiven Maßnahmen bewiesen. So ist es ein erneuter Triumph Zeppelins, der sich in einer schlichten Notiz vom 20. April 1915 widerspiegelt: „Gestern früh in Gotha dem ersten Probeflug des ersten Landgroßflugzeugs (Kampfflugzeug) beigewohnt. Die Ausführung ist in jeder Beziehung gelungen. Für Deutschland ist eine vortreffliche Waffe geschaffen."

---

* Der Flugzeugkonstrukteur Claude Dornier (1878–1956) trat im Jahre 1910 in den Dienst des Grafen Zeppelin.

Am 1. August 1915 flog der Graf selbst in einem seiner Riesenflugzeuge. Dies war gewiß ein stolzer Tag für den Schöpfer der brauchbarsten Luftschiffe. Auch seine Anregung, mehrere Motore auf einen Propeller wirken zu lassen, bewährte sich. Die Notwendigkeit, die Motorkräfte möglichst wirksam auf die Propellerantriebe der Flugzeuge und Luftschiffe zu übertragen, führte im Jahre 1915 zu einer weiteren Industriegründung des LZ: der „Zahnradfabrik Friedrichshafen GmbH", der im Kreise der erfolgreichen Konzerngründungen nach den anfänglichen Schwierigkeiten im und nach dem Krieg eine besondere Zukunftsentwicklung beschieden sein sollte. Im Kriege wurden von der Zahnradfabrik in zunehmendem Maße Flugzeuggetriebe hergestellt. In der ersten Kriegszeit benötigten aber auch die Luftschiffe eine Getriebeübersetzung. Da es noch keine gutgearbeiteten Zahnräder gab, wandte sich Graf Soden, Leiter der Versuchsabteilung im LZ, an den Schweizer Ingenieur Max Maag, der eben ganz neuartige Maschinen zur Herstellung von wissenschaftlich berechneten Zahnrädern herausgebracht hatte. So kam es unter Beteiligung der Schweizer Firma zur Gründung der Zahnradfabrik. Ihr Direktor wurde Graf Soden.

War aber der Luftschiffbau Zeppelin dem Flugzeugbau Friedrichshafen und Gotha nur durch finanzielle Beteiligung verbunden, so gründete Graf Zeppelin im Rahmen des Zeppelinkonzerns selbst ein Flugzeugwerk. Der in der Versuchsabteilung des LZ beschäftigte junge Dipl.-Ing. Claude Dornier hatte sich dort mit der Konstruktion von Luftschiffen für Großstrecken, dem Entwurf für eine drehbare Halle ohne Boden und mit Verankerungssystemen für Luftschiffe befaßt. Graf Zeppelin stand stets im engen Kontakt mit seinen Mitarbeitern. Er erkannte in dem außerordentlich fähigen, intelligenten Ingenieur den idealen Flugzeugkonstrukteur und gab ihm in einer Flugzeugwerft in Seemoos die Möglichkeit zur eigenen Arbeit. Hier baute Dornier bereits im Frühjahr 1915 sein erstes Riesenwasserflugzeug, das mit seiner Spannweite von 43 m alle anderen Typen übertraf. Dornier konnte bei der Herstellung seiner Ganzmetallflugzeuge auf den Erfahrungen des LZ in der Leichtmetallverarbeitung aufbauen. Er entwickelte im Leichtmetallbau eine unübertroffene Trägerkonstruktion, die heute in vielen anderen Zweigen der Technik, unter anderem als Stahlträger im Brückenbau, verwandt wird. Das war der Anfang einer Flugzeugentwicklung, mit der sich die Dornier-Metallbauten GmbH in den zwanziger Jahren Weltruf erwarb.

Und das war unter allen Leistungen Graf Zeppelins wohl die größte, daß er die Eignung einer Reihe bedeutender Männer erkannte und förderte. Jeder dieser Männer war ein ganzer Charakter und auf seinem Gebiet ein Könner:

Colsman als Unternehmer, Eckener als Luftschiffführer, Dürr als Luftschiffbauer, Dornier als Flugzeugkonstrukteur, Maybach als Schöpfer des Luftschiff- und Flugzeugmotors und Graf Soden als Direktor der Zahnradfabrik. Alle waren außerordentlich eigenwillig, keiner ganz bequem. Aber Graf Zeppelin wußte sie alle zu einem großen Werk und einer wahrhaft einmaligen Leistung zusammenzuführen, die in ihren Folgebetrieben Bestand gehabt hat.

Der Krieg ist der Vater mancher Dinge

Gewiß ist der Krieg nicht der Vater aller Dinge, aber manche Entwicklung verläuft in den Nöten des Krieges doch besonders schnell. So hat sich das Flugzeug aus bescheidenen Anfängen im Ersten Weltkrieg innerhalb weniger Jahre zum leistungsfähigen Fluggerät entwickelt. Zur Bewältigung von Langstrecken wurde es erst im Zweiten Weltkrieg tauglich. Die Zeppeline konnten ihre Leistungen schon im Ersten Weltkrieg so weit steigern, daß Fahrten bis zu 101 Stunden stattfanden. Vor Ausbruch des Krieges waren die Zeppeline noch Schönwetterschiffe. Ihre Leistungsfähigkeit war recht beschränkt. Deshalb entschloß sich die Marine erst 1912 zur Abnahme von Zeppelinen, und auch dann mußte sie noch starke Rückschläge hinnehmen. Es war daher für die Entwicklung der Luftschiffe von großem Wert, daß das Heer bereits 1909 das erste Großluftschiff übernahm.

Bis zum Kriegsausbruch folgten noch 11 Zeppeline. Das Heer nahm also fast 50 Prozent der vom LZ bis dahin überhaupt gebauten 25 Luftschiffe ab. Bei Ausbruch des Krieges hatte das Heer bestellt und erhalten:

1909 Z 1 (LZ 3), Z II (LZ 5)
1911 Ersatz Z II (LZ 9)
1913 Erster Ersatz Z I (LZ 15), Z IV (LZ 16), Zweiter Ersatz Z I (LZ 19), Z V (LZ 20), Z VI (LZ 21)
1914 Z VII (LZ 22), Z VIII (LZ 23), Z IX (LZ 25).

Bei der Marine sah die Situation folgendermaßen aus:

1912 L 1 (LZ 14) wurde am 9. September 1913 während eines Flottenmanövers in einem Gewitter auf die Nordsee heruntergedrückt.
1913 L 2 (LZ 18) verunglückte am 17. Oktober 1913 durch Brand (infolge Vergaserentzündung) in der Luft.
1914 L 3 (LZ 24) stand als einziges Luftschiff der Marine im August 1914 für Aufklärungsfahrten zur Verfügung.

Bei Kriegsbeginn verfügte das Heer über sechs Zeppeline. Die früheren waren als veraltet abgewrackt worden oder durch Betriebsunfälle verlorengegangen. Durch unsachgemäßen Einsatz gingen gleich in den ersten Kriegstagen vier dieser Schiffe verloren. Danach gab man die ursprünglich eingeplante Tagesaufklärung auf und führte nur noch nächtliche Angriffsfahrten durch. Diese erstreckten sich im Westen auf Belgien, Frankreich und England. Nach Ausweitung des Krieges im Osten operierten die Zeppelin-Luftschiffe des Heeres auch auf diesem Kriegsschauplatz. Hier sind vor allem die weiten Aufklärungsfahrten im Südosten erwähnenswert. Im Jahre 1917 gab das Heer nach Einstellung der Kämpfe im Osten den Einsatz von Luftschiffen auf.

Trotz ihrer nur bedingten Kriegstauglichkeit waren die Heereszeppeline für die Entwicklung der Luftschifffahrt von Bedeutung. Die von den Heereszeppelinen durchgeführten 232 Fahrten trugen dazu bei, aus dem Schönwetterschiff Zeppelin ein leistungsfähiges Luftschiff zu machen. Allerdings geschah das erst nach Überwindung von unendlichen Schwierigkeiten in den größeren Konstruktionen, aber auch in den nötigen navigatorischen Hilfsmitteln. Wie wenig wir jedenfalls zu Beginn des Krieges bei schlechter Wetterlage zum Blindflug gerüstet waren, erfuhren wir bei einem Einsatz im Februar 1915.

Wir waren morgens in der Dämmerung zu einem Aufklärungsflug gestartet, kehrten aber bald wieder um, da niedrige Wolken und Schneetreiben die Sicht behinderten. Kaum lagen wir aber in der Halle, als ein zweiter Alarmbefehl kam: Wir sollten ein unbekanntes Fahrzeug westlich Helgoland ausmachen. Wir starteten also von neuem, fuhren an Helgoland vorbei und suchten den ganzen Tag nach dem gemeldeten Fahrzeug – vergebens. Am Spätnachmittag traten wir den Rückflug an. Das Schneetreiben hatte noch zugenommen. Die Dämmerung kam bald. Wir passierten nördlich Bremerhaven die Küste, die wir an dem rasch unter uns durchziehenden Wechsel von Schwarz des Wassers bis zum Weiß des Uferschnees erkannten. Dann nahm uns nächtliches Dunkel auf. Wohl meinten wir, einmal eine blitzartige Erscheinung zur rechten Seite des Schiffes wahrzunehmen, aber wir konnten sie uns nicht erklären und kamen erst später darauf, daß es sich um das Lichtbündel eines nicht tief unter uns stehenden Leuchtturms gehandelt hatte. Denn wieder war zu unserem Unglück die Funkstation ausgefallen, so daß wir keine Kenntnis von der Großwetterlage besaßen.

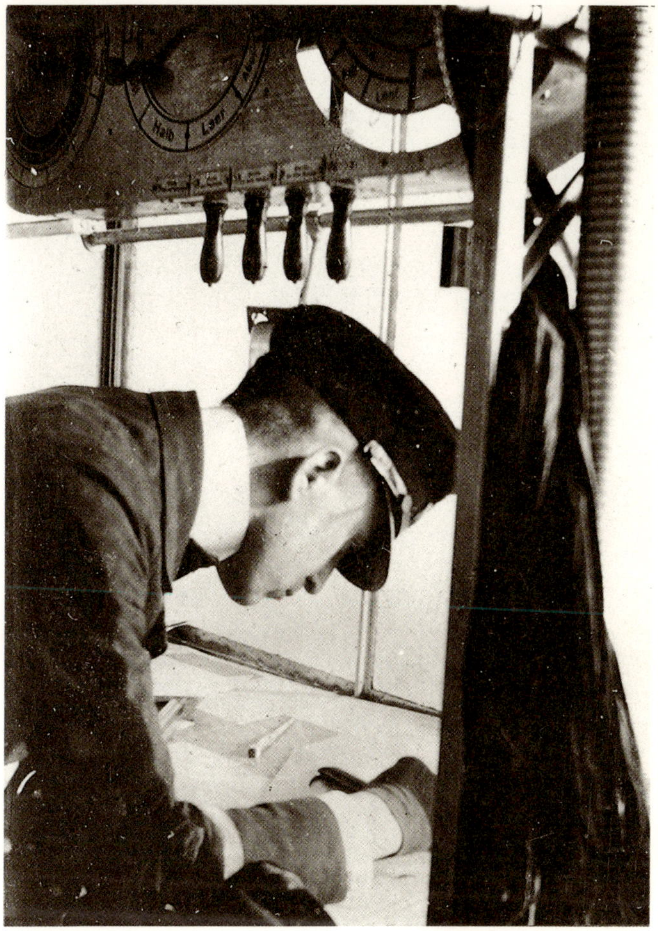

Kapitänleutnant v. Buttlar am Kartentisch in einem der Kriegszeppeline.

Als wir die Lichter des Landeplatzes von Nordholz ansteuerten, behinderte dichtes Schneetreiben die Sicht. Der mit Neuschnee bedeckte Boden ließ keinerlei scharfe Konturen erkennen. Wir tasteten uns weiter, doch einige hundert Meter vor der Landungsstelle blendete ein Scheinwerfer auf und schlug mit seinem Strahl in die Höhe. Dies war das verabredete Zeichen, daß wir nicht landen durften. Hierüber nicht gerade erfreut, denn wir waren erstarrt vor Kälte, schlugen wir zur nochmaligen Anfahrt einen Kreis. „L 6" hatte noch nicht die Hälfte des Kreisbogens durchfahren, als es im Schiff einen schweren Ruck gab und wir unter Krachen festsaßen. Das Licht ging aus. Unter uns ertönte das etwas wehleidige Klagen des beim Aufstoß über Bord gegangenen Seitensteuerers, der sich jedoch nicht ernstlich verletzt hatte, wie sich später ergab. Und dann kamen auch schon Menschen gelaufen. Oberleutnant von Buttlar beugte sich zur Gondel hinaus und rief: „Wo sind wir?" „Im Wald", gab jemand zur Antwort. Das hatten wir bereits an den Bäumen bemerkt. „Wer sind Sie?" schrie Freiherr von Buttlar. „Baum", antwortete es, und es klang wie die Stimme unseres Maschinisten Baum. „Wo kommen Sie her?", forschte von Buttlar. „Aus der Gondel!" beschied ihn unter allgemeinem Gelächter Baum.

Gottlob also schien auch hinten kein ernstlicher Schaden eingetreten zu sein. Wir waren in den Bäumen des den Landeplatz umgebenden Waldes gestrandet. Unser Höhenmesser stand aber auf 120 Meter! Ein von Westen heraufgezogenes Tief hatte einen Barometerfall zur Folge gehabt, von dem wir keine Ahnung hatten. Wir hatten großes Glück gehabt. Am Bug des Schiffes fanden wir einige Träger eingedrückt, und die Außenhülle war eingerissen. Aber sonst wurden keine größeren Schäden festgestellt. Bald erschien der Landetrupp, um uns frei zu machen. Bei Laternenschein wurden mit Sägen und Äxten die ins Gerippe eingedrungenen Zweige und Äste entfernt. Die Besatzung mußte – außer dem Kommandanten und mir – von Bord gehen. Dann konnte die Haltemannschaft das Schiff aus den Bäumen lösen und im Hochtransport in die Halle ziehen. Eine von Friedrichshafen angeforderte Mannschaft reparierte es in 10 Tagen. Bald waren wir wieder einsatzbereit.

Dieser Unfall war also die Folge der mangelnden Möglichkeiten zur Höhenmessung, weil eine Korrektur des Höhenmessers nicht möglich war. Als wir einige Wochen später zur Abnahme des „L 11" nach Friedrichshafen fuhren, brachten wir dies zur Sprache, und Dr. Dürr schlug vor, die Gesetzmäßigkeiten des freien Falles zur Höhenmessung auszunutzen. Sprudelflaschen waren ja immer zur Genüge an Bord vorhanden. Ihr Luftwiderstand und Gewicht wurden geprüft und danach eine Tabelle ihrer Fallgeschwindigkeiten

Das Marineluftschiff L 49 (LZ 96) mußte am 20. Januar 1917 bei Bourbonne les Bains in Frankreich notlanden. Das fast unbeschädigte Schiff wurde in allen Einzelheiten vermessen und in den USA nachgebaut.

ZR I „Shenandoah", das in den USA nachgebaute LZ 96, am Hochmast. Dieses erste Starrluftschiff der Amerikaner zerbrach im September 1925 in der Luft, wobei 14 Besatzungsmitglieder den Tod fanden.

errechnet. Wir warfen dann also die Flaschen über Bord und maßen mit der Stoppuhr die Zeit bis zum Aufschlag. Allerdings konnten wir den nur bei Sicht und vor allem auf dem Wasser mit genügender Sicherheit ausmachen. Mit dieser einfachen Methode haben wir unsere Höhe mit nicht allzu großer Genauigkeit gemessen, bis die Entwicklung des Echolots bessere Ergebnisse zuließ.

Dieses Echolot wurde vom Erfinder des Tiefseelots, dem Physiker Dr. Alexander Behm in Kiel, auch für die Luftfahrt entwickelt. Es beruht auf der Messung der Schallgeschwindigkeit eines Knalles. Anfangs wurde mit einem Gewehr ein Schuß abgegeben. Der Schuß löste einen elektrischen Zeitmesser aus, und das vom Boden reflektierte Echo ergab die Höhe.

Auch Prof. Behm wollte zunächst nicht glauben, daß sein Lot für uns zu gebrauchen wäre und ließ sich erst durch einen praktischen Versuch überzeugen. Dieser fand auf der Holtenauer Hochbrücke bei Kiel auf Veranlassung des Verfassers statt. Wir hatten einen alten Trommelrevolver mit Platzpatronen geladen und gaben einen Schuß ab. Das Echo kam dreimal in unregelmäßigen Abständen: das erste vom Wasserspiegel, die beiden anderen von den Böschungen des Kanals. Um einen gleichen Zeitabstand des Echos von beiden Seiten des Kanals zu erhalten, schossen und loteten wir uns bis genau in die Mitte der Brücke hinein. Es waren einige Schüsse notwendig, bis endlich nur zwei scharfe Echos kamen. Diese Knallerei alarmierte schließlich die Polizei, die nur schwer davon zu überzeugen war, daß es sich hier nicht um Sabotage handelte.

Bei der verhältnismäßig langen Fahrt eines Zeppelins wurde uns das Behmlot bald eine gute Hilfe. Da aber auch für die Fahrgäste der Knall eines Schusses störend war, trat später an dessen Stelle der ganz hohe, für das Gehör nicht wahrnehmbare Ton einer Sirene.

Eine weitere Ursache von Schwierigkeiten, besonders bei längeren Fahrten, lag in der noch mangelhaften Organisation des Wetterdienstes. Vor allem bei Kriegsfahrten nach dem Westen waren wir ohne genaue Wetterkenntnis. Das wurde im Oktober 1917 einem auf England angesetzten Geschwader von Luftschiffen zum Verhängnis. Soweit man den nur bis zur belgischen Küste reichenden Wettermeldungen entnehmen konnte, war die Wetterlage günstig. Für weiter nach Westen, woher ja das Wetter kam, fehlten Angaben. Unvermutet erfolgte ein Schlechtwettereinbruch mit stark stürmischen Winden. Man fuhr in Höhen von über 5000 Metern und hatte schon über der Nordsee kaum mehr Bodensicht. Funkpeilungen waren damals noch recht unzuverlässig und die dazu nötigen Einrichtungen von den draußenstehenden U-Booten überlastet. Ohne daß man es bemerkte, wurden die Luftschiffe südlich abgetrieben. Einige versuchten, über die Nordsee zurückzukommen, doch der größere Teil trieb auf Frankreich zu. In 5800 Meter Höhe wurde „L 44" abgeschossen. Andere Zeppeline mußten wegen Brennstoffmangels in Frankreich notlanden. Hierunter war „L 49", der ohne wesentliche Beschädigung herunterkam und von den Franzosen abgeriegelt wurde, bevor die Besatzung Zeit zur Zerstörung fand. Dieses Schiff wurde von den Franzosen genau vermessen. Die hiernach gefertigten Pläne kamen in die Hände der USA, wo man nach den Unterlagen die „Shenandoah" baute.

Das war das Ergebnis der katastrophalen Feindfahrt: Von den 11 beteiligten Schiffen erreichten nur 6 ihren Heimathafen. „L 55" unter Führung von Kapitänleutnant Flemming stellte dabei einen unfreiwilligen Höhenrekord auf, als es durch ein verfolgendes Flugzeug bis auf 7600 Meter hochgedrückt wurde. „L 55" mußte hiernach bei Tiefenort an der Werra notlanden und wurde abgewrackt. Ein Vierteljahr später traf aus ganz anderer Ursache die Marineluftschiffahrt ein ähnlich schwerer Schlag. In dem damals größten Luftschiffhafen Ahlhorn in Oldenburg sind fünf der modernsten Luftschiffe durch eine Explosion zerstört worden, deren Ursache bis heute nicht ganz geklärt ist.

Das waren also Kriegsunglücke, die zu immer größeren Anstrengungen zwangen. Trotz aller einschneidenden Katastrophen vervollkommnete sich der Zeppelineinsatz und der Luftschiffbau. Man hatte schon die Selbstentzündung der „Schwaben" zum Anlaß genommen, die empfindlichen Ballonhüllen in eigener Regie zu produzieren. Vom Gummistoff war in Düsseldorf wie schon in Echterdingen die Gefahr ausgegangen. So gründete der Luftschiffbau Zeppelin die „Ballonhüllen GmbH Berlin-Tempelhof", um sogenannte Goldschlägerhaut herzustellen. Dieser Stoff wurde aus der äußeren Haut des Rinderblinddarms gewonnen. Für ein Luftschiff benötigte man die Blinddärme von 700000 Rindern. In dreifacher Lage aufeinandergebracht ergaben diese Häutchen sehr gasdichte und trotzdem leichte, wenn auch empfindliche Zellen. Doch schon im Frieden reichten selbst die Schlachtereien Amerikas und Rußlands kaum aus, den Bedarf an Goldschlägerhäutchen zu decken. Im Kriege entwickelte man deshalb eine Stoffhaut, die sich – zunächst als Notmaßnahme – in der Folge bewährte.

Mit der zunehmenden Ausbreitung der Landeplätze für Zeppeline wurde auch eine möglichst einheitliche Einrichtung der Hallen und Plätze immer dringlicher. Um das zu erreichen, gründete der LZ die „Zeppelin-Hallenbau GmbH" in Berlin und stellte sie unter die Leitung von Regierungsbaumeister Milatz. Diese Gesellschaft erstellte nicht nur die Hallen für den Luftschiffbau und die Delag, sondern auch für Heer und Marine. Als dann im Kriege genügend Hallen zur Verfügung standen, übernahm die Gesellschaft auch Industriebauten. In Berlin-Staaken errichtete der LZ eine Werft und die „Zeppelin-Wasserstoff- und Sauerstoffwerke AG", um wie in Friedrichshafen die Erzeugung des nötigen Traggases sicherzustellen.

So wuchs mit den organisatorischen Maßnahmen die Betriebssicherheit der Zeppeline. Und ebenso unterließ man seit Kriegsbeginn nichts, um die Mannschaften der Luftschiffe in genügender Weise auszubilden. Daß zur guten Führung eines Luftschiffes weitgehend eigene Erfahrungen nötig sind, liegt in der Natur der Sache. Unsere Führung war gut. In Oberleutnant von Buttlar hatten wir für meine Begriffe einen der besten Marineluftschiffer als Führer. Daß er auch ein sehr großzügiger Vorgesetzter war, bewies er, indem ich in seiner Gegenwart öfter das Schiff führen durfte. Besondere Schwiergkeiten, etwa beim Landen, gab es bei uns kaum. Die „harte Landung" im Walde war einer unserer wenigen Unfälle. Um aber auch einmal echte Bruchlandungen kennenzulernen, von denen man oft hörte, erbat ich mir, allerdings ohne den wahren Grund zu nennen, die Erlaubnis, gelegentlich mit anderen Schiffen fahren zu dürfen.

So fuhr ich unter anderem im ersten Schütte-Lanz-Schiff, das die Marine im Februar 1915 übernahm. Ich konnte einige längere Aufklärungsfahrten mitmachen. Es war sehr interessant, die Unterschiede zum Zeppelin kennenzulernen. In der aerodynamischen Formgebung war Schütte-Lanz zweifellos überlegen. Aber die Schiffe waren anfälliger, weil sich bei dem feuchten Klima der Nordsee die Leimverbindungen ihrer Sperrholzkonstruktionen lösten. Oft lag ein Schiff wochenlang mit schwierigen Reparaturen in der Halle. Auch waren die Schiffe wegen ihres höheren Eigengewichts – der Luftschiffer sagt: Leergewicht – weniger leistungsfähig. Deshalb hat Strasser die Zeppeline bevorzugt, die auch den Prallschiffen von Parseval und von

Groß-Basenach, nicht zuletzt durch die größere Anzahl ihrer Gaszellen, überlegen waren. Denn während die Hülle der Parseval-Luftschiffe nur zwei, höchstens drei Unterteilungen, sog. Schotten, aufwies, besaßen die Zeppeline sechzehn bis achtzehn Gaszellen. Was aber schon der Verlust einer einzigen dieser kleineren Zellen bedeutete, erlebten wir einmal im Ernstfall.

Wir hatten bei einem Einsatz in über 5 000 Meter Höhe einen Volltreffer in das Schiff erhalten. Es war ein 10-cm-Geschoß, das unten die Außenhaut durchdrang und dann – ohne auch nur einen Spanndraht oder ein Konstruktionsteil zu verletzen – eine Gaszelle und die obere Außenhaut durchschlug. Wir verloren rasch Gas. In 40 Minuten war die große mittlere Zelle leergelaufen. Wir hatten nun also einen riesigen Hohlraum im Schiff und mußten, um die Verspannungen der Nachbarzellen zu entlasten, auch diese etwas entleeren. Hierdurch war das Schiff aber so schwer geworden, daß die Landung schwierig wurde. Buttlar meisterte durch ein besonderes Manöver die Situation. Wir fuhren bis kurz vor den Landeplatz in einer Höhe von etwa 4 000 Metern, stellten das Schiff dann fast auf den Kopf und fuhren in dieser Lage steil abwärts. Da wir damit aus dem niedrigen Druck der Höhe sehr rasch in den höheren Druck der Tiefe kamen, mußte sich durch Komprimierung das Füllgas erwärmen. Durch diese Erwärmung erhielt unser Schiff einen zusätzlichen Auftrieb. Nur mußten wir uns mit der Bergung des Schiffes beeilen. Nach einem Zuruf Buttlars brachte uns die Haltemannschaft im Laufschritt zur Halle. Ohne daß auch nur eine Gondelstrebe beschädigt wurde, glückte die Landung.

Als ich einige Fahrten im Schütte-Lanz-Schiff und in anderen Zeppelinen mitgemacht hatte, fragte mich Buttlar, ob ich denn von ihm wegwolle. Ich verneinte das lebhaft und erklärte, daß ich ja von all den Schwierigkeiten, mit denen andere zu kämpfen hätten, bei ihm gar nichts zu sehen bekäme und deshalb auch anderswo lernen müsse. Er lachte und war versöhnt. Seine besondere Begabung in der Erprobung von Neuerungen für die Luftfahrt fand dann ihr ausgemachtes Betätigungsfeld mit der Kommandierung auf das Versuchsluftschiff „L 25" in Potsdam. Hier machten wir in der Zeit, in der die LZ-Werften mit Hochdruck arbeiten und nicht die Zeit zur Erprobung der Neuerungen hatten, manche Fahrt, um das Material, die statischen Verhältnisse und Navigationsmöglichkeiten zu überprüfen.

Vom Schönwetterschiff zum Allwetterschiff

Die Zeppeline fanden schon im Krieg zu der ihnen gemäßen Aufgabe zurück. Je mehr sich ihre Untauglichkeit für den Kampfeinsatz erwies, um so mehr bewiesen sie ihren Wert in der Aufklärung. Da bis zum Jahr 1918 noch keine Flugzeuge für weitreichende Aufklärungsflüge zur Verfügung standen, übernahmen die Zeppeline diese wichtige Aufgabe. Ein ständiger Aufklärungsdienst von Luftschiffen riegelte die Nordsee gegen die Operationen der englischen Flotte ab und verhütete unvorhergesehene Einbrüche. Und ein dauernder Begleitdienst sicherte wiederum die deutschen Geschwader bei ihren Fahrten zur englischen Küste. Diese weitreichenden Einsätze stellten an Tragkraft und Geschwindigkeit wachsende Anforderungen. In mehr als 5 000 Fahrten wurde aus dem Schönwetterschiff Zeppelin das selbst Stürmen trotzende Allwetterschiff. Besonders die Fernfahrten der Zeppeline in der letzten Kriegszeit zeigten, daß die Grenze der Luftschiffahrt nicht in der Begrenztheit der Leistungsfähigkeit der Luftschiffe lag, sondern in der trennenden Abriegelung der Völker und Länder.

Um den Leistungsbeweis in Fernfahrten ging es ja eigentlich bei den Bemühungen um die Anerkennung des Luftschiffgedankens schon immer. Zuerst hatte das Reich an die Abnahme eines Zeppelins die Bedingung der 24-Stunden-Fahrt geknüpft – und Echterdingen war die erste Folge gewesen. Als man den verlängerten und verbesserten LZ 3 als erstes Schiff an das Heer übergab, versuchte man sich in bescheideneren Probefahrten. An einer von ihnen nahm der deutsche Kronprinz teil, der in seiner Begeisterung dem Grafen Zeppelin ein Telegramm mit dem Satz sandte:

„Halte Ihnen nach wie vor die Stange. Wilhelm."

Graf Zeppelin glaubte irrtümlich, daß dies Telegramm von dem bisher skeptischen und endlich umgestimmten Kaiser stammte. Als er diesem aber ein Dankschreiben sandte, telegrafierte der Kaiser dem Kronprinzen:

„Halte in Zukunft lieber den Mund und nicht die Stange!"

Als der LZ 5 gebaut war, wollte man seine Leistungsfähigkeit mit einer Fahrt nach Berlin unter

Beweis stellen. Graf Zeppelin hielt diese Absicht zunächst geheim, um erst sicherzugehen, daß er sein Ziel auch erreichen könne. Als aber LZ 5 mit nördlichem Kurs Friedrichshafen verließ, informierte ein Kellner des Deutschen Hauses, in dem Graf Zeppelin damals wohnte, die Presse. So wurde durch eine Indiskretion die sehr berechtigte Vorsichtsmaßnahme zunichte gemacht. Denn als man, über Bitterfeld stehend, erkannte, daß ein Schlechtwettereinbruch erfolgen würde, entschloß man sich zur Umkehr, ohne etwas von den inzwischen in Berlin angelaufenen fieberhaften Empfangsvorbereitungen zu wissen. Nur durch das Versprechen, den Berlinbesuch bald nachzuholen, konnte Graf Zeppelin den Kaiser versöhnen.

Bei der Rückfahrt von Bitterfeld ereignete sich jener eigenartige Unfall, der den damaligen Entwicklungsstand der Luftschiffahrt drastisch veranschaulicht. Man war bereits mehr als 37 Stunden in der Luft, als man die Schwäbische Alb überqueren wollte. Die Besatzung hatte ununterbrochen Dienst getan und war am Ende ihrer Kräfte. In niedriger Höhe über dem Boden gegen den Wind ankämpfend, versuchte das

LZ 3 am 2. April 1909 über dem Münchner Oberwiesenfeld.

LZ 3 (1908) wird auf das Floß vor der schwimmenden Halle gebracht.

Luftschiff Höhe und Richtung zu halten. Dürr stand am Seitensteuer, war aber so übermüdet und erschöpft, daß er an einem mäßigen Hange in der Nähe Laichlingens in einen einzelnen Birnbaum fuhr, wobei Bug und vordere Gaszelle des Fahrzeugs eingedrückt wurden. Man verankerte das Luftschiff so gut es ging und machte sich daran, es zu reparieren. Von Oberingenieur Stahl wurde aus schnell herbeigeholten Hopfenstangen ein neuer Bug gebaut, den man mit den Resten der zerfetzten Außenhülle notdürftig überspannte.

Hierüber verging der Tag. Es war schon spät, als man Dürr vermißte. Man suchte ihn und konnte ihn nirgends finden. Schon befürchtete man das Schlimmste. Doch als man am anderen Morgen startklar war, erschien er plötzlich – frisch gestärkt: Er hatte zunächst hinter der nächsten Hecke geschlafen und, als ihn dort Neugierige weckten, sich in den Zug gesetzt, um in einem Gasthaus in Ulm weiterzuschlafen, nichts als weiterzuschlafen. Nun war er also da, und man ging an den Start, stieg mühsam auf, konnte aber keine

Eine bekannte Szene: LZ 5 erwischte bei einer Fahrt im Jahre 1909 auf der Schwäbischen Alb einen alleinstehenden Birnbaum und wurde stark beschädigt. Mit Hopfenstangen provisorisch geflickt, schaffte es LZ 5 zurück nach Friedrichshafen (oben).

Kaiser Wilhelm II. begrüßt Graf Zeppelin nach der Landung mit LZ 6 am 29. August 1909 in Berlin.

weitere Höhe gewinnen. Das Luftschiff schleifte mit der hinteren Gondel am Boden. Stahl stieg aus und schob kräftig nach. Endlich war die größte Steigung überwunden. Doch wegen Brennstoffmangels mußte man bald wieder landen. Aus Friedrichshafen erhielt man Gas und Benzin. Nach zwei Tagen erreichte man endlich den Heimathafen. Das war die noch glücklich abgelaufene Birnbaumfahrt des LZ 5, der bald hierauf vom Heer abgenommen wurde und auf einer Übungsfahrt bei Weilburg an der Lahn strandete.

Erst mit dem LZ 6 gelang die Fahrt nach Berlin – wenn auch nach vielen Hindernissen. Dürr führte das Luftschiff bis Bitterfeld. Man hatte in Nürnberg und Bitterfeld Zwischenlandungen vorgesehen. Um aber eine Störung zu beseitigen, mußte man schon bei Günzburg an der Donau notlanden. Ein Stahlriemen, der erstmalig anstelle eines Getriebes Motor und Propeller verband, war abgeflogen. Planmäßig landete man aber in Nürnberg und Bitterfeld, wo Graf Zeppelin, von Berlin kommend, das Luftschiff erwartete. Am 29. August 1909 traf man mittags auf dem Tegeler Schießplatz in Berlin ein. Der Kaiser empfing Graf Zeppelin, um ihn an seiner Seite an einer Triumphfahrt durch die jubelnden Menschen der Reichshauptstadt teilnehmen zu lassen. Dürr flog den LZ 6 zurück. Doch auch auf der Rückfahrt gab es noch einmal Malheur mit den Stahlriemen und sogar mit einem Propeller. Erst nach 42stündigem Aufenthalt nach einer Notlandung in der Nähe Wittenbergs, wo man das Eintreffen des Ersatzpropellers abwartete, und einer anschließenden ununterbrochenen Fahrt von 23 Stunden erreichte der LZ 6 Manzell.

In dieses Luftschiff baute man wenig später eine Funkstation ein. Die ersten Funkversuche im Zeppelin wurden von Prof. Dr. Dieckmann, einem Luftelektriker, durchgeführt, der 1937 auch der Untersuchungskommission für das Hindenburgunglück angehörte. Das Heer hatte bereits 1908 auf dem Militärluftschiff der Versuchsabteilung der Verkehrstruppen derartige Versuche begonnen. Auf sechs Fahrten über dem Bodensee hatte man Gelegenheit, den Mitgliedern des Reichstags die Schönheiten einer Fahrt im Luftschiff überzeugend vorzuführen. Auch der erste Maybachmotor wurde von diesem Schiff aufgenommen und erprobt. Es war trotz seines unrühmlichen Endes (am 12. 9. 1910 in der Halle Baden-Oos verbrannt) der Zeppelin, der das Fernziel der Langstreckenfahrten in dem zunächst möglichen Maße zuerst erreichte.

Graf Zeppelin und Kaiser Wilhelm II. auf der Fahrt zum Berliner Schloß.

Es war natürlich ein nicht vergleichbarer Leistungsbeweis, wie ihn im November 1917 das Luftschiff von Kapitänleutnant Bockholt im sogenannten „Afrikaunternehmen" ablegte. Bockholt hatte sich hierfür durch ein „Husarenstückchen" bei einer Aufklärungsfahrt qualifiziert. Er hatte den norwegischen Segler „Royal" gesichtet und ging mit dem „LZ 23" auf die Nordsee hinunter, um vom Segler ein Boot anzufordern. Ein Prisenkommando des Luftschiffs ging an Bord des Schiffs und brachte es, weil es Kriegsgut geladen hatte, in einen deutschen Hafen.

Im Sommer 1917 plante das Kolonialministerium, dem noch in Deutsch-Ostafrika kämpfenden General von Lettow-Vorbeck mit einem Zeppelin Nachschub zu bringen. Man übertrug Kapitänleutnant Bockholt diese Aufgabe. Mit dem der Marine übergebenen Heeresluftschiff „LZ 120" unternahm Dipl.-Ing. Lehmann über der Ostsee eine Dauerfahrt von 101 Stunden, um Erfahrungen für dieses beispiellose Unternehmen zu sammeln. Lehmann hat hierüber ausführlich in seinem Buch „Auf Luftpatrouille und Weltfahrt" berichtet. Bei der Landung stellte man fest, daß noch 5 200 kg Nutzlast an Bord waren. Das hätte, in Brennstoff umgesetzt, noch exakt für weitere 33 Stunden Fahrzeit ausgereicht.

Über dem Unternehmen Afrika stand aber ein Unstern. Ein für die zweite Hälfte September angesetzter Termin mußte abgesagt werden, weil das Luftschiff „L 57", das man vorgesehen hatte, Havarie erlitt. Man hatte es, damit es eine größere Nutzlast mitführen könne, eigens um eine Abteilung verlängert. Anfang November hatte es seine erste Probefahrt gemacht. Dann wurde es von Bockholt nach Jüterbog überführt, wo es die Zuladung aufnehmen sollte. Die mit voller Belastung durchgeführte Probefahrt war auch erfolgreich. Doch nach der Landung kam ein böiger Wind auf, der das Schiff stauchte und stark beschädigte. Da der Sturm das beschädigte Schiff den Händen der

Haltemannschaft zu entreißen drohte, schoß man in die Gaszellen, damit das Gas schneller entweiche. Dabei geriet das Luftschiff in Brand, so daß es zerstört wurde. Nun verlängerte man in gleicher Weise einen in Staaken auf Kiel liegenden Neubau „L 59", mit dem man am 3. November zu einer Fahrt nach Jambol in Bulgarien Staaken verließ. Dr. Eckener war an Bord des Schiffes. Unterwegs erlitt das Schiff in böigem Wind einen Ruderschaden, erreichte aber Jambol nach einer 28stündigen Fahrt.

Inzwischen hatten sich die Wetterverhältnisse stark verschlechtert. Man machte einen vergeblichen Versuch zum Start. Am 16. November startete L 59 zum zweiten Mal. Das Afrikaunternehmen war bis dahin streng geheimgehalten worden. Beinahe schoß auf dieser Fahrt ein deutsches Flugzeug in Unkenntnis das Luftschiff ab. Eine türkische Bewachungsmannschaft nahm an der kleinasiatischen Küste das Schiff unter Feuer. Die Einschüsse ergaben starken Gasverlust. Bockholt mußte umkehren.

Am 21. November machte man einen dritten Versuch. Verhältnismäßig glatt konnte man trotz mehrfacher Gewitterfronten über das Mittelmeer kommen. Doch über der afrikanischen Küste jenseits Sallum traf man auf eine unerwartet starke Turbulenz, die bis in größere Höhen hinaufreichte. Beanspruchungen heftigster Art erschütterten das Schiff. Nur mit äußerster Anstrengung konnte es der Mann am Höhensteuer halten. Wenn man wie bisher üblich vier Stunden Wachzeit am Ruder vorgesehen hatte, so mußte man sie nun auf zwei Stunden kürzen. Länger konnte der Höhensteuerer nicht durchhalten. Dazu kam, daß die Strahlung der Sonne im Wüstensand stark blendete, was zu Ermüdungserscheinungen der Augen führte. Selbst für die Motoren ergaben sich unerwartete Schwierigkeiten. Der feine Wüstensand wurde vom Wind durch die Turbulenz in die Höhe gerissen und drang in die kleinsten Öffnungen ein. Aber infolge der mitgeführten Last war es unmöglich, über die Zone der Turbulenz zu gelangen.

Das Luftschiff leistete also schon schwere Arbeit, als der vordere Motor durch einen Bruch im Getriebe ausfiel. An ihm war auch der Dynamo für Funktelegrafie angeschlossen. Damit war jede Verbindung mit der Außenwelt unterbunden. In geringem Abstand vom Nil fuhr der L 59 während der Nacht südwärts. Man sah die Lichter der am Ufer gelegenen Ortschaften. Der strahlende Tropenhimmel erlaubte, mit dem Sextanten die Standorte zu errechnen. Es gelang, das Getriebe des stillgelegen Motors wieder instand zu setzen. Damit erhielt L 59 auch wieder Verbindung zur Außenwelt. Nachts um 2 Uhr konnte man folgenden

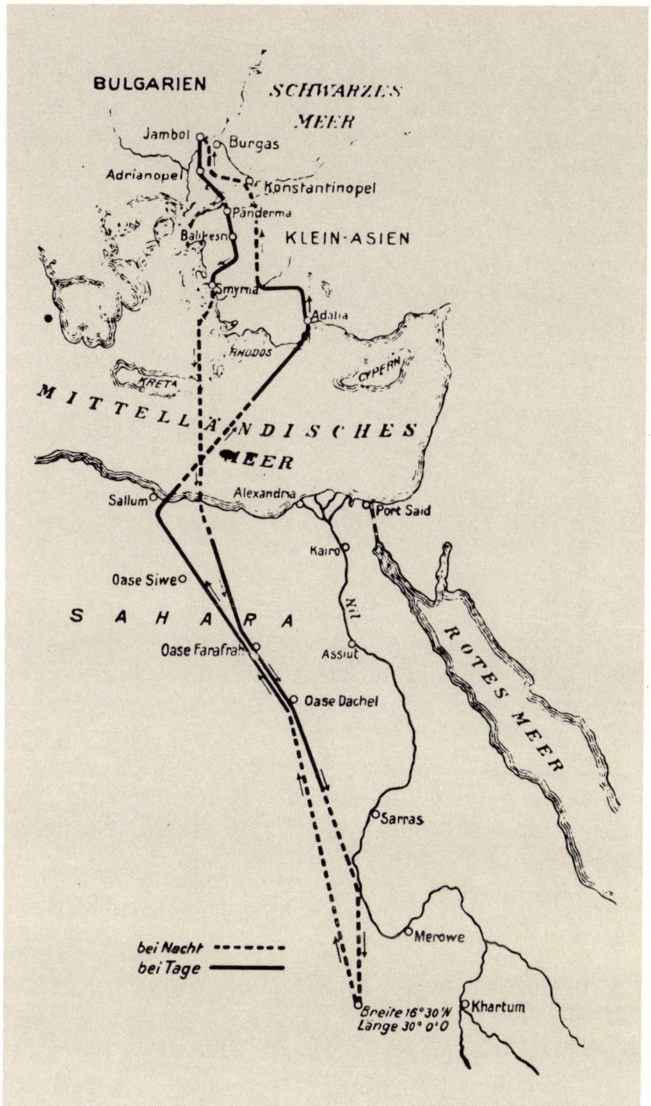

Wegkarte des „Afrikaluftschiffes" LZ 104 (L 59) November 1917; rund 6 800 km wurden in 95 Stunden zurückgelegt.

Funkspruch der Station Nauen bei Berlin auffangen: „Letzter Stützpunkt Lettow Vorbeck, Rewala, verlorengegangen. Ganzes Makonde-Land im Besitz der Engländer. Teile Lettows gefangen, Rest nördlich abgedrängt. Sofort umkehren."

Es war für Kapitänleutnant Bockholt gewiß kein leichter Entschluß umzukehren. Mehr als die Hälfte der Strecke nach Ostfrika war zurückgelegt, als ihn der Befehl zur Rückfahrt zwang. Auch lag über dem Anlaß der Rückberufung eine gewisse Tragik. Denn nur der Zeitverlust durch den Ausfall des L 57 und das herbstlich schlechte Wetter hatten den Engländern Zeit gegeben, vorzeitig Kenntnis vom Afrikaunternehmen zu erhalten und Nachrichten von den Mißerfolgen Lettow-Vorbecks über ihre Radiostationen zu verbreiten.

Doch Befehl war Befehl. L 59 kehrte um. Und auch die Rückfahrt brachte, besonders tagsüber, wieder viele Schwierigkeiten. Auch verzögerte sie sich dadurch, daß wegen einer ungeübten Landemannschaft in Jambol erst nach Tagesanbruch gelandet werden konnte. Mit einer Zuladung von rund 15 t waren vom Schiff 6757 km in 95 Stunden zurückgelegt worden.

Diesen Rekord hielt Bockholt bis 1919, als das englische Luftschiff R 34 den Nordatlantik hin und zurück überquerte. Mit Zwischenlandung in Mineola im Staate New York kehrte R 34 nach England zurück. R 34 war mit seiner Fahrt nach den USA das erste Luftfahrzeug, das den Atlantischen Ozean – dazu mit Passagieren – in beiden Richtungen überquerte. Die Führung hatte Major Scott, erster Offizier war Lt. Cdr. Ralph Booth.

Vor mehr als 20 Jahren waren vom Grafen Zeppelin solche Fernfahrten geplant worden. Durch sie wurden zum ersten Mal Kontinente in der Luftfahrt verbunden. Das Zeitalter des Näherrückens der Menschen auf dem Erdball begann.

Die Delag eröffnet einen Fahrplandienst

Doch zunächst kam das bittere Ende des Krieges. In den Hallen der Marine lagen noch neun Luftschiffe. Vier von ihnen wurden am Tage der Selbstversenkung der deutschen Flotte in Scapa Flow „von unbekannter Hand" zerstört. Die übrigen wurden von einer Marinebesatzung wiederhergestellt, eingefahren und von einer Zivilbesatzung in die von den Alliierten angegebenen Häfen überführt.

Auf Grund des Versailler Vertrages wurden nach dem Kriege ausgeliefert:

LZ 62 (L 30) zerlegt an Belgien.
LZ 75 (L 37) zerlegt an Japan.
LZ 83 (LZ 113) am 8. 10. 1920 an Frankreich, in Maubeuge abgerüstet.
LZ 90 (LZ 120) am 25. 12. 1920 an Italien, dort umgetauft in „Ausonia", beim Entleeren der Zellen zerbrochen.
LZ 106 (L 61) am 29. 8. 1920 an Italien, bei harter Landung Dezember 1920 beschädigt, abgewrackt.
LZ 109 (L 64) am 21. 6. 1920 an England, keine Fahrten, abgerüstet.
LZ 113 (L 71) am 30. 6. 1920 an England, keine Fahrten, abgerüstet.
LZ 114 (L 72) am 9. 7. 1920 an Frankreich, umgetauft in „Dixmude". Unter Führung des Lt. du Plessis de Grénédan einige größere Fahrten, darunter eine von 118 Stunden. Auf einer Mittelmeerfahrt verschollen.
LZ 120 („Bodensee") am 3. 7. 1921 an Italien, umgetauft in „Esperia", nach einer Reihe von Fahrten 1928 abgerüstet.
LZ 121 („Nordstern") am 18. 7. 1921 an Frankreich, umgetauft in „Méditerranée", nach einigen Fahrten abgerüstet.
LZ 126 (ZR III) vom 12. bis 15. 10. 1924 Überführung von Friedrichshafen nach Lakehurst/USA, umgetauft in „Los Angeles", bis 1936 im Dienst der US-Navy, abgerüstet.

Die Zeppeline haben den ehemaligen deutschen Kriegsgegnern wenig Segen gebracht, weil diese kein Fahrpersonal mit Erfahrung und Praxis hatten. Die Auslieferung bedeutete aber das Ende für die deutsche Marineluftschiffahrt.

Als einer der jüngsten Offiziere der Marineluftschiffabteilung war ich erst ganz zuletzt Kommandant eines Schiffes geworden. Ein Einsatz nach der Ernennung gegen Ende Oktober 1918 kam nicht mehr zustande. Nun empfahlen mich meine Sprachkenntnisse im Englischen und Französischen als Verbindungsoffizier bei den Verhandlungen der Waffenstillstandskommission. Hierbei fand ich Gelegenheit, die Köpfe der Luftschiffahrt anderer Länder kennenzulernen, darunter Nobile, du Plessis de Grénédan und den englischen Commander Ralph Booth, den späteren Führer des R 100, mit dem sich eine langandauernde Freundschaft anbahnte. Von den Genannten hat Umberto Nobile auch mit eigenen Luftschiffkonstruktionen (Prallschiffen) Erfolg gehabt. Er übernahm die Betreuung der an Italien abgelieferten Zeppeline.

Hiernach wurde ich Probefahrtskapitän der abzuliefernden Luftschiffe, eine Aufgabe, die mit den zusammengestoppelten Mannschaften nicht sehr angenehm war. Schon im Dezember des Jahres 1918 erreichte

mich aber eine Anfrage Eckeners, ob ich nicht Lust hätte, bei der Delag Zivilluftschiffführer zu werden. Ich stimmte gern zu, war ich doch inzwischen begeisterter Luftschiffer geworden. Doch zunächst wurde ich in den langen Monaten der Wartezeit Minensucher auf der Ostsee.

Bereits im Frühjahr 1919 beabsichtigte Kapitän Lehmann, mit „L 72“, das als einziges Luftschiff noch nicht abgeliefert war, nach Amerika zu fahren. Schon hatte er in aller Stille die Vorbereitungen für die Reise über das große Wasser getroffen und eine Mannschaft zusammengestellt, die mit gepackten Koffern zur Fahrt bereit war, als die deutsche Regierung dieses Unternehmen untersagte und Militärposten vor die Halle Löwental stellte. Es war ja nach dem Protokoll von London Deutschland verboten, Luftschiffe von mehr als 30 000 m³ Inhalt zu bauen.

Dr. Eckener gelang es, aus noch vorhandenen Beständen ein kleines, schnelles Luftschiff von 20 000 m³ Inhalt herstellen zu lassen, mit dem er im August 1919 einen fahrplanmäßigen Verkehr zwischen Berlin und Friedrichshafen aufnahm. Die Eisenbahn brauchte für diese Strecke noch 18 Stunden. Die „Bodensee“, wie man das Kleinluftschiff LZ 120 taufte, konnte 24 Passagiere sowie Post und Fracht befördern und benötigte für die Strecke etwa sechs Stunden. War es ein Wunder, daß alle 100 Fahrten, die die „Bodensee“ zwischen Friedrichshafen und Berlin ausführte, gut besetzt waren? Man beabsichtigte, die Linie bis Stockholm zu verlängern und machte eine Fahrt dorthin. Von dem Erfolg angespornt, ging man daran, noch ein zweites, etwas größeres Luftschiff, LZ 121 „Nordstern“, zu bauen. Als es beinahe fertig war, wurden von den Alliierten weitere Fahrten deutscher Zeppeline untersagt. 1921 mußten auch die beiden nach dem Kriege erbauten Luftschiffe abgeliefert werden. Die „Bodensee“ wurde von Dr. Eckener selbst nach Ciampino bei Rom überführt und an Italien abgeliefert. Dort unter-

LZ 120 „Bodensee“, das erste nach dem Ersten Weltkrieg gebaute Zeppelin-Passagierluftschiff.

Fahrgastkabine im LZ 120 „Bodensee“ (1919) (unten).

nahm sie unter dem Namen „Esperia" über dem Mittelmeer eine Reihe von Fahrten. Erst im Jahre 1928 mußte sie abgewrackt werden. Die „Nordstern" kam an Frankreich, fuhr unter dem Namen „Méditerranée", wurde aber nach der Katastrophe der „Dixmude" aus dem Dienst gezogen und abgewrackt.

Damit hatte auch die erste Luftschifflinie nach dem Kriege aufgehört zu bestehen. Wohl blieb die Delag als Reederei am Leben: Das Fahrpersonal wurde, soweit es ging, in der Werft untergebracht. Die Maschinisten konnten in den Werkstätten mithelfen. Man stellte den Betrieb um und fabrizierte anstelle von Zeppelinen Gegenstände aus Aluminium. So konnte man die Kenntnisse im Leichtmetallbau ausnutzen. Andere Leute des Maschinenpersonals fanden Arbeit in den Tochterbetrieben des Luftschiffbaues. Im Maybach-Motorenbau begann man, einen repräsentativen Personenwagen herzustellen. Auch entwickelte man neben dem Ottomotor Dieselmotoren und Getriebe, die bald in den Dieselfahrzeugen der Reichsbahn Verwendung fanden. Daneben baute Maybach Schiffsmotoren und Schiffsgetriebe. Der Bau von Flugmotoren blieb auf einige stärkere Typen für Luftschiffe beschränkt. Die Zahnradfabrik stellte sich um auf die Erzeugung von Automobilgetrieben. Schon im Kriege hatte Graf Soden an einem Getriebe eigener Konstruktion mit Vorwahlschaltung gearbeitet. Dornier hatte auf Grund des Verbotes für Deutschland, Flugzeuge zu bauen, in der ersten Nachkriegszeit besondere Schwierigkeiten, konnte in Italien dann aber einen Ausweichbetrieb aufbauen. So gelang es, den unersetzlichen Stamm der Fachkräfte durch die Krisenzeit zu bringen. Alle waren bereit, bei der ersten Möglichkeit wieder zum Luftschiffbau zurückzukehren: Meister Grötzinger, der schon bei den ersten Luftschiffen dabei war, Fischer, Leichtle, Auer, Christ. Und auch das seemännische Personal, das sich anderweitig durchschlagen mußte, stand auf dem Sprung. Die Funker Speck und Ladwig beschäftigten sich mit Funkwetterdiensten. Flemming, Wittemann, Pruss und der Obersteuermann Marx, der auch schon unter dem alten Grafen gefahren war, und ich befaßten uns mit den Planungen von Reisen über die Weiten der Ozeane. Mit Wetterkarten aus vergangenen Jahren machten wir im Büro Reisen über die Weltmeere und rechneten: Wann würden wir an welcher Stelle des Kontinents oder des Ozeans sein? Wie lange dauert eine Überquerung und mit welcher Reisegeschwindigkeit war man den Gegenwinden gewachsen?

Wir brauchten nicht mehr lange nur zu planen.

ZR III fährt nach Amerika

Es gelang Dr. Eckener, die USA für ein Luftschiff anstelle von Reparationszahlungen zu interessieren. Schon in den ersten Nachkriegsjahren hatte der amerikanische Oberst William N. Hensley jr. im Auftrage einer Reederei mit dem Luftschiffbau-Zeppelin wegen der Übernahme eines Passagier-, Fracht- und Postluftschiffes verhandelt, worüber im November 1919 sogar ein Vertrag zustande kam. Durch die Bestimmungen von Versailles kam dieser Vertrag allerdings nicht zur Auswirkung. Nun konnte Admiral Moffet von der US-Marine durchsetzen, daß das Navy Department für die den Amerikanern zustehende Summe von 3,2 Millionen Mark in Deutschland ein Luftschiff bestellte. Denn mit dem Zeppelinnachbau „Shenandoah" (ZR I) hatte die amerikanische Marine gute Erfahrungen gesammelt. So erreichte man also, daß die einschränkenden Bestimmungen für den Bau deutscher Zeppeline fielen. Eine gewisse Unsicherheit stellte nur die Überführung nach den USA dar.

Dr. Eckener schlug vor, das Schiff auf dem Luftweg nach Amerika zu bringen. Die deutsche Regierung war damit nicht einverstanden, weil sie das Risiko als zu groß ansah. Keine Versicherungsgesellschaft wollte es tragen. Erst als Eckener das Vermögen des Luftschiffbaukonzerns als Sicherheit einsetzte, willigte Berlin ein, und die Verhandlungen kamen zum Abschluß. LZ 126 wurde als ZR III 1922 in Friedrichshafen auf Kiel gelegt. Die Bezeichnung ZR III bedeutet: Z = Zeppelin, R = rigid (starr), die Ziffer III bezeichnete das dritte Starrluftschiff der Amerikaner, von denen die „Shenandoah" das eine war (ZR I), ein zweites Schiff kam nicht zur Ablieferung.

Während der Bauzeit mußte die Besatzung zusammengestellt und ausgebildet werden. Sie setzte sich teils aus Leuten der alten Delag, teils aus ehemaligem Marineluftschiffpersonal zusammen. Für das Höhensteuer wurden die alten Delag-Höhensteuerer Albert Sammt und Max Pruss aus der Besatzung Frhr. von

Buttlar ausersehen. Als Seitensteuerer wurden L. Marx und W. Scherz ausgewählt. Wachhabende wurden Dipl.-Ing. Lehmann und Kapitän Flemming, Navigationsoffiziere Kapitän A. Wittemann und ich. Zu Anfang des Jahres war ich als charakterisierter Kapitänleutnant aus der Marine ausgeschieden. Dr. Eberhard Lempertz übernahm es, die gesamte Besatzung in intensivem Unterricht in der Fahrtechnik, in der Statik und Dynamik des Luftschiffes sowie in der Meteorologie zu schulen. Jeder Wachhabende und Navigateur machte sich mit den synoptischen Wetterkarten der Deutschen Seewarte Hamburg vertraut. Und täglich mußten die Mitglieder der Besatzung das im Bau befindliche Schiff in der Halle aufsuchen, um sich eine gründliche Kenntnis aller Einzelheiten zu verschaffen.

Das hatte seinen guten Grund, denn dieses Luftschiff wurde in vielem neu ausgerüstet. Die Antriebsmaschinen waren eine Neukonstruktion von Karl Maybach: 12-Zylinder-Motoren mit je 400 PS Leistung. Der Typ VL I war vom Vorwärts- auf den Rückwärtsgang direkt umzusteuern, womit das Schiff bei der

Start von LZ 126 am 12. Oktober 1924 zur Fahrt über den Atlantik in die USA, wo das Schiff als Reparationsleistung abgeliefert und von der US-Navy als ZR III „Los Angeles“ in Dienst gestellt wurde.

Die Küche an Bord der Zeppeline genoß stets einen guten Ruf. Das Gewicht des Proviants war aber genau so wichtig und wurde exakt registriert wie alle anderen Dinge an Bord auch.

Landung leicht abzustoppen war. Die Neuentwicklung machte anfangs viel Schwierigkeiten. 100 Stunden lang mußte der Motor ununterbrochen zur Probe laufen. Man gewöhnte sich an dieses Geräusch, das weithin zu hören war. Ja, man pflegte des Nachts aufzuwachen, wenn ein Motor infolge einer Störung einmal stehenblieb. Endlich war aber auch dies geschafft. Am 27. August 1924 konnte der ZR III seine erste Probefahrt durchführen. Die angesetzten Daten für Nutzlast – 40 t bei einer Größe von 70 000 m³ – und für Geschwindigkeit – 34 m/sec – wurden eingehalten.

Sowohl in Deutschland als auch in Amerika hielt man die Überführung des Luftschiffes für ein ungeheures Wagnis. Den Vertragspartnern konnte Dr. Eckener nur sein Wort entgegenstellen: Er garantierte, das Luftschiff drüben abzuliefern. Am 12. Oktober 1924 stieg ZR III zur Überquerung des Nordatlantik auf. In 85 Stunden erreichte er seinen neuen Hafen Lakehurst. Im Höllenlärm sämtlicher Dampfpfeifen der im Hafen von New York liegenden Seeschiffe und der Feuersirenen auf den Hochhäusern war das Luftschiff über der Freiheitsstatue und dem Hudson gekreist.

Dann wurde es in Lakehurst von Tausenden von Menschen empfangen und begrüßt, wobei die begeisterte Menschenmenge es so dicht einschloß, daß man es fast nicht in die Halle fahren konnte. In dieser riesigen Doppelhalle, in der der ZR III ohne die „Shenandoah“ allein lag, wirkte er dann ein wenig verloren und fast klein.

Die Regierung der USA wußte das Ereignis in würdiger Form zu feiern. Präsident Coolidge empfing Dr. Eckener und seine Offiziere im Weißen Haus. Er dankte für das Schiff, das auf den Namen „Los Angeles“ getauft werden sollte. Es sei wie ein Friedensengel, der dem deutschen Volk nach den Jahren des Krieges die Hand reiche. So war aus einer Ablieferungsaktion auf Grund des Versailler Vertrages etwas ganz anderes geworden: der Triumphzug einer Friedensmission der völkerverbindenden Technik. Bei einer Vorführung des Films von der Überführung des ZR III wurde von einer begeisterten Zuschauermenge in den USA spontan das Deutschlandlied angestimmt.

Ein Teil der Besatzung blieb in Lakehurst, um unter Leitung von Kapitän Flemming die amerikanische Marinebesatzung einzuweisen. Wenn man dabei auf manche technische Neuerung des ZR III verweisen konnte, so lernte man andererseits aus der in den USA

Landung von ZR III am 16. Oktober 1924 in Lakehurst, New Jersey.

Dr. Eckener im Gespräch mit Henry Ford (rechts). Dazwischen Hans von Schiller, links Kapitän Ernst Lehmann, 1924.

weit entwickelten Landetechnik, insbesondere der Masttechnik, viel. Für derartig großzügige Versuche hatten in Deutschland weder Schiffe noch Mittel zur Verfügung gestanden.

Dr. Eckener, Kapitän Lehmann und ich machten im Anschluß an die Feierlichkeiten in Washington und New York eine Reise durch die Staaten, auf der Dr. Eckener mancherlei Beziehungen für einen zukünftigen Luftschiffverkehr anknüpfte. So kam ein Vertrag mit der Goodyear Tire and Rubber Corporation zustande, der vorsah, in Gemeinschaft mit dem Luftschiffbau-Zeppelin eine Werft für den Bau von Zeppelinen in den USA aufzumachen. Um dies Unternehmen zu fördern, blieb Kapitän Lehmann in Akron, Ohio. In Friedrichshafen wurde ein Stab von Ingenieuren zusammengestellt – unter ihnen auch die Chefingenieure Dr. Karl Arnstein und Dr. Klemperer –, die in Akron mit den amerikanischen Ingenieuren der „Goodyear-Zeppelin-Corporation" die beiden Luftschiffe „Akron" und „Macon" konstruierten und sie später bauten.

Die Fahrt über den Ozean war ein Welterfolg, aber Amerika ging noch immer nicht an den Betrieb von Luftschifflinien. Als Dr. Eckener im November 1924 wieder nach Deutschland zurückkehrte, zeigte der Empfang, daß man auch hier die politische Mission des ZR III verstanden hatte. Das politische Klima zwischen den Vereinigten Staaten und Deutschland hatte sich entscheidend verbessert. Die Stimmung, nun ein Schiff für den großen Weltluftverkehr zu bauen, war günstig. Leider fehlten dem Privatunternehmen Luftschiffbau Zeppelin die nötigen Mittel, um auf sich selbst gestellt ein so riesiges Projekt durchzuführen. Aber wenn auch die deutsche Regierung nicht sehr gebefreudig war, so kam doch aus der Bevölkerung ein begeistertes Echo. Deshalb entschloß sich Dr. Eckener – nicht leichten Herzens – mit einer neuen Spendenaktion an das deutsche Volk heranzutreten. Er und die gesamte Besatzung gingen mit Lichtbildvorträgen über die Fahrt des ZR III von Stadt zu Stadt und von Schule zu Schule, von Damentee zu Damentee und von Biergarten zu Biergarten. Zwölf Tage Reise und zwei Tage Pause und Abrechnung, so ging es in steter Folge, bis ein Betrag von 2½ Millionen Mark zusammengekommen war. Damit war der Bau des LZ 127 gesichert. Da nur Angehörige der Besatzung diese Aufgabe durchführten, war das Resultat recht beachtlich. Pflegt man im allgemeinen mit Unkostensätzen von mindestens 30 % der Spenden zu rechnen, so gab es bei der Zeppelin-Eckener-Spende nur 10 % Unko-

Gerippe des LZ 127 im Bau.

Montage von Gitterträgern zu Geripperingen.

sten. Nicht ganz 30 % der Baukosten des Luftschiffs konnten durch diese Spende gedeckt werden.

1908 lagen die Baukosten für einen Zeppelin noch zwischen 400 000 und 500 000 Mark. Der LZ 127 kostete schon über 6 Mio. Mark, der LZ 129 reichlich 9 Mio. 1966, z. Z. der ersten Auflage dieses Buches, würde man mindestens das Neunfache dieser Summe rechnen müssen und hätte dabei wohl die notwendigen Abschreibungen für die Werft und die Versuche noch nicht voll eingesetzt.

Nun ging es also wieder aufwärts! Am 8. Juli 1928 wurde LZ 127 nach rund zweijähriger Bauzeit zum 90. Geburtstag des Grafen durch seine Tochter, Gräfin Hella von Brandenstein-Zeppelin, auf den Namen „Graf Zeppelin" getauft.

„Graf Zeppelin" wurde für große Strecken gebaut

Die bisherigen Delag-Schiffe hatten nur kurze Fahrten unternommen. Mit dem „Graf Zeppelin" beabsichtigten wir, bis zu fünf Tagen in der Luft zu bleiben. Also standen für Fahrgäste und Besatzung Tages- und Schlafräume sowie Toiletten und Waschräume zur Verfügung. Eine elektrische Küche versorgte die an Bord befindlichen Personen mit normalen warmen Mahlzeiten. Der Luxus an Bord des Zeppelins konnte sich zwar nicht mit dem Service eines Seeschiffes messen, aber die Kabinen der Fahrgäste hatten immerhin Außenfenster, die zum Teil geöffnet werden konnten, ein schöner Salon diente zum Einnehmen der Mahlzeiten und zum gemütlichen Aufenthalt. Nur eines gab es an Bord des Luftschiffes nicht: Seekrankheit.

Dabei hatten wir den „Graf Zeppelin" eigentlich nur als Versuchsschiff für die großen Strecken gebaut, denn wir beabsichtigten, vor einem regelrechten Langstreckenverkehr mit einem eigens dafür zu schaffenden Zeppelin Fahrversuche in allen Klimaten und Erdzonen, über den Ozeanen und Kontinenten aller Erdteile zu unternehmen. Die Größe des Luftschiffs war auf 105 000 m³ Gesamtinhalt begrenzt worden, weil sonst der Neubau einer Halle notwendig geworden wäre. Erst für LZ 129 „Hindenburg" wurde sie dann erstellt. Bei einer Länge von 236,5 m hatte der „Graf Zeppelin" einen größten Durchmesser von 30,5 Meter. Als Antrieb besaß er fünf Zwölfzylinder-Maybach-Motoren von je 550 PS. Mit ihnen erreichte er eine Durchschnittsgeschwindigkeit von 31 m/sec.

Vier Jahre waren vergangen, seit zum letzten Mal beim Start des ZR III das Kommando „Luftschiff hoch" erklang. So war es für uns ein erhebender Moment, als wir am 18. September 1928 mit dem „Graf Zeppelin" zur ersten Werkstättenfahrt aufstiegen. Der „Graf" erfüllte alle Erwartungen voll und ganz. Gleich auf der ersten Fahrt konnten wir feststellen, daß sich das Schiff auch bei schwierigem Wetter gut handhaben ließ. In der Bregenzer Ecke des Bodensees mußte ein Gewitter durchfahren werden. Im Oktober machten wir eine letzte 34stündige Probefahrt. Sie führte durch ganz Deutschland bis zur Nordsee hinauf. Wir sahen die manchem von uns wohlbekannten Lichter der englischen Küste heraufblinken. Doch unter welch veränderten Umständen geschah das! Zum ersten Mal waren auf einer längeren Fahrt Passagiere an Bord, die von den unten passierenden Schiffen mit Sirenengeheul begrüßt wurden.

Am 11. Oktober 1928 startete LZ 127 zur ersten Fahrt nach den USA. Alle Kabinen waren besetzt. Zahlreiche Journalisten aus aller Herren Länder hatten sich an Bord zur Berichterstattung eingefunden. Wir nahmen von Friedrichshafen Kurs auf das Rhonetal und ins Mittelmeer. Da sich vor dem Kanal ein starkes Tiefdruckgebiet aufgebaut hatte, wurde weit südlich ausgeholt. Um Mitternacht passierten wir die Straße von Gibraltar.

Wir waren das Fahren mit diesem Schiff nun schon gewohnt. Den längeren Fahrzeiten entsprechend konnten wir nicht mehr mit einer zweifachen Besetzung der einzelnen Posten auskommen. Wir fuhren wie in der Seefahrt im Dreiwachensystem, so daß jeder – bis auf den Kapitän – abwechselnd vier Stunden Wache und acht Stunden Ruhe hatte. Stets waren auf unseren Fahrten auch einige Anwärter an Bord. So ergab sich der an sich hohe Besatzungsstand von meist 46 Köpfen.

Unsere Fahrt verlief zunächst ungestört. Einige der Fahrgäste waren schon etwas enttäuscht, daß sie keine

Sensationsmeldungen bringen konnten, und hätten fast Langeweile empfunden, wenn sie sich nicht am stets wechselnden Spiel der Natur, der Wolken des Himmels und der unter uns liegenden See hätten erfreuen können. Da sahen wir, gerade als wir am Morgen des dritten Tages unserer Fahrt die Mitte des Ozeans erreichten, sich eine schwarze Wolkenwand vor uns aufbauen. Eine Möglichkeit, nach der Seite auszuweichen, erspähten wir nicht. So fuhren wir mit-

Salon und Speiseraum des „Graf Zeppelin" mit Blumenvasen auf den Tischen, die erst nach der Landung fortgenommen wurden. „Schlingerleisten" waren im Zeppelin nicht nötig. Beheizung des Raumes durch Warmluft unter den Fenstern.

Passagierkabine „Graf Zeppelin" (LZ 127) als Tagesraum und als Schlafraum.

Eigenes Tafelgeschirr vom Feinsten war – wegen des hohen Gewichts – ein Luxus, den man sich leistete, um das Flair des Besonderen zu unterstreichen. Einzelstücke sind heute begehrte Sammelobjekte.

ten ins Schwarze hinein. Kaum hatte aber das Schiff seinen Bug in die Wolken gesteckt, als eine Bö es emporriß. Doch schon im nächsten Augenblick kam der Zeppelin in den absteigenden Luftstrom. Dazu goß es in Strömen. Das Schiff verlor erheblich an Höhe. Wir nahmen es scharf mit dem Höhensteuer hoch. Hierdurch geriet es in eine stärkere Schräglage. Darauf war man aber beim Frühstück nicht gefaßt. Normalerweise brauchte im Zeppelin nichts befestigt zu werden. Jetzt aber rutschten Tassen, Teller und Kaffeekannen nach hinten ab, so daß ein Teil des schönen Porzellangeschirrs zu Bruch ging. Doch wenn auch das Geräusch und das plötzliche Auf und Ab im Schiff den Fahrgästen einen erheblichen Schrecken einjagte, sie beruhigten sich schnell, denn schon nach Sekunden trat wieder Ruhe ein.

Allerdings hatte das Schiff einen nicht zu übersehenden Schaden davongetragen. Der Laufgangposten meldete, daß die Außenbekleidung der Backbordfläche eingerissen sei und daß der nach hinten flatternde Stoff das Höhensteuer gefährde. Eine Reparaturkolonne unter Leitung von Dipl.-Ing. Knut Eckener, dem Sohn unseres Kapitäns, der als Montageingenieur am besten Bescheid wußte, kletterte in die jetzt nach unten zu unbekleidete Fläche hinaus, um die Stoffetzen abzuschneiden. Bei normaler Fahrt war Gefahr, daß die im Freien arbeitenden Leute vom Fahrstrom weggerissen wurden. So setzte man die Fahrt erheblich herab. Die Regenböen machten aber das Schiff so schwer, daß es anfing durchzufallen. Schnell mußte alles wieder ins Schiff hinein; es war schon bis auf fast 100 Meter durchgesackt, als Dr. Eckener die Maschinen trotz der Gefahr für die sich im unverkleideten Gerippe Aufhaltenden wieder angehen lassen mußte. Notdürftig wurde endlich die Reparatur zu Ende geführt. Doch konnten wir den Rest der Fahrt nicht mehr mit voller Maschinenleistung fahren. Aber auch mit halber Kraft ließ sich der „Graf" noch gut steuern.

LZ 127 bei Landeversuchen auf dem Bodensee.

Nach der ersten Nordatlantikfahrt von LZ 127 „Graf Zeppelin" im Oktober 1928 besuchte Dr. Eckener mit den Offizieren seiner Mannschaft einige US-Firmen, um die Möglichkeiten des Auf- und Ausbaus einer internationalen Luftschiffahrt zu erörtern. Zweiter von rechts (erste Reihe) ist Hans von Schiller.

Spät am Abend passierte das Luftschiff die Bermuda-Inseln.

Unsere Fahrgäste benahmen sich in den kritischen Augenblicken großartig. Vor allem Lady Drummond Hay, eine englische Zeitungsberichterstatterin, stand ihren Mann. Sie hatte, in der hintersten Ecke des Salons sitzend, alles, was auf dem Kaffeetisch stand, in den Schoß bekommen, verlor aber ihren Humor nicht. Noch während man wegen der Reparatur in Sorge war, saß sie schon wieder an der Schreibmaschine und schrieb ihre Berichte.

So war die Welt von unserem Malheur informiert, als wir am nächsten Morgen die amerikanische Küste erreichten. Wir wurden – wie vor Jahren bei der Ankunft mit dem LZ 126 – in New York vom Geheul sämtlicher Sirenen begrüßt, während uns eine Unzahl Flugzeuge umkreiste. Und wieder drängte sich eine Menge von wohl über 100 000 Menschen auf dem Platz, die in begeisterte Ovationen ausbrach, als wir am Abend des 15. Oktober zur Landung ansetzten. Das Einfahrmanöver in die Halle war schwer, da die uns umgebende Menge nicht wich und wankte. Einige Passagiere wagten den Ausstieg auf dem Platz, wurden von Polizisten durchgelotst und landeten – wie Helden bejubelt – als Opfer der Begeisterung mit blauen Flecken im Abfertigungsraum der Halle.

Dr. Eckener fuhr mit einem Teil der Besatzung anderntags zum Empfang beim Bürgermeister von New York. Und die Rundfahrt durch die Stadt zur Cityhall stellte den Triumphzug nach der Überführung des ZR III – was spontane Begeisterung und Ovationen anbelangt – noch weit in den Schatten. Eine Reise durch die Staaten schloß sich an, ein Empfang bei Präsident Wilson und schließlich im Stadion von Chikago ein riesiges Fest. Die Amerikaner behandelten Dr. Eckener, auch wenn er unter dem ohrenbetäubenden Lärm der Sirenen von Polizeiautos stets mit Polizeieskorte durch ihre Städte fuhr, als einen der Ihren.

Nach 14 Tagen Aufenthalt war die gerissene Fläche des Luftschiffs wieder bespannt. Wir traten am Abend des 29. Oktober die Rückfahrt an – mit 24 Passagieren. Ein überzähliger 25. Passagier wurde am nächsten

LZ 127 „Graf Zeppelin" landet in Friedrichshafen.

Morgen entdeckt. Er war, wie er angab, mit einem Postsack an Bord gegangen. Nun war er also bei uns, und über der Weite des Ozeans konnten wir ihn auch nicht leicht wieder loswerden. Es war der erste blinde Passagier der Luftfahrt. Dr. Eckener verurteilte ihn zum Reinigen des Geschirrs in der Küche. Nach der Landung wurde viel Aufsehen um den jungen Mann gemacht, während der Fahrt half er brav beim Küchenmeister.

Diese Fahrt verging schnell, der Wind nahm an Stärke immer mehr zu und schob uns vor sich her. Zeitweise mochte er eine Geschwindigkeit von mehr als 100 km in der Stunde haben. Ab und zu, wenn der bedeckte Himmel aufriß, sahen wir im Mondschein schimmernde Eisberge unter uns ziehen. Schneller und schneller ging unsere Fahrt über die kochenden Wasser der See. Dr. Eckener bewies wieder einmal die richtige Wetternase. Bald waren wir daheim – und die Heimat empfing uns wie Amerika mit Kanonendonner und riesigen Menschenmengen. Friedrichshafen glich mit seinen von allen Seiten herbeigeströmten Autofahrern einem Heerlager. Wir durften zufrieden sein: Unsere erste Ozeanüberquerung nach beiden Richtungen war geschafft, und wir hatten manches Neue erfahren. Dr. Eckener sprach es auf einem Empfangsfest aus: „Wir haben gesehen, daß man den Ozean im Luftschiff befahren kann, bis zu einem regelmäßigen Verkehr müssen wir aber noch viel lernen."

Am 5. November fuhren wir nach Berlin. Der größte Teil der Besatzung wurde nach einem Empfang durch die Stadt auch vom Reichspräsidenten von Hindenburg empfangen. Welch eine Wandlung in 20 Jahren! Damals war die erste Fahrt mit dem Luftschiff unter Graf Zeppelin und Dürr mit unendlichen Schwierigkeiten belastet, heute schien der Luftsprung zur Hauptstadt eine Selbstverständlichkeit zu sein.

Die Begeisterung für die großen Zeppeline kannte oft keine Grenzen, vor allem dann, wenn sie gelegentlich andere als die bekannten Luftschifflandeplätze aufsuchten.

Die Fahrten des „Graf Zeppelin“ Januar bis April 1929*

April 1929

In den Monaten Dezember und Januar wurde das Schiff überholt. Kleinigkeiten, die sich auf den ersten längeren Fahrten gezeigt hatten, wurden abgeändert, im Februar und März sechs kürzere Erprobungsfahrten ausgeführt.

Vom 25. bis 28. März unternahm der „Graf“ eine Orientfahrt. Mit vollbesetzten Kabinen ging es das Rhonetal abwärts, nördlich Korsika vorbei über die große Zehe der Apenninhalbinsel auf Kreta zu. Man erwartete hier schon, in den Frühling zu kommen, doch war es noch winterlich kalt, und die hohen Berge Kretas zeigten sich schneebedeckt. Erst mit der Annäherung an Palästina wurde es wärmer. Jerusalem, die „Hochgebaute Stadt“, machte aus der Vogelperspektive, wo sich Höhen und Tiefen nicht abzeichnen, nicht den erwarteten Eindruck; allerdings kamen wir auch erst spät in der Dämmerung dort an. Nach einigen Schleifen über der Stadt ging es dann abwärts zum Toten Meer, das im Mondenschein besucht wurde. Hier konnten wir einen eigentümlichen Rekord aufstellen: Das Tote Meer liegt 208 m unter dem Meeresspiegel, wir gingen bis auf 70 m an seine Oberfläche heran und unterboten somit den damaligen Tiefenrekord der Unterseeboote.

Die elektrische Küche an Bord funktioniert tadellos. Der dicke Koch Manz weiß den Passagieren eine schmackhafte und genußreiche Kost vorzusetzen. Am Abend nach Verlassen der Küste Palästinas gibt es sogar frische Forellen aus dem Schwarzwald.

Dem Wetter nach wäre die Gelegenheit günstig, noch einen Abstecher nach Ägypten zu unternehmen, mit kräftigem Nordwinde wären wir in wenigen Stunden dort. Ein Telegramm Dr. Eckeners an die englische Regierung wird jedoch dahingehend beantwortet, daß zur Zeit das Wetter in Ägypten eine Fahrt dorthin nicht empfehlen lasse. Wenn wir uns auch schon dem richtigen Wetter gewachsen fühlen, dem politischen Wetter gegenüber muß man vorsichtig sein, also kehrt und nach Athen. Prachtvoll die Akropolis in der ersten Morgensonne unter strahlend blauem Himmel. Leider sind die Meldungen aus dem Osten schlecht, so muß Dr. Eckener seine Absicht, auch Konstantinopel zu besuchen, diesmal tatsächlich aus Wettergründen aufgeben. Dafür geht es über den Kanal von Korinth, einen schmalen Durchstich der

Ein Landemast – hier in Berlin – war die mindeste Voraussetzung, um ein großes Luftschiff ohne Halle für einige Zeit am Boden halten zu können.

* „Nach dem Logbuch erzählt“. In überarbeiteter und gekürzter Form übernommen aus „Kapitän Hans von Schiller's Zeppelinbuch“, Bibliographisches Institut AG, Leipzig 1938, S. 118-143.

Landenge, in den Golf von Patras. Etwas weiter nördlich liegt die Insel Ithaka, Heimat des sagenumwobenen Odysseus, und plötzlich werden alte Erinnerungen aus der Schulzeit wieder wach; Homer wird an Bord mehr oder weniger vollständig zitiert.

An der Adriatischen Küste sind besonders schön die alten kleinen Städtchen, die wie Schwalbennester an den Felsen kleben.

Kurz vor der Dämmerung geht es bei Split in das Land hinein, um über Agram (Zagreb) den Plattensee zu erreichen. Hier zeigt es sich, wie wenig noch die Kartographen selbst unser Europa erfaßt haben. Die vorliegenden Karten stimmten nicht, und schon kommen wir in Sorge, ob wir auch das richtige Tal erwischt haben, denn hohe Berge liegen vor uns. Aber wir folgen dem Lauf eines kleinen Flusses und sind doch richtig. Über Wien und die Donau hinauf führt die Fahrt schließlich heimwärts.

Nachdem das Mittelmeer im Osten durchfahren war, führt die nächste Fahrt in das westliche Mittelmeer. Vom 23. bis 25. April unternehmen wir eine Rundfahrt um Spanien herum. Die Ausfahrt folgt dem nördlichen Rande des Jura, und dann geht es quer über Frankreich hinweg.

Lissabon, die Hauptstadt Portugals, empfängt uns lärmend. Dicht am Schiff kreisen Flugzeuge, von denen eines ganz nahe unter uns hindurchstreichend unsere Antenne mitnimmt, glücklicherweise ohne sich selbst Schaden zuzufügen.

Auf dem Kurs nach Sevilla bleibt einer unserer Motoren stehen, die Welle zwischen dem Motor und dem Propeller hat einen Riß und fängt an zu vibrieren. Wir haben eine Ersatzwelle an Bord und wechseln auf der Fahrt, während die Passagiere zu Mittag essen und nichts merken, die Welle aus, wozu sogar der Propeller abgenommen werden muß.

In der Nähe von Sevilla ist auf einem großen Feld ein Ankermast für uns im Bau, leider aber noch nicht fertig, sonst könnten wir dort zwischenlanden. So begnügen wir uns mit Kreisen über der Stadt. Schnell noch ein Besuch in Afrika. Tanger und Tetuan werden von oben besichtigt, und dann zurück durch das Rhonetal nach Hause.

3. Mai 1929

Mit zu dem Schönsten, was man mit einem Luftschiff unternehmen kann, gehören die Fahrten in die Berge. So haben wir diesmal Wien, Salzkammergut und Graz besucht. In langsamer Fahrt durch die Täler zu ziehen, neben sich die Berge und unter sich die prachtvoll farbigen Seen, das ist schon ein großartiger Genuß.

24. Mai 1929

Doch mit des Geschickes Mächten ist kein ew'ger Bund zu flechten! Es sieht wieder mal schwarz aus mit der Luftschiffahrt. Nach einer ganzen Reihe von Fahrten, die durchaus zufriedenstellend verliefen, haben wir einen schweren Tag hinter uns.

Das Ausbringen von LZ 127 aus der Halle erforderte wie alle Manöver am Boden viele hilfreiche Hände.

Unentbehrliche Hilfsmittel zum Transport des Luftschiffs am Boden waren die „Haltespinnen". Je nach Wetterbedingungen waren bis zu mehrere hundert Mann starke Haltemannschaften erforderlich.

LZ 127 „Graf Zeppelin“ über dem Bodensee bei Lindau.

Am 16. Mai früh starten wir zu einer Fahrt nach den USA. Morgenfrühstück am Bodensee, herrlicher Rückenwind durch das Rhonetal, ein sogenannter Mistral. Mittagessen bereits über dem Mittelmeer. Doch am Spätnachmittag setzt ein Motor aus. Die Wetterlage über dem Ozean sieht nach den vorliegenden Meldungen nicht schlecht aus. So entschließt sich Dr. Eckener, auch mit nur vier Maschinen weiterzufahren. Man hat ja Reparaturmöglichkeiten genug an Bord, ausgesuchtes Maschinenpersonal, und so wird man den Motor auch wieder in Gang bringen. Doch als dann gegen Abend der zweite Motor auch anfängt zu meckern, da dreht Dr. Eckener prophylaktisch lieber um. Inzwischen hat sich auch leider gezeigt, daß der zuerst stehengebliebene Motor mit Bordmitteln nicht mehr zu reparieren ist. Auf drei von fünf Beinen geht es nun wieder nordwärts. Langsam, langsam, denn der Mistral hat sich nun auch weit auf das Mittelmeer heraus erstreckt. Wie ein Frachtdampfer kommt der Zeppelin vorwärts, die ganze Nacht brauchen wir, um den Golf de Lion zu überschreiten. Und im Rhonetal weht nun der Mistral mit voller Stärke. Zeitweise steht man auf der Stelle, manchmal schiebt man sich nur Meter für Meter voran. Beim Morgenfrühstück haben wir die schönste Gelegenheit, einen der Binnenseen, zu betrachten. Selbst die Flamingos, die dort unten leben und in rosa Wolken unter dem Schiff gegen den Wind anzukommen versuchen, können uns nicht darüber hinwegtäuschen, daß die Fahrt auf Fußgängergeschwindigkeit herabgesunken ist.

Über dem Laufe der Rhone wird es dann etwas besser, aber das kleinste Auto ist schneller als wir. Um Mittag stehen wir über dem Flußlauf der Drome. Brennstoff haben wir ja genug, und bald wird es nach Norden zu sicherlich besser werden, denn haben wir erst die Höhe von Valence, so können wir nach Osten Richtung Genf abbiegen. Plötzlich merkt man, daß wiederum die Fahrt nachläßt. Diesmal ist es aber nicht ein stärkerer Gegenwind, denn das Sausen des Fahrtwindes außen am Schiff läßt nach. Donnerwetter, wieder steht ein Motor! Kaum daß wir feststellen, welcher Motor es ist, da kommt schon eine weitere Hiobspost: Auch der vierte Motor schweigt! Innerhalb von einer Minute gleich zwei! Nun haben wir nur noch einen einzigen Motor laufen. Gegen den Wind kommen wir jetzt nicht mehr vorwärts, treiben rückwärts!

Wir versuchen, sofort seitlich nach Osten auszuweichen, da sicherlich gegen Abend der Wind nachlassen und bis dahin vielleicht wieder einer der Motoren zum Laufen zu bringen sein wird. Der Wind im Drometal ist zwar etwas geringer, aber immer noch böig. Dr. Eckener beschließt nun, gegebenenfalls weiter oberhalb im Tal eine Notlandung vorzunehmen. Das Schiff soll vorsichtig ohne Zuhilfenahme von Haltemannschaft auf den Boden gebracht und womöglich mit einem der Ankertaue an einem Baum befestigt werden. Wir suchen also im Tal nach einem geeigneten Landeplatz, der einmal groß genug ist und an seiner Luvseite Bäume hat.

Inzwischen hatte man vom Boden aus unsere Manöver verfolgt und alles mögliche mobil gemacht. Die französischen Behörden hatten alle elektrischen Leitungen in dem Bezirk abstellen lassen, um uns bei einer eventuellen Landung nicht zu gefährden. Das

Austausch der Motoren von LZ 127 in der Halle von Cuers Pierrefeu bei Toulon 1929, die man in höchster Not nach einer mißglückten Atlantikfahrt erreicht hatte.

Militär war alarmiert, um uns Hilfe zu leisten. Vom französischen Luftfahrtministerium bot man uns die beiden französischen Luftschiffhäfen zur Landung an. Orly bei Paris lag zu luv, für uns also nicht erreichbar, Cuers-Pierrefeu bei Toulon, dicht an der Mittelmeerküste, jedoch günstig. So entschloß sich Dr. Eckener nach dort zu gehen.

Das Tal war reichlich eng zum Drehen des Schiffes, das bei seiner nur geringen Fahrt einen großen Drehkreis benötigte, eine Bö nahm das Schiff noch in die Höhe und setzte uns über einen Bergrücken hinüber. Mit dem Wind ging es jetzt wieder rhoneabwärts, und schon eine Viertelstunde vor der angesetzten Landezeit waren wir über dem Landeplatz. Etwa 40 Leute standen schon dort, auf die Dr. Eckener mit der einzigen vorhandenen Maschine zufuhr. Die Leute hielten das Schiff fest. Uns allen war ein Stein vom Herzen gefallen, denn wenn der letzte Motor auch noch versagt hätte, wäre unser Schiff verloren gewesen. Man hätte es irgendwo als Freiballon landen müssen. Für Passagiere und Besatzung wäre eine solche Landung nicht schlimm gewesen, aber man hätte wohl kaum die Möglichkeit gehabt, das Schiff heil wieder in die Luft zu bringen. Doch wir waren mit unverletztem Luftschiff gelandet, konnten unsere Fahrgäste ausbooten und die Ankunft neuer Motoren abwarten.

In Cuers-Pierrefeu stand uns sogar eine Luftschiffhalle zur Verfügung, die alte Düsseldorfer Halle, die man dort abgebrochen und auf Grund des Versailler Vertrages hier, etwas verlängert und erhöht, wieder aufgebaut hatte. Hier hatte die Dixmude, unser ehemaliges Marineluftschiff L 72, gelegen. Es war uns nur nicht ganz klar, ob die Halle tatsächlich ausreichen würde; so war das Einfahrmanöver, das aus Toulon mit Kraftwagen herangebrachte Truppen tadellos durchführten, etwas schwierig.

Erst als die Hallentore sich hinter dem Heck des Schiffes geschlossen hatten, konnte der letzte Rest der Spannung weichen. Mit gutem Humor lud Dr.Eckener die ganze Besatzung in den Salon ein, nachdem die Passagiere mit Autos nach Toulon in die Hotels abgefahren waren. Ein guter Tropfen Wein wurde aufgefahren. Plötzlich erinnerte man sich daran, daß wir in der Fracht an Bord einen jungen Gorilla hatten, Susi, die uns schon, da sie einige Tage in Friedrichshafen gewesen war, viel Freude gemacht hatte. Schleunigst wurde sie aus ihrem Käfig herausgeholt und kam mit in den Salon, wo sie mit Bananen auch an dem Fest teilnahm.

Wenn anfänglich wegen des Abbruches der Fahrt und des Versagens der Motoren die Stimmung noch gedrückt gewesen war, so stieg sie jetzt schnell wieder; mit 80 Prozent Maschinenausfall hatten wir doch noch einen Hafen erreichen können, Reservemotoren waren schon aus Friedrichshafen unterwegs, man hatte sie sofort in einen Sonderwagen der Eisenbahn verladen, und sie mußten in wenigen Tagen eintreffen. Mitten in diese Feier hinein platzte, von uns gänzlich unerwartet, ein Vertreter der Deutschen Botschaft, von einem französischen Posten zu Dr. Eckener geführt. Das erste, was er sehen mußte, war Susi, die gerade vor der Eingangstür auf der Lehne eines Stuhles saß. Für einen Unbeteiligten, der eine zusammengebrochene Besatzung in äußerster Depression vorzufinden glaubte und nun in den heiteren Kreis kam, muß der erste Augenblick ziemlich verblüffend gewesen sein.

Die Aufnahme, die wir in Cuers-Pierrefeu fanden, war über jedes Lob erhaben. Die Besatzung des Luftschiffhafens sorgte in rührendster Weise für alle. Von Deutschfeindlichkeit keine Spur, im Gegenteil, wenn man sich nur irgendwo sehen ließ, sofort wurde man eingeladen.

Kapitän Lehmann legte am Denkmal, das für die Opfer der Dixmude im Ort gesetzt war, einen Kranz nieder und ehrte damit unsere französischen Kameraden, die mit der Dixmude einige hervorragende Fahrten unternommen hatten und schließlich von einer Patrouillenfahrt weit in die Sahara hinein nicht mehr heimkehren sollten.

Nach sechs Tagen waren neue Motoren eingebaut, und in einer herrlichen Mondscheinnacht ging es durch das Rhonetal wieder aufwärts der Heimat zu. In der ersten Morgenstunde des 24. Mai passierte der „Graf" einen kleinen Ort nördlich des Vierwaldstätter Sees. Nichtsahnend brummten wir über das schlafende Dorf. Aber es gab ein Nachspiel. Bereits wenige Tage später erhielt Dr. Eckener einen Brief, der ihm hochoffiziell ankündigte, daß er an der Geburt eines Mädchens schuldig sei. Der Vater schrieb, durch das Gebrumme der Motoren sei seine Frau erschreckt worden und habe ihm eine Tochter geboren. Nun bäte er Dr. Eckener, wenigstens die Patenschaft für die kleine „Zeppeline" zu übernehmen. Dr. Eckener schrieb zurück, daß er sich in der Tat schuldig bekennen müsse, denn die Zeit stimme mit den Unterlagen aus dem Bordbuch überein. So wurde dann in Friedrichshafen die kleine Zeppeline aus der Taufe gehoben.

In Friedrichshafen wurde mit aller Gründlichkeit an die Untersuchung des Motorenschadens herangegangen. Dabei entdeckte man, daß es sich um sogenannte Schwingungsbrüche handelte und ging nun gründlich der Beseitigung oder wenigstens Meisterung der Schwingungen zu Leibe. In unserem Falle hatten wir in gewisser Weise selber schuld an dem Auftreten der Schwingungen gehabt, da wir eine uns zu elastisch erscheinende Kupplung starrer gemacht hatten. Hierdurch überlagerten sich die Schwingungen des Motors mit denen des Getriebes, so daß ein Bruch eintreten mußte. An den Maybachmotoren selber waren nur ganz geringfügige Änderungen notwendig.

Weltfahrt September 1929

Lang dauerte die Wartezeit, aber Dr. Eckener wollte unter allen Umständen volle Klarheit haben, um jede Möglichkeit einer Wiederholung eines derart katastrophalen Motorenausfalls beseitigt zu wissen. So lag das gefüllte Schiff ohne Motoren bis gegen Ende Juli still. Die Fahrt nach Cuers hatte uns unerwartet viele Freunde geworben, man hatte ein Gefühl der Sicherheit bekommen, denn wenn ein Schiff nach Ausfall von 80 Prozent seiner Maschinenanlage noch einen Hafen erreichte, so mußte es sicher sein. Unzählige Anfragen liefen bei uns ein, man wollte kleinere und größere Fahrten unternehmen, und wir wären an den schönen Sommertagen stets ausverkauft gewesen. Aber die Sicherheit ging vor. Inzwischen war ein großes Projekt soweit vorbereitet worden, daß wir an seine Ausführung gehen konnten. Immer noch hatte es geheißen, ein Luftschiff sei ein Schönwetterschiff, mit dem man nur gelegentlich mal Fahrten unternehmen könne; nun wollen wir eine Fahrt rund um die Welt durchführen, bei der wir uns ja das Wetter nicht aussuchen können und bei dem wir durch alle Klimate hindurch müssen.

Die Finanzierung der Fahrt geschah einmal durch die Presse, vor allem durch den amerikanischen Zeitungskönig Hearst, der sich das Monopol für die ganze Welt außer Europa gesichert hatte. Die deutschen und europäischen Zeitungen beteiligten sich ebenfalls. Einen weiteren Teil trug die Philatelie. Freimarkensammler werden Poststücke von der Weltfahrt sammeln, und die Postbehörden geben uns für die Beförderung ein gutes Stück Geld. Auch zahlende Passagiere sind an Bord, allerdings nur wenige, denn der Preis ist sehr hoch.

Da Hearst den Löwenanteil der Kosten trägt, so hat er eine Forderung stellen können. Wir müssen in Lakehurst bzw. bei der Freiheitsstatue unsere Fahrt beginnen und endigen. Dr. Eckener erklärte nun, daß es dadurch gewissermaßen zwei Weltfahrten gäbe, die amerikanische und die deutsche, die von Friedrichs-

LZ 127 „Graf Zeppelin" über Berlin.

hafen nach Friedrichshafen führte; man müsse abwarten, wer das Rennen gewinnen werde!

Wie immer vollbesetzt, startete der „Graf" am 1. August 1929 nach den USA. Die Hinfahrt verlief wegen der Gegenwinde langsam, hatte aber keinerlei aufregende Momente. Am Abend des 8. August verließ dann das wiederum voll besetzte Schiff New York und landete am 10. August, dem Geburtstag Dr. Eckeners, nach einer Rekordzeit von 55 Stunden und 19 Minuten in Friedrichshafen. Vier Tage wurden noch zu den letzten Vorbereitungen benötigt, das Schiff bis an die Halskrause mit Brennstoff beladen, Proviant und Notausrüstung an Bord genommen, die Motoren nochmals nachgesehen, und früh in der Morgendämmerung des 15. August verließ es seinen Heimatort, Kurs Osten, um von Westen wieder nach Hause zu kommen.

Über Berlin und Königsberg ging es dann nach Rußland hinein. Am zweiten Tage wurde der Ural passiert, wir hatten Europa verlassen. Unendlich erstrecken sich die Wälder, oftmals überfliegen wir riesige Waldbrände mit ungeheuren Rauchwolken, die uns alle Sicht nehmen.

Buntgemischt ist die Gesellschaft an Bord. Vorherrschend die Journalistik. Unsere Funker sitzen von früh bis spät schwitzend in der Funkbude und geben in allen möglichen Sprachen, sogar in japanisch, die endlos langen Pressetelegramme ab. Ungeheuer war die Leistung des Funkpersonals, da außer den Pressetelegrammen noch ständig Wettermeldungen heranzubringen sind. Aber in keinem Augenblick der Fahrt hat unsere Funkbude den Humor verloren, sie hielt durch und trug wesentlich zum Gelingen der Fahrt bei.

Der dritte Morgen sah uns über der unendlichen Weite der Sumpftaiga zwischen Ob und Jenissei. In den ersten Strahlen der Morgensonne lag unter uns das Sumpfland, Wasser und wenig Erdreich dazwischen. Wie unendlich klein waren wir in diesem Augenblick und welcher Stolz, dies erschauen zu dürfen. Land, das noch keines Menschen Auge sah. Mitten in diese Gedanken hinein ertönt im Salon die Stimme eines jungen Journalisten, der sich beschwert, daß der Kaffee noch nicht fertig sei! Gegensätze draußen und drinnen!

Eines wurde uns hier klar, daß wir nämlich bei der Notausrüstung etwas vergessen hatten. Wir hatten im Falle eines größeren Motorenversagers mit einer Notlandung im Fernen Osten gerechnet und dementsprechend Jagdausrüstung, Flinten und Patronen mitgenommen. Aber bei dem Anblick der vielen Teiche kam uns zum Bewußtsein, daß eine Angelausrüstung entschieden sinnvoller gewesen wäre.

Dem Laufe des Jenissei folgend gelangen wir zur unteren Tunguska, die wir aufwärts fahren. Hier kommen wir, schon in etwa 65 Grad Nordbreite fahrend, in die Gegend der ewigen Gefrörnis; ab und zu sieht man in einem Bachlauf noch blankes Eis, hier ist die Gegend der Mammute. Kaum, daß man einmal einen Menschen oder von Siedlungen Andeutungen zu sehen bekommt.

Unser Kartenmaterial, das wir von den Russen bekommen hatten, ist zwar mangelhaft, aber wir fahren genau wie auf einer Seekarte nach Kompaß und Abdrift und passieren wie vorgesehen im Oberlauf des

Flusses das Buktykschan-Gebirge, kommen richtig an den Fluß Wiljui und in die Jakutenebene.

Früh am vierten Tage wird Jakutsk angesteuert. Dort liegen auf einem Friedhof viele deutsche Soldaten begraben, für die wir einen Kranz aus der Heimat mitgebracht haben. Wir werfen ihn mit einem Fallschirm ab, der neben dem Friedhof landet. Die Lena wird überquert, hier fast 2000 km von der Mündung entfernt schon ein Strom, der uns an die Mündung der Elbe erinnert, so breit ist er hier.

Der schwierigste Teil der Fahrt wird am Nachmittag des vierten Tages glücklich vollendet. Wir kommen in das wilde Stonowoj-Gebirge hinein, von dem man uns sagte, daß die Paßhöhe 1100 m betrage. Wir folgen einem Flußlauf, dem Uj, können noch die Stadt Nelkam ausmachen, aber von jetzt an gibt es keinerlei Möglichkeit einer Orientierung an Objekten mehr. Das Tal wird eng und enger, steigt mehr und mehr, es windet sich bald nach Norden, bald nach Süden. Längst hat die Talsohle 1100 m überschritten. Wir fahren in niedrigster Höhe, denn das Schiff ist stark belastet, wir haben noch reichlich Betriebsstoff an Bord. Da uns bislang der Wind meist günstig war, haben wir gut gespart und sind häufig nur mit vier Motoren gefahren. Wir haben noch soviel Brennstoff an Bord, daß wir ohne Zwischenlandung bis nach Los Angeles durchfahren könnten. Endlich zeigt sich vor uns ein horizontal verlaufender Dunststreifen. Wie bei den Griechen auf dem Perserzug ertönt der Ruf „Thalatta", das Meer! In nur 100 m Höhe überqueren wir die letzte Paßhöhe; Commander Rosendahl, der als Beobachter der US Navy an Bord mitfährt, fragt bei uns nach, ob wir beabsichtigten, Butterblumen auf der Paßhöhe zu pflücken! Aber wir haben es geschafft, vor uns liegt das Ochotskische Meer, ein Busen des Stillen Ozeans.

Die Küste wird bei Port Ajan überschritten. Im Lauf der Nacht nimmt uns der Schweif eines Taifuns schnell mit südwärts, und der Morgen des vierten Tages sieht uns schon an der Küste Japans. Welch ein in die Augen springender Unterschied zur russischen Landschaft! Hat man stunden-, ja fast tagelang keines Menschen Spur gesehen, so ist hier jedes Fleckchen ausgenutzt, man möchte fast glauben, daß die Menschen hier in zwei Etagen leben. Nach einer Fahrt von 90 Stunden erreichen wir Tokio und machen noch schnell einen Abstecher nach Yokohama. Dicht neben dem Kaiserpalast wirft einer der Journalisten einen Bericht in einem Beutel ab. Dieser fällt in einen Teich, doch schnell stürzt sich ein Junge hinein und liefert die Post auch richtig ab, wie man später feststellen konnte. In Kasumiga-ura, dem Marine-Luftschiffhafen, ist inzwischen alles zur Landung bereit. Wir fahren zur Landung an, und als aus dem Luftschiff im letzten Augenblick noch eine Wasserhose sich löst, da ruft ein deutsches Mädchen aus Schwaben: Da kommt Wasser aus dem Bodensee! Die Aufnahme war überaus herzlich. Schnell war das Schiff sicher in der Luftschiffhalle untergebracht (übrigens auch eine ehemals deutsche Luftschiffhalle, die im Kriege in Jüterbog gestanden hatte). Unser Oberingenieur Karl Beuerle, der mit einem Dampfer vorangefahren war, hatte für alles trefflich gesorgt. Begeisterte Empfänge erwarteten uns, den ganzen Tag wimmelte es in der Halle von Besuchern, die von weit herströmten, um sich den Wundervogel anzuschauen.

Am Abend des ersten Tages waren wir von den Offizieren der Luftschiffstation im Orte Kasumiga-ura eingeladen. Schon die Fahrt im Auto war ein Erlebnis, aber erst als wir in dem reizenden Teehaus ankamen, wurde uns bewußt, daß wir plötzlich, gewissermaßen mit einem Sprung, in einen ganz anderen Kulturkreis hinübergerutscht waren. Auf dem Boden, mit untergeschlagenen Knien zwischen den Japanern und Geishas sitzend, mußte man sich tatsächlich in den Arm kneifen, um festzustellen, ob man wache oder träume. Vor vier Tagen hatten wir in Friedrichshafen Abschied im Kurhotel gefeiert, und jetzt hier in einem japanischen Teehaus – das war fast zuviel. Allmählich schliefen einem die untergeschlagenen Beine ein. Man hatte uns am Eingang auch noch die Schuhe ausgezogen, wobei wir alle beim ersten Bad auf japanischem Boden nach der Landung glücklicherweise anscheinend auch die Strümpfe gewechselt hatten. Als nun die uns bedienende Geisha eine gewisse Unbequem-

Japanische Haltemannschaft bei der Zwischenlandung während der Weltfahrt im August 1929 in Tokio.

lichkeit merkte, da zog sie jedem die Beine lang und stellte den kleinen, etwa 25 cm hohen Tisch quer über die ausgestreckten Beine. Es ging zwar förmlich aber doch bequem zu. Da es sehr heiß war, saß Dr. Eckener bald in Hemdsärmeln inmitten der Behördenvertreter, die selber in schönen und der Temperatur entschieden besser angepaßten Kimonos erschienen waren.

Auch in Tokio, wohin man einen Teil der Besatzung eingeladen hatte, reihte sich Fest an Fest. In unermüdlicher Gastfreundschaft versuchte man, uns in der kurzen zur Verfügung stehenden Zeit zu zeigen, was möglich war. Von allen Seiten kamen Geschenke, eine Einladung in den Hamapalast des leider abwesenden Mikados, der uns prachtvolle japanische Kunstgegenstände überreichen ließ, war der Höhepunkt.

Allzuschnell verging die Zeit, und es mußte wieder an die Abfahrt gedacht werden. Spät am Abend war alles bereit. Mitten in der Ausfahrt aus der Halle hakte eine der Laufkatzen auf der Torschiene. Ehe man sie lösen konnte, ruckte das Halteseil ein, die Gondel setzte scharf auf, die Stützen zerbrachen, und die Gondel selber wurde leicht beschädigt. Die Japaner waren über das Mißgeschick sehr betrübt, und man wollte den das Manöver leitenden Offizier sogar zur Verantwortung ziehen, aber Dr. Eckener erklärte ihnen, daß er völlig frei von Schuld sei; so rettete er ihn wohl vor dem Harakiri. Nach einer Reparatur von 24 Stunden, die unsere Leute, vor allem der unermüdliche Obersteuermann Müller durchführten, waren wir wieder startbereit und verließen mit den schönsten Erinnerungen das gastliche Japan.

In 68 Stunden wurde der Stille Ozean überquert, der uns nur beim Passieren eines Taifunausläufers etwas zu schaffen machte. Auf der großen Strecke herrschte während 36 Stunden ununterbrochen dichter Nebel, so daß wir zur Orientierung und Feststellung der Abdrift oft bis auf unter 100 m heruntergehen mußten.

Für die Fahrgäste war es etwas langweilig, man sah nichts, und so fühlte sich die Presse genötigt, auf ir-

Weltfahrt 1929: LZ 127 am Ankermast in Los Angeles.

gendwelche Sensationen Jagd zu machen. Bei den reichlichen Festen hatte sich Dr. Eckener den Magen verdorben, das wurde nun ausgenutzt für die Berichte. Einer der Pressephotographen klappte zusammen und bekam leichte Herzzustände. Glücklicherweise hatten wir einen Arzt an Bord, denn die Ausbildung der Besatzung beschränkte sich auf das übliche Maß aus der Seefahrt: Alles Äußerliche Jod, alles Innerliche Rizinus! Aber nach 68 Stunden, als der Kontinent auf der vorher errechneten Stelle glücklich am „Golden Gate" vor San Franzisko erreicht war, war wieder alles mobil. Der Empfang über San Franzisko war unbeschreiblich laut. Umgeben von unzähligen Flugzeugen, dazu die Sirenen aller Dampfer im Hafen, Kanonenschüsse! Die Nacht hindurch fuhren wir an der Küste südwärts nach Los Angeles, der Filmstadt, wo uns die US Navy einen Ankermast zur Verfügung gestellt hatte.

Auch hier ein herzlicher Empfang. Doch der Aufenthalt dauerte nur von früh bis spät Abend, da wir schleunigst weiter wollten. Ein kleines Luftschiff der Goodyear Zeppelin Corporation besuchte uns auf dem Platz. Abends noch ein Diner mit den Filmgrößen; es gab: Eckenersuppe, Lehmannschnitzel und zum Nachtisch Schillereis!

Der Start stellte uns vor unerwartete Schwierigkeiten. Es war erheblich wärmer als angenommen, dazu war das nachzufüllende Wasserstoffgas nur knapp bemessen gewesen. Schnell entschlossen ließ Dr. Eckener eine der drei Wachen der Besatzung an Land, die mit einem Flugzeug nach Lakehurst nachflog. Alles Überflüssige an Wasser und Proviant kam heraus. Reserveteile, die nicht unbedingt notwendig erschienen, mußten zurückbleiben. Endlich schien es zu gehen! Langsam geht das Schiff hoch, doch in etwa 40 m Höhe eine Inversion, eine Schicht wärmerer Luft, die den Auftrieb des Schiffes herabsetzte. Es steigt nicht mehr. Alle Motoren gehen äußerste Kraft voraus, um das Schiff zu heben, es kommt langsam, langsam. Da plötzlich voraus eine riesige Hochspannungsleitung. Rot leuchten die Spitzen der Masten mit ihren Sicherheitslampen. Dr. Eckener verliert auch jetzt nicht die Ruhe. Zu seinem Sohn, der gerade Wache am Höhensteuer hat, sagt er nur ganz ruhig: nur wenig hoch! Und in höchstens 5 m Entfernung setzen wir über die Leitung weg. Wir waren glücklich in der Luft, und wenn auch auf der Fahrt das Wasser etwas knapp wurde, so schadete das nichts. Die Fahrt über den Kontinent durch das Empirial Valley an der mexikanischen Grenze war reichlich böig, dafür entschädigte aber ein Besuch von Chikago und Cleveland.

Nach 21 Tagen umkreisen wir die Freiheitsstatue zum zweiten Mal unter dem Jubel New Yorks. Der Bürgermeister verlieh der Besatzung die „Freedom of the City". Die erste Weltfahrt war in kürzester Zeit geglückt.

Nur zwei Tage bleiben wir in Lakehurst. Dr. Eckener blieb zu Verhandlungen in den USA zurück, und Kapitän Lehmann führte das Schiff über den uns schon vertrauten Atlantik nach Hause. Hier trafen wir nach nur 20 Tagen Abwesenheit wohlbehalten wieder ein. Über 36 000 km Luftweg hatte der „Graf" mit nur kurzen Aufenthalten an den vorher vorgesehenen Stationen zurückgelegt und damit den Beweis erbracht, daß er wohl in jedem Wetter fahren konnte – er war kein Schönwetterschiff mehr. Zum ersten Mal in der Geschichte hatte ein Luftfahrzeug, noch dazu mit 20 Fahrgästen (im ganzen waren 60 Personen an Bord) eine Rundfahrt um die Welt machen können.

LZ 127 „Graf Zeppelin" über dem Rheintal bei Vaduz.

Winter 1929/30

Den Herbst über fanden noch eine Reihe von Schweizfahrten statt. Wir hatten uns einen regelrechten Fahrplan ausgedacht, der sich recht gut bewährte. Von Friedrichshafen über den Bodensee, das Rheintal auf-

wärts, über den Walensee nach Zürich, dann Zuger See, über die Hohle Gasse, von der wir feststellten, daß wenigstens heute noch mehr Wege nach Küßnacht führen. Über den Rütli hinweg sehen wir am Urirotstock vorbei an den Urnersee. Hinter uns der Mythenstock hat glücklicherweise nicht, wie bei Wilhelm Tell, eine Haube auf, so daß wir beruhigt von Luzern aus weiter südwärts über den Brünigpaß nach Interlaken fahren. Jetzt kommt der Höhepunkt der Fahrt. Vor dem Lauterbrunner Tal wird abgestoppt, und langsam zieht hinter der Schynigen Platte die Jungfrau hervor. Über Thun, Bern und Freiburg geht es dann zum Genfer See. Weit hinten überragt der Montblanc die Gebirgskette. Genf wird besucht, dann quer über den See und noch ein Blick ins obere Rhonetal mit seinen „Dents“ und auf die Diablerets. Jedesmal wieder genießen wir das herrliche Schauspiel, das sich stets neu und in anderer Farbe zeigt.

LZ 127 „Graf Zeppelin“ vor den Mythen in der Schweiz.

Die Beteiligung an den Schweizfahrten ist so stark, daß wir immer das Schiff mit bis zu 40 Passagieren voll haben. Ein großes Kontingent der Fahrgäste stellen die Schweizer selber, die den „Graf Zeppelin“ schon „ihr Schiff“ nennen. Manchmal wundert es einen, daß die Leute doch den immerhin hohen Preis von 200 Mark ausgeben, aber die Begeisterung ist groß, und jeder verläßt das Schiff voll Zufriedenheit.

Im Oktober noch eine Fahrt in den Balkan und nach Spanien, und mit einer Fahrt zur Einweihung eines Denkmals in Frankfurt an der Stelle, wo vor 20 Jahren die erste Landung eines Zeppelin anläßlich der ILA* erfolgte, beschließen wir die Fahrsaison 1929.

---

* Erste Internationale Luftschiffahrtsausstellung, Frankfurt 1909. LZ 5, der erste aus der „Volksspende“ von 1908 gebaute Zeppelin, nahm daran teil.

Im Zeppelin auf den großen Strecken des Weltluftverkehrs

Vorbereitungen

Wir konnten mit dem Erfolg unserer Weltfahrt zufrieden sein. „Graf Zeppelin" hatte den Beweis erbracht, daß das Luftschiff nun in der Lage war, einen Weltluftverkehr durchzuführen. Bis zur Aufnahme eines regelmäßigen Fahrdienstes gab es allerdings noch Vorbereitungen zu treffen.

Mit den englischen Luftschiffern verband uns ein gutes Verhältnis. In England ging man damals an den Bau von zwei großen Luftschiffen. Es waren dies R 100 (Führer Cdr. R. Booth) und R 101 (Führer Major Scott). An der vorzüglichen Formgestaltung war der Friedrichshafener Oberingenieur Paul Jaray maßgeblich beteiligt. Nach der Fertigstellung der Schiffe wurden wir zu Landungen mehrfach nach England eingeladen. Die Verwirklichung unserer Weltluftverkehrspläne konnte nur im Klima guter internationaler Beziehungen gedeihen.

Der Plan, Fahrten nach Südamerika durchzuführen, beschäftigte Dr. Eckener seit langem. Schon Anfang der zwanziger Jahre hatte er sich mit einem Schiff der Hamburg-Südamerika-Linie zum Studium der Fahrtroute nach Buenos Aires begeben, und immer wieder hatte er seine Kapitäne auf Reisen geschickt. Sie sollten durch Pilotballonmessungen den Passat studieren. Für das Jahr 1930 wurde eine Probefahrt auf dieser Route angesetzt. Wir beabsichtigten, in Südspanien einen Stützpunkt einzurichten und ließen in Sevilla einen Mast mit Versorgungsleitungen für Gas und Elektrizität, Wasser und Betriebsstoff bauen. Im späteren regelmäßigen Betrieb haben wir Sevilla allerdings selten angelaufen. Das Schiff war meist schon ab Rio de Janeiro restlos ausverkauft. Die Passagiere buchten bis Friedrichshafen.

Unsere erste Fahrt nach Südamerika war als Dreiecksfahrt angelegt: Friedrichshafen, Sevilla, Pernambuco, Rio de Janeiro – evtl. Havanna, Lakehurst – Friedrichshafen. Als wir Sevilla verließen und in die Region des Passatwindes eintreten wollten, suchten wir ihn vergeblich. Es wehte sogar ein Gegenwind, so daß wir Recife de Pernambuco erst nach 62stündiger Fahrt erreichten. Wir mußten in der Zone der Kalmen heftige Gewitter mit tropisch starken Regenfällen durchfahren. Erst in der Gegend des Äquators wurde

Äquatortaufe, eine Zeitlang auf der Atlantikroute nach Südamerika ein mit viel Humor gepflegtes Ereignis an Bord von LZ 127 „Graf Zeppelin".

Beliebtes Fotomotiv für die Passagiere war der Luftschiffschatten, hier in der Hafeneinfahrt von Brighton.

es wieder heller. Natürlich überquerten wir die Erdmitte mit einer zünftigen Linientaufe. Statt des Neptuns auf den Seeschiffen erschien bei uns Aeolus mit seiner Gattin „Flaute". Nur bei der Besatzung erreichte die Äquatortaufe die Formen einer Taufe auf See. Unsere Fahrgäste wurden mit Kölnisch Wasser weiblicherseits und mit „Schwarzwald-Tannenduft" männlicherseits getauft.

In Recife de Pernambuco hatte unser Oberingenieur Karl Rösch, der spätere Chefingenieur der Zeppelinreederei, eine Ankermaststation mit Gasversorgung eingerichtet. Der Landeplatz nahe der Stadt lag auf einem ehemaligen Sumpfgebiet. Am Rande befanden sich eine Gasanstalt sowie Unterkünfte für die Besatzung mit einer Kantine. Die Auffüllung des Schiffes mit Gas nahm anfangs zwei Tage in Anspruch. In den späteren Jahren konnte durch Vervollkommnung der Anlagen diese Zeit auf nur vier Stunden verkürzt werden.

Die Strecke Friedrichshafen-Recife betrug rund 8800 km. Bis Rio de Janeiro waren es weitere 2000 km. Wir schafften sie in etwa 24 Stunden und landeten auf dem Flugplatz „Campos Affonsos", wo man einen provisorischen Ankermast aufgestellt hatte, der bei den kurzen Aufenthalten von nur wenigen Stunden ausreichte. Erst ab 1935 stand uns unser Luftschiffhafen Santa Cruz, etwa 60 km südlich von Rio, zur Verfügung. In diesem ebenfalls von Oberingenieur Rösch erstellten Flughafen wurden eine Halle, ein fahrbarer Mast, eine Gasanstalt sowie ein schönes Aufenthaltsgebäude für die Besatzung mit Restauration für die Fluggäste errichtet.

Plakat der Hamburg-Amerika-Linie, um 1930.

Brasilianische Zollabfertigung unter strengen Sicherheitsvorkehrungen.

Nach Recife zurückgekehrt, nahmen wir Nordkurs und fuhren an der Küste entlang. Wegen eines Hurrikans in der Karibischen See verzichtete Dr. Eckener auf einen Besuch Havannas. Unweit der nordamerikanischen Südstaaten mußten wir eine Schlechtwetterzone durchstoßen. Eine reichlich heftige Bö traf das Schiff und warf es herum, doch überstand der „Graf Zeppelin" die harte Behandlung ohne Folgen. Nach Zwischenlandung in Lakehurst steuerten wir wiederum Sevilla an. Auf der Rückfahrt nach Friedrichshafen stießen wir im Rhonetal auf ein schweres Gewitter. Beim Durchfahren dieser Zone überfielen uns Hagelschauer. Diese und dazukommende abströmende Kaltluft ließen den „Grafen" mit großer Geschwindigkeit sinken. Im Nu wurden wir aus unserer Fahrthöhe von 500 Metern auf 100 Meter herabgedrückt. Die am unteren Ende der Antennen angebrachten Gewichte schlugen schon auf dem Boden auf und rissen ab. Da gelang es Dr. Eckener buchstäblich in letzter Minute, den Zeppelin mit der vollen Kraft der Motoren wieder in die Höhe zu bringen. So kamen wir im Rhonetal zum zweiten Mal in eine sehr unangenehme Lage.

Als wir, wie jedes Jahr im Spätherbst, unser Winterquartier zur Überholung in der Halle bezogen, hatte der „Graf Zeppelin" 130 Fahrten zurückgelegt. Ende März 1931 war das Schiff wieder fahrbreit. Wir besuchten Ungarn und die Balkanstaaten. Eine Orientreise mit Rückfahrt über die Adria und die östlichen Alpen schloß sich an. Auf einer Fahrt nach Island mußten wir einen Vorstoß nach Grönland wegen eines Schlechtwettereinbruchs aufgeben.

Die Arktisfahrt des „Graf Zeppelin"

Das Jahr 1931 wurde zum „Polarjahr" erklärt. Auf internationaler Ebene sollte eine Anzahl von Forschungen in den Polgebieten durchgeführt werden. Schon zwei Jahre vorher hatte Fridtjof Nansen Eckener aufgesucht und darum gebeten, hierfür das Luftschiff einzusetzen. Als Nansen bald darauf starb, wurde Eckener Präsident der Aeroarctik, einer internationalen Gesellschaft zur Erforschung der Arktis mit dem Luftfahrzeug. Generalsekretär war Walter Bruns, ein ehemaliger Heeresluftschiffführer. Eckener hatte zugesagt, Nansens Wünsche zu erfüllen. Der „Graf Zeppelin" wurde für diese Expeditionsfahrt eigens eingerichtet. Für photographische Kartographierung einiger nördlicher Gebiete mußten Stereophotoapparate mit einer Basis von 100 Metern eingebaut werden, die wie eine Filmkamera elektrisch gesteuerte Aufnahmen der Erdoberfläche machen sollten. Zur Bestimmung des Erdmagnetismus und der Deviation wurde ein Doppelkompaß eingesetzt. Nach unten sollten bis zur Meeresoberfläche meteorologische Beobachtungen mit einer an einem Draht hinabgelassenen Schreibsonde getätigt werden, nach oben sollte ein vom Schiff hochgelassener Freiballon mit einer Radiosonde Druck, Temperatur und Feuchtigkeit der Atmosphäre messen. Geologen und Geographen wollten über den Polargebieten die Gesteinsbildungen erforschen, Wissenschaftler aus Deutschland, Schweden, der UdSSR und den USA – und natürlich auch Vertreter der Presse – an der Fahrt teilnehmen.*

Der „Graf Zeppelin" wurde also vom Passagierschiff zum Expeditionsschiff umgebaut. Sowohl im Laufgang als auch in den Kabinen mußten wissenschaftliche Geräte eingebaut werden. Die Expeditionsteilnehmer wurden in Zeltgemeinschaften eingeteilt, die je vier Mann umfaßten. Für jedes Zelt gab es einen Benzinkocher und Geschirr, Rentierfellschlafsäcke und Wolldecken. Jeder einzelne bekam Arktiskleidung und Arktiswäsche in reichlichem Umfang sowie auch eine Nähausrüstung. Als Grundnahrungsmittel wurde „Pemmikan", die bewährte Polarnahrung, mitgenommen. Um der Verpflegung Frischfleisch und Fische zusetzen zu können, nahm man auch Jagdwaffen und Angelgerät mit. Zehn Schlitten, nach den Erfahrungen Nansens mit Nirostakufen ausgerüstet, waren zum Verlegen des Standortes vorgesehen. Auch zwei Klepperboote wurden mitgeführt. Mit ihnen wollte man Wasserläufe überwinden. Die Polarausrüstung für alle hatte ein Gewicht von fast 15 Tonnen und hätte bei einem unfreiwilligen Aufenthalt für eine Versorgung bis zu mehr als einem Jahr ausgereicht. Die Fürsorge für einen Notfall war in jeder Hinsicht gut durchdacht, doch haben wir glücklicherweise, außer von der Spezialkleidung, davon keinen Gebrauch machen müssen. Der Optimismus des Grafen Zeppelin bewies seine Berechtigung. Anläßlich des unglücklichen Freiballonfluges von Andrée hatte er schon 1897 geschrieben: „Das Verlangen der Menschheit, in die Polargebiete der Erde vorzudringen, hat zwei Gründe: Einmal die Frage, ob dort festes Land ist, und zweitens die andere, ob es vielleicht freies Wasser gibt . . . Unendlich groß ist die Zahl derer, die dieser Forschung zum Opfer fielen. Vielleicht wird sich durch die Errungenschaften der Technik, wenigstens für einige Monate im Jahr, der Weg öffnen lassen. Erst mit dem Erscheinen der Luftfahrt eröffneten sich neue Möglichkeiten zur Erforschung der Arktis . . ."

Um sich selbst von den Verhältnissen in der Arktis ein Bild zu machen, hatte Graf Zeppelin im Jahre 1910 mit dem Lloyddampfer „Mainz" eigens eine Expedition nach Spitzbergen unternommen. Der Kapitän dieses Schiffes war der spätere Kommandant des L 34, Max Dietrich, der am 28. November 1916 über Scarborough abgeschossen wurde. An der Fahrt nahmen Professor Hergesell als Meteorologe sowie Baron von Bassus, Professor Miethe und Prinz Heinrich von

---

* Teilnehmer s. Anhang S. 215.

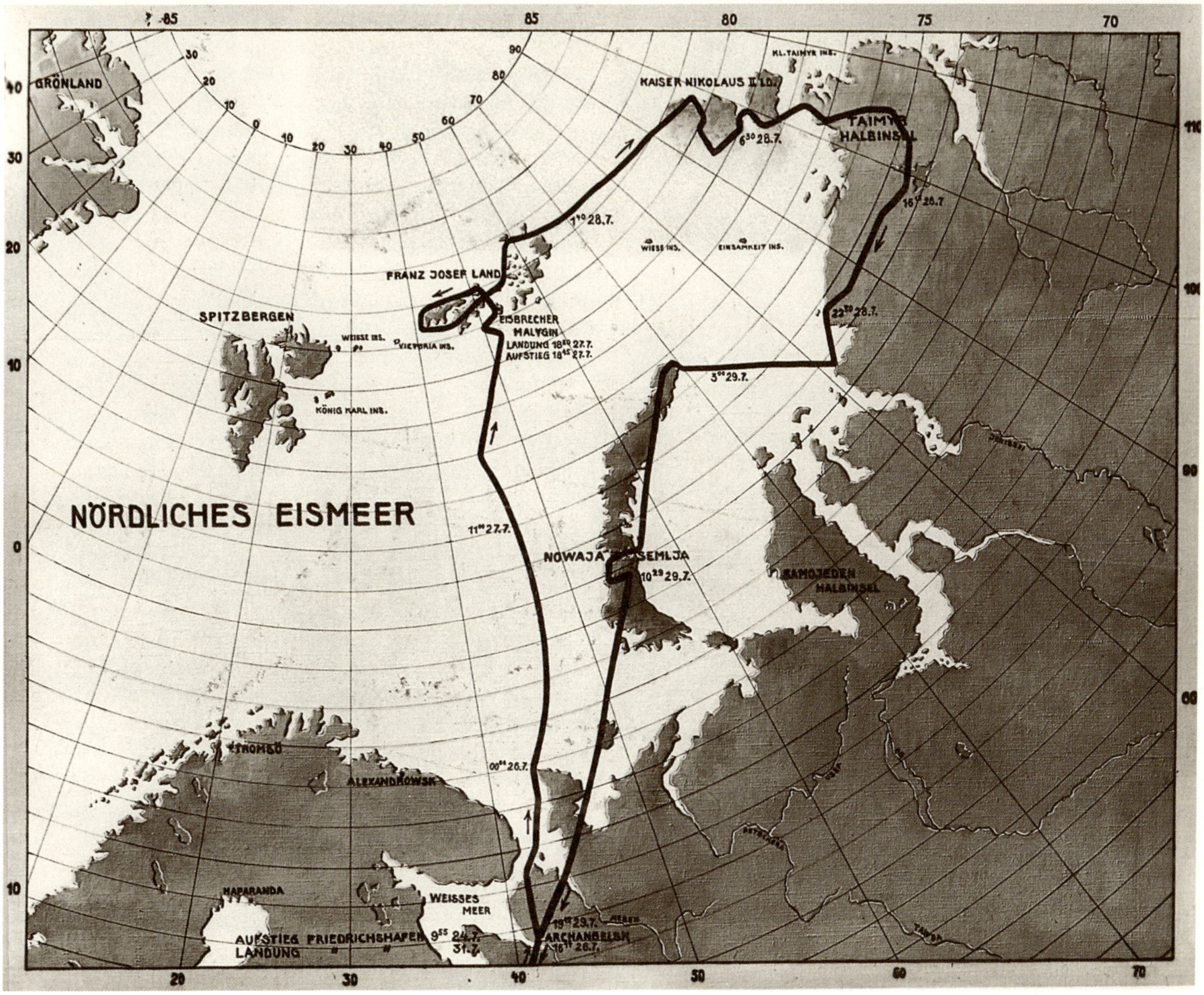

Streckenverlauf der Arktisfahrt von LZ 127 „Graf Zeppelin", 24. bis 30. Juli 1931.

Preußen teil. Professor Miethe machte hier erstmalig Farbaufnahmen, die weltberühmt wurden. Im Tagebuch des Grafen finden sich viele Eintragungen und Skizzen seines Vorhabens: eine auf dem Wasser schwimmende Gondel des Luftschiffs, Schöpfvorrichtungen für Ballastwasseraufnahme, Verankerungen auf dem Eis, Polarausrüstungen der in der Eisregion abzusetzenden Forscher, die eine tragbare Funkstation mitführen sollten, Bemerkungen über Wetterlagen und bunte, kleine Fesselballons zur Markierung des Rückwegs zur Station.

Um jedes Risiko auszuschalten, wollte Graf Zeppelin sogar zwei Zeppeline einsetzen. Auf einem von ihm erworbenen Gelände beabsichtigte er, eine Luftschiffhalle zu erstellen. Die Landeplätze sollten in unmittelbarer Nähe guter Ankerplätze für Seeschiffe liegen, ausreichend groß sein und durch schützende Berge stetige Windrichtung garantieren. Solche Gelände waren in der „Redbay" und der „Kingsbay" zu finden. Beide blieben im Sommer meist eisfrei, ebenso wie der „Signehavn" am Nordende der Möllerbucht, den man als Nothafen benutzen wollte. Zur Verbindung der einzelnen Stationen wurden Motorschlitten vorgesehen. Am Schluß seiner Überlegungen vom Jahr 1910 schrieb Graf Zeppelin die bezeichnenden Sätze: „Freilich, um Forschungen mit dem Luftschiff von Spitzbergen aus zu unternehmen, müssen erst die Luftschiffe von Deutschland aus dorthin gelangen. Über die Frage, wie das zu machen ist, haben sich schon viele

Ein Ballon mit Meßsonden zur Erforschung von Luftdruck, Feuchtigkeit und Temperatur wird vom Luftschiff „abgeworfen". Um den Ballon vom Schiff freizubekommen, ist er mit einem Sandsack beschwert, der nach einiger Zeit automatisch abgetrennt wird, so daß der Ballon aufsteigen kann.

für mich den Kopf zerbrochen. Die Lösung lautet einfach: Sie fliegen dorthin. Daß und wie sie das können, werden ihre hoffentlich in nicht allzu ferner Zeit von Hamburg ausgehenden Flüge aller Welt klarmachen."

All das, was Graf Zeppelin noch Sorge bereitet hatte, sollte nun mit dem „Graf Zeppelin" leicht in Erfüllung gehen. Die Luftschiffe waren unvergleichlich leistungsfähiger geworden. Mit 46 Personen an Bord konnte man wissenschaftliche Geräte in Menge und eine Polarausrüstung für länger als ein Jahr mitführen.

„Graf Zeppelin" startete am 24. Juli 1931 in Friedrichshafen. In Berlin machten wir am Ankermast von Staaken fest, um die letzten Teile der Polarausrüstung an Bord zu nehmen. In der Annahme, daß wir für unsere Expedition auch Polarhunde mitnähmen, hatte ein Spaßvogel neben dem Ankermast einen Pfahl eingeschlagen, der eine Tafel mit den Worten „Nur für Polarhunde" trug. Am 25. Juli fuhren wir weiter über Königsberg, Riga, Reval, Helsingfors nach Leningrad, das wir abends erreichten. Auf einem Flugplatz hatte man für die Übernachtung des „Grafen" einen kurzen Landefuß einbetoniert, der die vordere Gondel des Schiffes am Boden hielt. Es mußten die halbe Nacht hindurch noch Wasserstoff und Benzin nachgefüllt werden. Wieder fanden wir bei den Russen mit einem Festessen freundliche Aufnahme. Schließlich stießen hier auch die russischen Wissenschaftler zu uns. Zum Abschied machte man uns noch eine ganze Kiste mit kleinen Dosen Preßkavier zum Geschenk.

Am frühen Morgen des 26. Juli verließen wir Leningrad mit Kurs nach Norden. An den Kaianlagen von Archangelsk, einem Holzstapelplatz erster Ordnung, sahen wir zwei der bekannten großen russischen Eisbrecher liegen: „Lenin" und „Krassin". Die zu erforschenden Polargebiete waren vom russischen Polarforscher Professor Samoilowitsch festgelegt worden. Er befand sich an Bord, und Dr. Eckener bestimmte je nach Wetterlage den Kurs. Wir fuhren nordwärts nach Franz-Josephs-Land, um einem Schlechtwettergebiet auszuweichen, und fanden auf der ganzen Fahrt bis auf geringe Ausnahmen schönste Sichtverhältnisse. Am Abend desselben Tages erreichten wir schon die Polarregion. Die von der Wache abgelöste Besatzung begab sich in ihre Hängematten. In ihnen lagen, da man mit Polartemperaturen rechnete, bereits die Rentierfellschlafsäcke, aus denen aber einer nach dem anderen nach kurzer Zeit wieder herausschlüpfte. Die niedrigste Temperatur auf der ganzen Fahrt fanden wir anderntags bei plus 5°. Ohne Heizung konnte man in normaler Kleidung in den Kabinen arbeiten.

Das Farbenspiel war, da es nicht Nacht wird um diese Jahreszeit, ungewöhnlich schön. Das Eis blitzte und blinkte in allen Farben, Seehunde, Robben, Walfische, ja Walrosse und einmal sogar Eisbären konnten wir beobachten. Sie flüchteten stets bei der Annäherung des Schiffes mit einem Sprung ins Wasser.

Am 27. Juli erreichten wir Franz-Josephs-Land, wo wir in der „Stillen Bucht" der Hookerinsel mit dem russischen Eisbrecher „Malygin" zusammentrafen. Wir

In der „Stillen Bucht" der Hookerinsel (Franz-Josefs-Land) bei der Arktisfahrt 1931: Übergabe von Philatelistenpost an den sowjetischen Eisbrecher „Malygin". Das Manöver war nicht ungefährlich, da LZ 127 auf dem Wasser zwischen treibenden Eisschollen gelandet war, die das Schiff zu beschädigen drohten.

Vermessungsarbeiten während der Arktisfahrt.

landeten zwischen den Eisschollen auf dem Wasser. Ein Boot des Dampfers kam bei uns längsseits. Postsäcke mit Philatelistenpost* wurden übergeben und empfangen, während uns ein leichter Wind gegen die Schollen trieb. Es bumste gehörig an der Bordwand der Gondel. So entschloß sich Eckener schnell, wieder in sichere Höhe zu gehen.

Ein großes Gebiet des in weiten Teilen unbekannten Franz-Josephs-Landes wurde vermessen. Dann ging es etwa auf der Höhe des 82. Breitengrades über ausgedehnte Treib- und Packeisregionen nach „Sewernje Semlja". Leider konnten wir infolge Nebels die „Insel der Einsamkeit" nicht finden, auf der uns Professor Wiese erwartete, der dort schon seit dem vorigen Jahr Untersuchungen vornahm. Man hatte uns für ihn in Leningrad Post und Kuchen mitgegeben, die wir nun nicht loswerden konnten. Wir flogen weiter und entdeckten herrliche Gletscher, die in senkrechtem Abfall 800 Meter tief steil abstürzten, und Fjorde, die in das Inlandeis bis zum Horizont tief eingeschnitten waren. Kreuz und quer fuhren wir mit laufenden Kameras, um möglichst viel Material mit nach Hause zu bringen. Doch die Schönheit des Farbenspiels konnten wir mit dem Schwarz-Weiß-Film leider nicht einfangen.

Wir vermaßen große Teile der Inseln. Der russische Forscher Moltschanow führte mit der von ihm erfundenen Radiosonde Aufstiege eines Spezialballons durch. Hierzu benutzte man im Laufgang des Luftschiffs eine Handpumpe, um aus den darüberliegenden Wasserstoffzellen Gas in den Ballon zu pumpen. Nachdem man den „Grafen" abgestoppt hatte, um den Fahrtwind auszuschalten, wurde aus einer eigens angebrachten Klappe der Ballon, mit einem Sandsack beschwert, herabgelassen. Er besaß eine Art Selbstauslöser, der den Sandsack nach etwa einer Minute abwarf. Die Ballon konnte nun frei bis auf 14000 Meter steigen, wobei er alle 3 Minuten auf dem Radiowege Signale über Temperatur, Höhe, Wind und Feuchtigkeit abgab. Vom Zeppelin wurde eine mit einer Uhr versehene Sonde hinabgelassen, welche die gleichen Daten bis fast zum Meeresspiegel aufzeichnete. Auf diese Weise erhielten wir ein Profil der Atmosphäre.

Am Kap Tscheljuskin erreichten wir den nördlichsten Punkt Asiens. Dann führte unser Kurs südwärts in die Taimyrhalbinsel hinein. Auch diese ehemalige Gletscherlandschaft war Neuland, das bisher erst von einem einzigen Forscher in mühsamer Reise mit Hundeschlitten durchquert worden war. Wir erkannten deutlich die Bahnen der ehemaligen Gletscher und Gletscherbäche und entdeckten ein neues Gebirge von etwa 800 Metern Höhe. Unsere Hoffnung, daß man es Zeppelin- oder Eckenergebirge nennen würde, erfüllte man uns allerdings nicht. Besonders interessiert waren unsere Wissenschaftler, als wir den im Süden der Halbinsel gelegenen Taimyrsee überflogen. Denn nirgends auf der Welt sieht man so gewaltige Massen von Strukturboden. Dieses Phänomen kommt dadurch zustande, daß der nur etwa zwei Meter tiefe See auch im Sommer nie völlig auftaut und daß sein Wasser, beim Unterschreiten einer Temperatur von + 3° leichter werdend und vom Grunde aufsteigend, Bodenteilchen mit sich führt, die allmählich in Wabenform sich auskristallisierende Erdbrücken bilden. So präsentier-

* Schon Graf Zeppelin hatte sich ja über die Kosten einer Arktisfahrt und ihre Deckung Gedanken gemacht, doch lagen seinen Überlegungen sehr optimistische Zahlen zugrunde. Zwar wurde die Expeditionsfahrt des „Graf" zu einem gewissen Teil durch Philatelistenpost in ihren Selbstkosten gedeckt, aber auch diese lagen erheblich über den von Graf Zeppelin angenommenen Summen. Andererseits hatte eine Erfindung Dr. Eckeners gute Verdienstmöglichkeiten geschaffen. Nach der Ablieferung des ZR III hatte Eckener auf dem Lloyddampfer „Columbus" im November 1924 die Rückfahrt angetreten. Auf dem Schiff war der Berliner Papierwarenfabrikant Max Krause („Schreibste mir, schreibste ihr, schreibste auf M.-K.-Papier") sein oft und gern gesehener Tischgenosse. Ich erinnere mich noch genau jenes Mittagessens, an dem ihn Eckener plötzlich fragte: „Sind Sie in der Lage, Herr Krause, einen Leichtbrief mit zwei Bogen, dem Umschlag, der Druckerschwärze und Freimarke im Gewicht von 5 g herzustellen?" Wie elektrisiert sprang der runde, bewegliche Mann empor und rief: „Det mach' ick, Herr Doktor, det mach' ick!" Das war die Geburtsstunde des Postleichtbriefes, denn das Postministerium in Berlin hatte keine Einwendungen. Wir nahmen 4 Mark Porto für den Brief mit Sonderstempel, die Post erhielt den üblichen Satz von 20 Pfennig. Die Philatelisten der ganzen Welt deckten bis zu 45 Prozent der Selbstkosten bei den ersten Fahrten des „Graf Zeppelin". H.v.S.

ten sich uns große Teile des nahezu 200 km langen Sees als bienenwabenartige Gebilde.

Bei Cap Dixon erreichten wir wieder das nördliche Eismeer und fuhren über die einsame Wetterstation, die uns mit Funk und Fahnenschmuck grüßte. Zum Dank übermachten wir ihr die für Professor Wiese bestimmten Essenspakete sowie Zeitungen und Illustrierten. Auf einer Eisscholle festgemacht, sichteten wir einen Dornier-Wal, mit dem ein russischer Flugzeugführer Erkundungsflüge unternommen hatte. Nach fünfeinhalb Stunden Fahrt über das Eismeer hinweg standen wir an der Nordspitze von Nowaja Semlja, deren ganze Ostküste wir vermaßen. Hier sahen wir auf ununterbrochene Gletscher. Ihre Oberfläche bot das Bild einer riesigen Elefantenhaut. Professor Samoilowitsch zeigte uns das Gebiet, in dem er mit Hundeschlitten eine Forschungsfahrt durchgeführt hatte. Nur unter größten körperlichen Anstrengungen war es ihm damals gelungen, die Gletscherspalten zu überwinden und voranzukommen. Nun freute er sich, im Salon des „Graf Zeppelin" bei guter Sicht aus den offenen Fenstern die Hindernisse so mühelos zu nehmen und bei der langsamen Fahrt viel mehr beobachten zu können als damals. Wir sahen das Werden der Gletscher und, je mehr wir nach Süden kamen, wie sie in der Sonne schmolzen und an den Rändern Gletscherschliffe und sogenannte Terrassen und schließlich Gletscherbetten bildeten, die schon völlig eisfrei waren.

Nowaja Semlja ist eine Doppelinsel. Wir fuhren durch den „Matotschin Schar", einen schmalen Sund, den hohe Berge umgeben, bis an die Westküste der Inseln und überquerten und vermaßen auch die Südinsel. Dann ging es über Archangelsk nach Leningrad zurück, wo man uns schon erwartete. Aber wegen eines schweren Gewitters mußte Dr. Eckener auf eine Landung verzichten. Wir nahmen deshalb direkt Kurs auf Berlin und landeten auf dem Flughafen Tempelhof am 30. Juli abends. Bei dem triumphalen Empfang, den man uns bereitete, beschlich uns ein eigenartiges Gefühl. Sieben Tage waren wir unterwegs gewesen und hatten unendlich viel gesehen und erkundet. Wir hatten vom Luftschiff aus auf fotografischem Wege in wenigen Stunden Vermessungen durchgeführt, die mit Ski und Schlitten jahrelang Arbeit gemacht hätten. Wenn wir aber an die vielen Unbequemlichkeiten und Gefahren einer solchen Erdexpedition dachten und daran, daß wir jederzeit im Salon wohlvorbereitete Essen eingenommen und des Nachts warme Betten vorgefunden hatten, ja, daß wir uns alle Tage waschen und pflegen konnten, was für den Polarfahrer früher einfach unmöglich war, dann wußten wir genau, wie unterschiedlich die persönlichen Leistungen waren.

Wieder hatte sich ein optimistischer Traum und ein langersehntes Vorhaben des Grafen Zeppelin bewahrheitet. In 145 Stunden und 26 Minuten reiner Fahrzeit waren von uns 13 309 km zurückgelegt worden. Die wissenschaftlichen Resultate dieser Fahrt waren außerordentlich wertvoll. Große Landesteile wurden vermessen, wichtigste Erkenntnisse meteorologischer, geologischer und erdmagnetischer Art in der Polarzone gewonnen.

Mit Post und Passagieren planmäßig nach Südamerika

Wir führten den „Graf Zeppelin" nach Friedrichshafen zurück, um ihn beschleunigt wieder in ein Passagierschiff zurückzuverwandeln, denn wir wollten noch in diesem Sommer mit unserem regelmäßigem Passagierdienst nach Südamerika beginnen.

Dreimal sind wir 1931 noch nach Südamerika gefahren, im August, im September und im Oktober. Die Nachfrage nach Passagen war so groß, daß wir uns vornahmen, im nächsten Jahr unsere kleinen Fahrten in Europa (wir nannten sie Zirkus) noch mehr zurückzustellen und den Südamerikaverkehr dafür stärker auszubauen.

1932 machten wir unser Vorhaben wahr. Viermal fuhren wir vor der Regenzeit nach Pernambuco, fünfmal nachher. Die Fahrtroute ging entweder über das Rhonetal abwärts, an der spanischen Ostküste entlang, durch die Straße von Gibraltar oder über die Biskaya hinaus an der spanischen und portugiesischen Küste südwärts, dann an den Kanaren vorbei, die Kapverdischen Inseln entlang und über den Ozean. Drüben wurde meist die der Küste vorgelagerte Insel Fernando Noronha passiert, und von hier aus war es nur noch ein Katzensprung bis Pernambuco. Alles lief meist wie am Schnürchen. Auch die Zusammenarbeit

LZ 127 „Graf Zeppelin“ am Ankermast in Recife de Pernambuco.

mit dem Condor Syndicat, das mit deutschen Flugzeugen die Passagiere und die Post weiterbeförderte, klappte vorzüglich.

Nur in der Regenzeit mußten wir Pause machen, da wir unser Schiff nicht zwei Tage im Tropenregen am Mast lassen wollten. In der Zwischenzeit veranstalteten wir den schon erwähnten „Zirkus“. Damit hatten wir unseren Flugdienst zum ersten Mal über das ganze Jahr ausgedehnt und die Flugleistung um das Doppelte gesteigert. War der „Graf Zeppelin“ 1931 einhunderttausend Kilometer geflogen, so waren es 1932 zweihunderttausend. Und von Jahr zu Jahr steigerte sich der Fahrbetrieb weiter. 1936 fand er mit vierzehntäglichem Fahrbetrieb seinen Höhepunkt, wobei wir 16 Reisen nach Rio de Janeiro durchführten. Ab 1934 ergab sich auch eine gute Zusammenarbeit mit der Deutschen Lufthansa in der Postbeförderung. Während der Zeppelin in Friedrichshafen abends um 22 Uhr startete, flog uns am nächsten Vormittag von Berlin aus ein „Heinkel-Blitz“ mit über 300 km/h nach, der uns über den Kanarischen Inseln überholte. Auf dem Flugplatz Gando verlud man die Post des Flugzeugs auf einen Lastwagen. Dieser fuhr an die windabwärtsgelegene Seite des Platzes. Wir überflogen ihn in etwa 100 m Höhe und ließen ein Seil herab. Möglichst genau gegen den Wind fahrend, verfolgte der Lastwagen unser Seil, an dessen Karabinerhaken er Postsäcke bis zu einem Gewicht von 100 kg befestigte. Wir holten die Post an Bord. Überstieg ihr Gewicht 100 kg, so mußten wir mehrmals anfahren.

In Südamerika erwartete uns in Recife de Pernambuco bereits ein Flugzeug. Ihm übergaben wir nach der Landung die Postsäcke. Wenn wir nicht landen konnten, wurden sie mit Fallschirmen abgeworfen. Das Flugzeug flog diese Post nach Rio de Janeiro voraus, von wo sie durch eine Ju 52 bis Santiago de Chile weiterbefördert wurde. Dort hatte man 8 bis 10 Stunden Zeit, bis die Ju 52 wieder nach Buenos Aires star-

Für die Kinder war die Landung von LZ 127 „Graf Zeppelin" bei Pernambuco – wie überall sonst auch – jedesmal eine aufregende Begebenheit.

ten und die Post nach Recife fliegen mußte. Auf diese Weise konnte die Antwort auf einen Brief aus Berlin schon 7 Tage nach Aufgabe aus Santiago zurück sein.

Noch in anderer Weise arbeiteten wir mit der Lufthansa zusammen, die auch einen direkten Flugzeug-Postverkehr nach Südamerika eingerichtet hatte. Flugzeuge brachten die Post bis Bathurst an der afrikanischen Küste. Dort übergab man sie einem der Katapultschiffe „Westfalen" oder „Schwabenland", von denen eines an der afrikanischen und eines an der brasilianischen Küste – meist bei Fernando de Noronha – lag. Mit dem Katapult wurde das Postflugzeug vom Dampfer abgeschossen und überquerte den Ozean. Da aber die Katapultschiffe wenig auf Fahrt waren und meist auf ihren Stationen vor Anker lagen, so setzten sie in diesen tropischen Gewässern reichlich Pflanzenbewuchs am Schiffsboden an. Sie mußten deshalb jedes Jahr zur Säuberung des Schiffsbodens eine Werft anlaufen. In dieser Zeit übernahm der Zeppelin den Postdienst, indem er für etwa vier Wochen einen Pendelverkehr zwischen Recife und Bathurst übernahm.

Auf einer dieser Fahrten bestanden wir noch ein besonderes Abenteuer. Wir hatten unsere Post in Bathurst abgegeben und waren auf dem Rückwege nach Recife, als wir auf dem Funkwege davon verständigt wurden, daß hier eine Revolution ausgebrochen sei. Kapitän Lehmann, der diese Fahrt führte, wollte ungern den Fahrplan abbrechen. Auch hatten wir zur Rückfahrt nach Friedrichshafen nicht genügend Brennstoff an Bord. Wir reduzierten also unsere Fahrt und fuhren bei äußerst sparsamem Betriebsstoffverbrauch nach Recife weiter. Schon bei der Annäherung an die brasilianische Küste erreichte uns ein Funkspruch, daß wir außer Sichtweite der Stadt bleiben sollten. Auch unser Landeplatz sei Schauplatz des Kampfes. Wir fuhren deshalb an der Küste entlang hin und her. Am zweiten Tage lauteten die Meldungen immer noch ungünstig. Am dritten Tage – wir waren nun bereits vier Tage unterwegs – begann der Proviant knapp zu werden. Aber es war immer noch Revolution. Ein der Hamburg-Amerika-Linie angehörender Dampfer war in der Nähe. Wir fragten also an, ob er uns Proviant abgeben könnte. Der Kapitän der „España", die auf ihrem Wege von Hamburg nach Rio seit gut 3 Wochen unterwegs war, hatte von einer Revolution in Brasilien noch nichts gehört. Er mochte an einen Scherz glauben, als wir ihn nur 60 km von unserer Landestation entfernt um Proviant baten, ging aber freundlicherweise darauf ein. Er bat um Instruktionen, die wir ihm funktelegrafisch gaben. Der Dampfer steuerte mit hoher Fahrt ziemlich genau gegen den Wind, während wir in langsamer Fahrt bis auf 100 m hinunter gingen und von hinten aufliefen. Wir ließen eine lange Leine ab, an deren Ende eine leere Flasche befestigt war. Diese schlug ins Wasser und bezeichnete uns die Richtung der Leine, so daß wir sie an das Schiff heranmanövrieren konnten. Als sie an Deck war, begann ein geschäftiges Treiben. Ein Sack mit Kartoffeln, frisches Fleisch und einige Konserven wurden in ein Netz verstaut und an der Leine befestigt. Wir holten sie herauf. Zum Dank hatten wir einige unserer neuesten Zeitungen hinuntergegeben. „Nun können wir die Revolution gut überstehen" lautete unser Vollzugsfunkspruch, mit dem die erstaunten Helfer den Grund der Aktion erfuhren.

Auch am vierten Tage war die Lage noch nicht geklärt. Wir erfuhren den Stand der Dinge laufend vom Leiter unserer Vertretung in Pernambuco, Sievert. Er trat unter Einsatz seiner Person häufig zwischen die kämpfenden Linien, ehe er seine Funksprüche an uns gab. Und wir pendelten geduldig hin und her, immer im gleichen Turnus. Von Tamandaré, einem kleinen Dörfchen inmitten eines Kokoshaines dicht an der Küste, fuhren wir 2 Stunden nach Osten, drehten um und waren zur Wachübergabe nach 4 Stunden wieder in Tamandaré. Allmählich kannten wir jeden Einwohner des Ortes mit seinen Gewohnheiten. Die Frau in der dritten Hütte rechts hatte große Wäsche gehabt und sich ein frisches Kleid angezogen. Am Anfang hatten die Hunde am Strand das Luftschiff bellend begrüßt. Eine solche Aufregung hielten sie schon nicht mehr für nötig. Erst am Abend des fünften Tages hielt Sievert die Lage für soweit geklärt, daß wir an eine Landung denken konnten. Die Revolution war glücklicherweise unblutig verlaufen. Man hatte zwar unendlich viel Munition verschossen – es wurde von 1,5 Millionen Patronen gesprochen –, aber außer an Gebäuden wenig Schaden angerichtet. Nach einer Fahrzeit von 118 Stunden 40 Minuten landeten wir glücklich auf dem Luftschiffplatz Giquia. Da inzwischen auch die Regierung in Rio wieder Herr der Lage war, konnten wir unsere dritte und letzte Pendelfahrt nach Afrika durchführen.

Die Zusammenarbeit mit der Lufthansa im Postdienst war durchaus in unserem Sinne. Luftschiff und Flugzeug waren hier keine Konkurrenten, da die Flugzeuge mit großer Beiladung den Ozean noch nicht überqueren konnten. Die Direktoren Wronsky und von Gablenz sahen in uns eine gute Ergänzung ihres Flugdienstes. Da ein Gesetz in Brasilien ausländischen Schiffen den innerbrasilianischen Verkehr verbot, wurde von der Delag und der Lufthansa eine eigene brasilianische Luftverkehrsgesellschaft, das „Syndicado Condor“, gegründet. Der schöne große Luftschiffhafen von Santa Cruz entstand mit Unterstützung der brasilianischen Regierung. Ab 1935 – ich wurde im März Führer des „Graf Zeppelin“ – verlegten wir den Schwerpunkt unserer Fahrten nach Rio.

Dieses Jahr schloß auf der Südamerikaroute mit 350 000 Fahrkilometern. 572 Passagiere, über 4000 kg Post und über 5 t Fracht wurden befördert. Sogar ein Flugzeug hatten wir nach Pernambuco mitgenommen.

Kapitän Max Pruß (mit Zeitung) informiert sich nach einer Landung in Südamerika über das, was deutsche Zeitungen und Illustrierte über Zeppelinfahrten zu berichten wußten. Rechts neben Pruß Hans von Schiller.

LZ 129 „Hindenburg" im Bau.

Die Bilder zeigen die Leichtigkeit der Konstruktion, machen aber gleichzeitig deren Zerbrechlichkeit deutlich, die das Fahren mit Luftschiffen dieser Größe – LZ 129 war 245 m lang und hatte 41,2 m Durchmesser – so ungemein kompliziert machte.

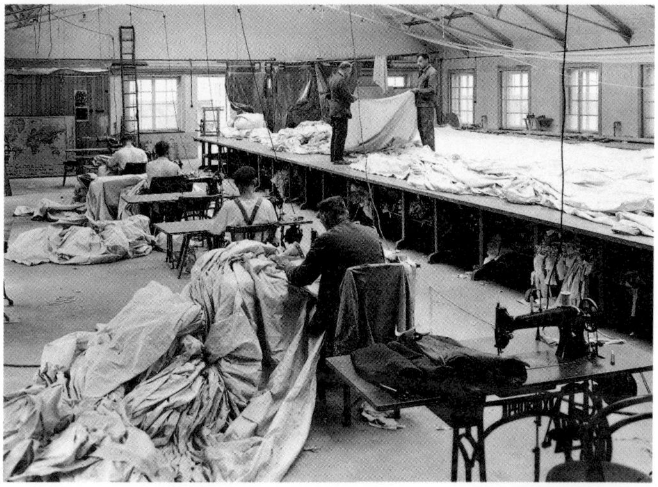

Dabei stieg diese Erfolgskurve weiter. Zwar hatte man den Gedanken eines regelmäßigen Dreieckdienstes fallengelassen, wie wir ihn 1933 noch einmal versucht hatten. Damals waren wir von Recife aus die Küste nordwärts und in die Mündung des Amazonas hineingefahren. Ich erinnere mich, daß sich Wolken von bunten Papageien und kardinalroten, ibisartigen Vögeln aus dem Urwald erhoben. Der Kurs führte uns dann über die Guayanas bis zur venezolanischen Grenze, östlich von Trinidad und an den „Inseln über dem Winde" entlang nach Haiti. Von hier aus fuhren wir nach Miami, wo uns die US-Marine ihren Ankermast zur Verfügung stellte. Nach nur zehnstündiger Rast fuhr der „Graf Zeppelin" weiter nordwärts. Hatte während des Tages in Miami tropische Temperatur geherrscht, so mußten wir – aus der Halbinsel Florida in den Kontinent einfahrend – schwere Gewitter überstehen. Die Temperatur sank erheblich. Als wir am Abend des 24. Oktober über Akron, Ohio, standen, war der Frostpunkt unterschritten. Es herrschte ein derartiges Glatteis, daß eine Landung zunächst nicht möglich war. Wir waren auch an Bord nicht auf die Kälte eingerichtet. Man zog alles nur Mögliche übereinander und fror trotzdem. Erst ein heißes Bad im Hotel konnte uns wieder erwärmen, nachdem wir am frühen Morgen endlich gelandet waren. Nach einem kurzen Besuch des „Graf Zeppelin" auf der Weltausstellung in Chikago fuhren wir über Sevilla heimwärts.

Auch die Ausdehnung des Zeppelindienstes bis Buenos Aires, die Dr. Eckener vorgesehen hatte, konnten wir mit dem „Grafen" nicht durchführen. Wir unternahmen zwar 1934 eine Fahrt dorthin, doch schien uns die allgemeine Wettersituation durch die häufigeren Pamperos die Leistungsfähigkeit des Luftschiffs zu übersteigen. Erst ein schnelleres Schiff konnte diesen weitreichenden Dienst aufnehmen. Wir waren froh, daß es dann mit dem „Hindenburg", der 1935 gebaut wurde, geschehen sollte. Auch den wachsenden Verkehr der bisherigen Strecken konnte der alte „Graf Zeppelin" nicht mehr allein bewältigen. Das Schiff war nun 7 Jahre ununterbrochen gefahren und versah seinen Dienst mit der Präzision einer Uhr. In einer großen Zeitung warb eine Anzeige mit den Worten:

„Pünktlich wie der Zeppelin!
Möchtest Du, daß Deine Uhr auch so pünktlich geht?
Dann bringe sie zu mir!
Antonio Pereira, Uhrmacher."

Auch unsere Maybachmotoren, die nie versagten, wurden Objekte der Werbung in Südamerika. Durch unsere vielen Fahrten wurde der Zeppelin in allen Ländern zu einem allgemeinen Begriff. Doch während die ersten Fernfahrten als Sensationen noch mit fettgedruckten Überschriften an bevorzugter Stelle in den Zeitungen standen, fand der regelmäßige Fahrdienst nur noch Aufnahme in der Rubrik „Schiffsnachrichten", in denen Abfahrt und Ankunft gemeldet wurden. Nur das wachsende Interesse anderer Staaten bezeugte auch weiterhin die Auswirkungen des erfolgreichen Zeppelindienstes.

Zeppeline als Wegbereiter im Weltluftverkehr

In Amerika baute die „Goodyear Zeppelin Corp. Akron" Luftschiffe. Auch gab es ein Konsortium interessierter Verkehrsunternehmer. Aus Holland traten die „Stoomvaart Maatschappij Nederland", der „Rotterdamsche Lloyd" und als „Fachmann ohne Einlage" Pionieroberst a. D. Walaardt Sacré, der damals führende Freiballonfahrer der Niederlande, an Dr. Eckener heran. A. F. Bronsing stand an der Spitze dieses Konsortiums, bedeutende Finanzkreise Hollands waren interessiert. Man entsandte zwei Herren nach Friedrichshafen, die an einigen Fahrten des „Graf Zeppelin" teilnahmen und sich vom Fortgang der Arbeiten am „Hindenburg" auf der Werft überzeugten. Die Gesellschaft beabsichtigte, einen Zeppelindienst nach Niederländisch-Indien einzurichten. Dr. Eckener fuhr mit einem holländischen Schiff die Strecke ab und besichtigte ein als Landeplatz vorgesehenes Gelände bei Batavia. Zu jener Zeit eröffnete auch die „Koningliche Luchtvaart Maatschappij" für diese Strecke einen Flugzeugverkehr. Die Flugzeuge mußten allerdings, da sie noch keine Direktflüge ausführen konnten, mehrmals zwischenlanden.

Neben dem deutschen Transozeanflugdienst hatten auch die Franzosen einen Postdienst mit Flugzeugen von Frankreich nach der Nordostecke Brasiliens eingerichtet. Die Franzosen flogen die Post von Frankreich nach Dakar in Afrika und verlud sie auf kleine, schnelle „Avisos", die sie in Natal in Nordbrasilien an Flug-

zeuge weitergaben. Bei Flugversuchen für einen Direktflug Afrika-Brasilien verloren die Franzosen leider ihren besten Flieger, Cpt. Mermoz. Auch in England entstand eine „International Airship Corporation", die mit der „Goodyear Zeppelin Corp." zusammenarbeiten wollte. Zwar hatten die Engländer den R 101 verloren und ihr zweites Luftschiff abgewrackt, aber durch Lord Ventry und Mr. Brabazon angeregt, verhandelte die englische Gesellschaft weiter. Kapitän Lehmann war zu diesem Zweck einmal in England.

Der Weltluftverkehr mit Luftschiffen wurde also konkret projektiert. Planungen umspannten den ganzen Erdball. Da der Zeppelin jeder Großstrecke im Direktflug gewachsen war, waren sowohl für den Pazifik wie für den Atlantischen Ozean Luftschifflinien vorgesehen. In internationaler Zusammenarbeit sollte eine Zeppelinreederei mit etwa 16 Zeppelinen diese Aufgaben erfüllen. Zunächst sollte allerdings erreicht werden, daß die USA Helium als unbrennbares Gas für den Luftschiffbau freigäben. Bereits für den „Hindenburg" hatte hierfür Dr. Eckener einen Versuch unternommen, der aber scheiterte, obwohl er in der US-Marine einen rückhaltlosen Fürsprecher fand.

Das Flaggschiff der Friedrichshafener Zeppeliner war LZ 129 „Hindenburg", mit dem am 4. März 1936 die erste Probefahrt unternommen wurde. Von Anfang an führte das Schiff die Olympischen Ringe und diente neben den Passagierfahrten als Werbebzw. Propagandainstrument für die Berliner Olympiade und die Nazipartei.

Bis zum März 1935 waren die Zeppeline unter der Flagge der Delag gefahren. Mit nur einem Schiff für den Fahrbetrieb blieb die Reederei unrentabel. Sie erhielt Subventionen durch die deutsche Regierung. Auch die Lufthansa wurde vom Reich finanziell unterstützt. Man pflegte im Luftverkehr und insbesondere im Zeppelindienst die guten Botschafter der internationalen Zusammenarbeit. Der Flugverkehr brachte auch steigende Vorteile im Handel mit den beflogenen Ländern. Endlich übernahm das Reich die Delag mit 50 Prozent des Kapitals der neugegründeten „Deutschen

Zeppelin-Reederei GmbH", die man der Lufthansa anschloß. Damit schienen die organisatorischen Grundlagen des Weltluftverkehrs gesichert zu sein.

Man wollte den Bau von Luftschiffen verstärkt aufnehmen. Am 4. März 1936 stieg der „Hindenburg" zu seiner ersten Probefahrt auf. Zum ersten Mal nach fast zehn Jahren konnten zwei deutsche Luftschiffe gleichzeitig aufsteigen. Vom 26. bis 29. März fuhren „Graf Zeppelin" und „Hindenburg" Wahlpropaganda für die Nazis im Verband durch ganz Deutschland. Dies geschah auf Befehl des Propagandaministeriums trotz des Protestes von Dr. Eckener, der darauf hinwies, daß LZ 129 „Hindenburg" anstelle der bewährten Maybachmotoren 1000 PS-Dieselmotore als Neukonstruktion der Daimlerwerke erhalten habe, die erst bei voller Belastung in einer ununterbrochenen Dauerfahrt von 70 Stunden erprobt werden müßten. Da aber der „Graf Zeppelin" die Geschwindigkeit des „Hindenburg" nicht erreiche, gefährde die Propagandafahrt die vorgesehene Probefahrt und damit den im Programm bereits festgelegten Streckendienst. Aber alle Einwände nützten nichts. Eckener mußte sich beugen. Und tatsächlich kam es bei der ersten Südamerikafahrt der „Hindenburg" zum Versagen eines Motors. Da die Daimlerwerke schnell die Ursache des Bruches erkannten, wurden weitere Störungen an den Motoren der „Hindenburg" vermieden.

Auch der „Graf Zeppelin" hatte bei seiner ersten Südamerikafahrt 1936 Pech. Als wir von Rio nach Recife zurückkamen, stand über dem Landeplatz eine leichte Regenwolke. Bei der Anfahrt zur Landung entluden sich auf das Luftschiff jedoch derartige Wassermassen, daß das Schiff trotz Abgabe sämtlichen Ballastes durchsackte und außerhalb des Platzes zwischen den dort stehenden Hütten „landete". Dabei setzten die Gondelpuffer hart auf, so daß sie den Fußboden der Gondel eindrückten. Dazu schlitzte eine im Wege stehende Palme die Außenhülle am Laufgang auf. Schon nach einer Minute war der Regen vorbei. Das nun wieder leicht gewordene Schiff ging von selbst in die Höhe. Allerdings hatte sich das untere Seitenruder ausgehakt und blieb am Boden liegen. Mit nur einem Ruder landete der „Graf" am Mast. Die entstandenen Schäden konnten bis auf die Ruderreparatur im Laufe des Tages behoben werden. Das Ruder wurde provisorisch eingehängt, so daß am Abend das Luftschiff fahrplanmäßig, wenn auch nur mit einem funktionierenden Seitenruder, starten und nach Hause zurückkehren konnte.

In eine noch mißlichere Situation kamen wir mit dem „Grafen" auf der dritten Südamerikafahrt des Jahres 1936. Wir waren glücklich bis Rio durchgekommen, konnten dort aber das Luftschiff wegen eines starken Querwindes nicht in die Halle einfahren. Wir mußten am Mast anlegen. Der Wind frischte im Laufe des Morgens so auf, daß wir Windstöße von über 80 km Stundengeschwindigkeit erhielten. Dazu wechselte noch stark die Windrichtung, so daß die hintere Gondel mit ihrem Wagen hin und her geworfen wurde und kaum folgen konnte, bis plötzlich eine starke Bö die Gondel mitsamt tonnenschwerem Wagen aus den Schienen riß. Die Haltevorrichtung war einer solchen Belastung nicht mehr gewachsen. Der Wagen riß ab. Das entlastete Heck des Schiffes ging hoch, konnte von dem am Ruder wachgehenden Höhensteuerer aber noch abgefangen und wieder heruntergebracht werden. Behelfsmäßig befestigten wir die Gondel am Wagen. Nach einer Stunde meldete aber der Posten am Mast, daß der Schiffskonus einen starken Riß bekommen habe. Wenn er ganz breche, drohe eine Katastrophe: Das Schiff würde sich vom Mast lösen und vorn hochgehen, ohne daß wir die Notbefestigung der hinteren Gondel gleich lösen könnten. Wir setzten also schnell auch vorn eine Notbefestigung auf, bis die Garnison in Santa Cruz alarmiert werden konnte und mit 300 Mann anrückte, um das Schiff bei nunmehr günstigem Wind in die Halle einzubringen. Hier konnten unsere Mechaniker den Konus abnehmen und

Zwischen Bahia und Rio Begegnung mit dem Nordd.-Lloyd-Schiff „Monte Rosa". Zur Übernahme einer Flasche Sekt fährt der „Graf Zeppelin" von achtern auf, gibt eine Leine aufs Wasser herunter, die an die Bordwand anschlägt und die Verbindung herstellt.

durch Aufsetzen einer Verstärkung wieder gebrauchsfähig machen. Das waren also nicht immer ungefährliche Zwischenfälle unseres sich ständig verstärkenden Luftschiffverkehrs.

Der „Hindenburg" war für zehn Reisen im Nordatlantikdienst eingesetzt worden. Im Herbst nahm das Schiff mit dem „Graf Zeppelin" zusammen den Südamerikadienst auf. Jede Woche befuhr ein Schiff diese Route. Der Fahrpreis einer Reise bis Rio betrug damals 1500 Mark, für Hin- und Rückfahrt 2700 Mark.

Natürlich gab es auch genug „Zwischenfälle" erfreulicher Art. Um unseren Nachwuchs in den Aufholmanövern für Post auszubilden, wurde jede Gelegenheit wahrgenommen. Die uns begegnenden Seeschiffe hatten sich längst darauf eingestellt. Beispielsweise begegneten wir eines Sonntagmorgens zwischen Bahia und Rio dem nach Süden fahrenden Dampfer „Monte Rosa" und erhielten folgenden Funkspruch: „K. an K. (Kapitän an Kapitän): Anbiete Ihnen Flasche Sekt auf Flaggenknopf hinteren Mastes. Bitte Anweisung über Manöver." Unsere Antwort lautete: „Einverstanden, vorausgesetzt, daß gute Marke stop jedoch nicht hinterer Mast, sondern achtern, neben Flaggenstock bereithalten stop Kurs gegen Wind, etwa 1/2 Strich abhalten, laufe von achtern auf."

Der Kurs der „Monte Rosa" lag gut, sie hatte den Wind von vorn. Langsam von hinten auflaufend, näherten wir uns in 100 m Höhe dem Dampfer, ließen die mit einem Sandsack beschwerte Leine hinab, die wir in die ausgestreckten Hände auf dem Schiff dirigierten. Unter dem Jubel der Passagiere beider Schiffe hievten wir die Flasche Sekt an Bord, die uns den Namen „Schillers Räuber" einbrachte.

Begegnungen mit Seeschiffen waren für beide Seiten stets erfreulich. Die Dampfer, die tagelang nur See und Wolken kannten, wandten sich oft mit der Bitte um Besuch an den Zeppelin, wenn er in der Nähe war. Das geschah nach rauher Seemannsart oft in einem Neckton. So sandte uns die „Cap Arcona", eines der schönsten Schiffe auf dem Südatlantik, einmal den Funkspruch: „Tausend schöne Augen warten auf den Anblick Ihres schönen Schiffes." Ein andermal aber, als sie wegen der schlechten Konjunktur in Südamerika nur wenige Passagiere an Bord hatte, wir aber ausverkauft waren, telegrafierte sie: „Sammeln für Luftschiffabwehrgeschütz!"

Am schönsten war es, einem Segelschiff zu begegnen. Zu der Zeit, in der die australischen Weizensegler unseren Kurs passieren mußten, wurde eifrig nach den „Windjammern" Ausschau gehalten. Es war dann für alle stets ein Erlebnis, wenn das damals modernste Verkehrsmittel, der Zeppelin, mit der fast verschwundenen Romantik eines vollgetakelten Segelschiffes in der Weite des Ozeans zusammentraf (vgl. das Umschlagbild). Dann wurden wir uns erst bewußt, in welcher Hetze wir lebten. Früher brauchte man 90 Tage zur Reise nach Buenos Aires, heute war es mit Zeppelin und Flugzeug in 4 1/2 Tagen zu schaffen. Auch bei uns in der Luftfahrt war die Romantik der Anfangszeit im Schwinden. Wir waren daran, Zeit zu schinden, ja Minuten in der Fahrzeit herauszuschlagen.

Das Jahr 1936 wurde für die Deutsche Zeppelin-Reederei ein voller Erfolg. 13 Fahrten nach Südamerika hatte der „Graf" hinter sich, als wir am 1. Dezember in den Heimathafen zur Winterruhe einfuhren. Eine Woche später beendete auch LZ 129 „Hindenburg" die Fahrsaison. Insgesamt 19mal war die Strecke nach Rio befahren worden, 10mal die über den Nordatlantik. 500 000 km hatten beide Schiffe zusammen zurückgelegt. Allein im Südamerikadienst

Passagiere durften in kleinen Gruppen unter strenger Aufsicht eines Besatzungsmitgliedes während der Fahrt das skurrile Schiffsinnere besichtigen.

wurden 1006 Passagiere befördert, 9252 kg Post und 9198 kg Fracht – darunter ein Automobil und zwei Flugzeuge – nach Rio gebracht. Dabei war die Nachfrage nach Passagen und das Aufkommen von Post und Fracht in steiler Kurve angestiegen. Die Schiffe waren nicht nur ausverkauft, sondern man mußte für

Eine wirkungsvoll gestellte Szene zur Werbung für den Zeppelin-Liniendienst über den Nord- und Südatlantik.

ihre Fahrten noch häufig Passagieren aus Platzmangel absagen. Die Tendenz war also sehr postitiv. Im nächsten Jahr sollte ein drittes Luftschiff in Dienst gestellt werden.

Die Katastrophe von Lakehurst

Wir benutzten den Winter zur üblichen Generalüberholung der Schiffe. Die Untersuchung des Gerippes wurde beim „Grafen" besonders sorgfältig durchgeführt. Acht Jahre war der Veteran nun im Fahrbetrieb, wobei er über 1 600 000 km zurückgelegt hatte. Würde er noch für eine weitere Fahrsaison in Frage kommen? Man vergewisserte sich genau. Das Resultat war für uns alle eine Überraschung: Man gab dem Schiff noch eine Lebensdauer von drei Jahren.

Der „Hindenburg", unser Traumschiff, war fast doppelt so groß wie der „Graf Zeppelin". Mit 200 000 m³ Gasinhalt, einer Länge von 245 m und einem größten Durchmesser von 41,2 m hatte er Raum für 50 Passagiere. 25 Doppelkabinen waren vorhanden.

Die Kabinen lagen nicht wie bisher in der Verlängerung der Führergondel, sondern waren innerhalb des Schiffes in zwei Decks untergebracht. Nun ging man an den Ausbau der Passagiereinrichtung für 72 Fahrgäste, da das Schiff mit Wasserstoff als Auftriebgas noch nicht ausgelastet war. War schon mit 50 Passagieren die Eigenwirtschaftlichkeit des Luftschiffes weitgehend gesichert gewesen, so mußte das mit 72 Fahrgästen noch verstärkt der Fall sein. Dabei blieben immer noch reichlich Reserven an Auftrieb. Und einen Komfort bot der „Hindenburg“, den man dem jedes Seeschiffes gleichstellen konnte.* Im „Grafen“ gab es nur einen kleinen Salon als gemeinsamen Aufenthaltsraum und Eßzimmer. Im „Hindenburg“ standen den Fahrgästen ein 16 m langer Speisesaal, eine Halle und ein Schreib- und Lesezimmer sowie zwei Promenadendecks und eine Rauchkabine mit einer Bar zur Verfügung. Die Rauchkabine konnte man nur durch eine Schleusentür betreten. Sie stand unter Überdruck, so daß auch im Falle von Schäden kein Gasgemisch hineingelangen und man also gefahrlos rauchen konnte. Auf dem „Grafen“ gab es nur vier kleine Waschräume für alle. Im „Hindenburg“ hatte jede Kabine einen eigenen Waschtisch mit fließend warmem und kaltem Wasser. Sogar ein Duschbad war vorhanden. Im Aufenthaltsraum stand ein aus Leichtmetall gebauter Flügel. Eine große elektrische Küche mit eigener Bäckerei und Konditorei sowie Kühlschränken versorgte Fahrgäste und Besatzung.

Dazu hatte der „Hindenburg“ einen größeren Aktionsradius als der „Graf“ und konnte die Strecke von Frankfurt nach Rio ohne Zwischenaufenthalt in Recife durchfahren. Die fahrtechnische Handhabung des neuen Schiffes war gegenüber der des „Grafen“ verbessert. Trotz seiner riesigen Größe lag es gut auf den Rudern und war recht handlich. Es war also eine glatte Fahrt ohne jede Störung, mit der der „Hindenburg“ am 16. März die Fahrsaison 1937 eröffnete. Ich nahm an der Fahrt teil, weil ich als Kapitän des Schwesterschiffes vom „Hindenburg“ vorgesehen war, das im Herbst des Jahres fertig werden sollte. Hier hatte ich also bereits Gelegenheit, den Fahrbetrieb des Schiffes kennenzulernen und die Ausbildung einiger neuer Besatzungsmitglieder zu überprüfen. Da Diplom-Ingenieur Lehmann als Geschäftsführer der Deutschen Zeppelin-Reederei voll in Anspruch genommen war, hatte er die Führung des Schiffes Kapitän Max Pruss übergeben, der schon 1936 den „Hindenburg“ bei mehreren Fahrten geführt hatte. Nach rascher Fahrt landeten wir mit dem vollbesetzten Schiff bereits 12 Stunden vor der fahrplanmäßigen Zeit in Santa Cruz bei Rio. Und ebenso störungsfrei verlief auch die Rückfahrt nach Frankfurt.

Um allen Besatzungsangehörigen Gelegenheit zum Studium des neuen Schiffstyps zu geben, wechselten wir ständig die Besatzungen der Schiffe aus. Als deshalb Kapitän Wittemann Anfang Mai eine Nordamerikafahrt der „Hindenburg“ mitfahren sollte, übernahm ich mein vertrautes Schiff zur zweiten Fahrt nach Rio de Janeiro. „Graf Zeppelin“ startete am 27. April wie gewöhnlich mit vollbesetzten Kabinen und erreichte nach der üblichen Zwischenlandung, ebenfalls verfrüht, schon am Morgen des 1. Mai Rio. Am 3. Mai stiegen wir wieder auf und sahen einen Tag später, nach der Zwischenlandung in Recife, spätabends das letzte Leuchtfeuer des Kontinents unter dem Horizont verschwinden.

Wir befanden uns über dem Ozean, und auch der „Hindenburg“ hatte Frankfurt verlassen. Wie immer,

LZ 129 „Hindenburg“ landet. Bei diesem Foto – wie bei vielen anderen auch – kann man die Faszination nachempfinden, die von den riesigen Zeppelinen ausging.

* Anmerkung des Herausgebers: Zu dieser und den folgenden sehr subjektiven Einschätzungen s. letztes Kapitel.

LZ 129 Luftschiff „Hindenburg“

Inneneinrichtung mit Speiseraum, Rauchzimmer, Schreib- und Lesezimmer, Aufenthaltsraum (nach Original-Postkarten).

wenn beide Schiffe unterwegs waren, tauschten wir Nachrichten über Standort und Vorwärtskommen aus, die eifrig in Streckenkarten eingetragen wurden. Alle Meldungen liefen über die Funkstation Quickborn bei Hamburg, doch manchmal konnte man auch das Luftschiff selber empfangen. Nur recht langsam kam bei starken Gegenwinden und häufigem Ausweichen vor Schlechtwetterfronten der „Hindenburg“ voran. Wir überquerten den Ozean, passierten die Kapverdischen Inseln, da empfingen wir am Abend des 6. Mai als letzte Meldung vom „Hindenburg“: „Arr. („arrived“) Lakehurst“, das bedeutete, daß das Luftschiff über dem Landeplatz stünde und zur Landung anfahre. Wir waren froh, daß der „Hindenburg“ sich trotz der ungünstigen Wetterlage wieder bewährt hatte. Der „Graf Zeppelin“ fuhr bei bester Sicht über dem Passat in 1500 m Höhe, und wir mußten am frühen Morgen die Kanarischen Inseln erreichen. Da ich beim Abwurf der Post auf dem Flugplatz Gando wieder in der Führergondel sein wollte, ging ich nach Empfang der Landemeldung der „Hindenburg“ in meine Kammer.

Die Nacht verlief gut. Nur die Funkstation kam nicht zur Ruhe. Sie mußte Telegramme absetzen, Peilungen durchführen, Wettermeldungen aufnehmen sowie den normalen Pressedienst durchführen. Zum Frühstück pflegten wir unseren Passagieren die neuesten Meldungen vorzulegen. Als ich am frühen Morgen im Salon beim Frühstück saß, sah ich den Funkinspektor Freund die Tür vorsichtig öffnen. Er bedeutete mir, schnell hinauszukommen. Ich folgte ihm in die Funkstation, wo er mir – kreidebleich und ganz verstört – einen Funkspruch vorlegte. Es war eine Anfrage von Rio nach Quickborn:

„Havas meldet, Luftschiff ‚Hindenburg‘ Lakehurst explodiert, sämtliche Passagiere und Besatzung tot. Bitten um Nachricht über ‚Hindenburg‘ zwecks Dementierung bei hiesiger Presse. Synconder Rio.“

Mein erster Gedanke war, daß diese Nachricht einer Katastrophe, wie schon so viele, eine Falschmeldung sein müsse. Wir hatten es ja zur Genüge erlebt, daß der „Graf Zeppelin“ als zerschellt oder ins Meer gefallen gemeldet worden war. Sogar eine genaue Verlustliste hatte man einmal veröffentlicht. So war es wohl auch hier! Das glaubte ich, bis mir Freund schweigend einen zweiten Funkspruch vorlegte. Er enthielt die Antwort von Quickborn an Rio: „Nachricht ‚Hindenburg‘ leider bestätigt.“

Ich konnte mir nicht vorstellen, was geschehen sei. Wir hatten die Landemeldung doch selbst aufgenommen. Weder die Delag noch die Deutsche Zeppelin-Reederei hatten jemals einen solchen Verlust gehabt. Seit 1909 fuhren die Zeppeline im Passagierdienst, ohne daß jemals einem Fahrgast etwas zugestoßen wäre. Und die Besatzung war gut ausgewählt und galt als erfahren im Zeppelindienst. Kapitän Pruss hatte sich auf rund 900 Fahrten mit Luftschiffen bewähren können. Auf seine Erfahrungen war Verlaß. Dazu war auch Kapitän Lehmann bei der Landung in der Führergondel gewesen. Ich konnte mir den Grund der Katastrophe nicht denken. Doch war mir sofort klar, daß die Nachricht an Bord nicht bekannt werden durfte.

Wir hatten bis zur Landung in Friedrichshafen noch 1 1/2 Tage vor uns. Jeder Besatzungsangehörige hatte gute Freunde an Bord des Schwesterschiffes: Funker Freund seinen Bruder als Zellenpfleger, der Leitende Ingenieur Grözinger seinen Sohn! Mit Lehmann, Pruss, Sammt, Wittemann war man über 20 Jahre zusammen gefahren. Auf meine Besatzung konnte ich mich, wie der „Hindenburg“ auf die seine, verlassen. Man konnte ihr die traurige Nachricht vielleicht kurz vor der Landung bekanntgeben. Doch die Passagiere durften keinesfalls davon erfahren, bevor sie ausstiegen. Wir hätten eine Panik riskiert! Andererseits mußten wir alle Vorsichtsmaßregeln zur Sicherung unseres Schiffes treffen. Der Gedanke an Sabotage lag nahe. Immerhin waren bei der Reederei Drohbriefe eingegangen, in denen die Einstellung der Zeppelinfahrten verlangt wurde. Auch bei uns an Bord hätte sich eine Höllenmaschine befinden können. Ich rief also die beiden anderen Funkoffiziere heran und verpflichtete sie auf ihr Telegrafengeheimnis. Alle eingehenden Nachrichten sollten meine Zensur passieren. Keinesfalls durften die mit der Zerstörung des „Hindenburg“ zusammenhängenden Nachrichten die Funkstation verlassen. Doch sollte man, ohne den zu erwartenden Funkverkehr der Deutschen Zeppelin-Reederei mit Anfragen zu stören, möglichst alles abhören, was uns ein Bild des Untergangs verschaffen konnte. Wir gingen alle Möglichkeiten durch, wie uns Gefahr drohen könnte. Die Passagiere waren uns zum großen Teil von früheren Fahrten bekannt, die übrigen nach Namen und Auftreten so, daß wir keine Befürchtungen zu hegen brauchten. Um Fracht und Post sowie das gesamte Schiff noch einmal genauestens zu untersuchen, wurden der Erste Offizier Hans Ladwig und der Leitende Ingenieur August Grözinger hinzugezogen. Sie fanden keinerlei Anzeichen einer Unregelmäßigkeit. Auch war es ausgeschlossen, daß eine fremde Person in Rio oder Recife Gelegenheit zu einem unbeaufsichtigten Besuch des Schiffes ohne meine schriftliche Genehmigung gefunden haben könnte.

Tag und Nacht war ja das Schiff mit einer Wache aus der Besatzung besetzt.

Im Laufe des Tages liefen dann Nachrichten vom Hergang des Unglücks ein. Wir erfuhren, daß ein Drittel der Fahrtteilnehmer den Tod gefunden hatte beziehungsweise noch in Lebensgefahr schwebte, daß Kapitän Lehmann und Kapitän Pruss schwer verletzt seien, daß Männer der Landemannschaft und der Besatzung ihr Leben zur Rettung der Passagiere eingesetzt hätten, indem sie immer wieder in das hellbrennende Wrack hineingelaufen und Verwundete herausgeholt hätten. Wenig später erfuhren wir, daß der Zustand von Kapitän Lehmann sich besorgniserregend verschlechtere. Sein Schicksal und das von Max Pruss war sehr schmerzlich für mich.

Mit Pruss war ich eng befreundet. Wir waren durch den ganzen Krieg hindurch seit September 1914 auf den gleichen Marineluftschiffen Kameraden. Nach dem Krieg taten wir unter unserem alten Kommandanten Frhr. von Buttlar zusammen auf einem Minensuchboot Dienst, und 1922 gingen wir beide zum Luftschiffbau Friedrichshafen. Wir fuhren zusammen mit dem „ZR III" und später auf dem „Graf Zeppelin". Erst mit seiner Kommandierung als Erster Offizier auf dem „Hindenburg" trennten wir uns räumlich mehr voneinander, was aber der Freundschaft keinen Abbruch tat. Gemeinsam besprachen wir bis zuletzt – wenn wir nicht auf Fahrt waren – die vielen Fragen der Ausbildung und Entwicklung. Wie furchtbar mußte es für Pruss sein, das Schiff, auf das er so stolz war, verloren zu haben!

Kapitän Lehmann war schon seit 1913 in der Luftschiffahrt tätig. Ich kannte ihn seit Kriegsanfang. Da er bis 1917 als Kommandant von Heeresluftschiffen fuhr, war er uns in der Marine aber nur selten begegnet. Erst ab 1917 trafen wir ihn öfter. Seitdem war er im Luftschiffbau tätig und hielt die Verbindung zur Marine aufrecht. Überall erfreute sich der stille, kleine Mann größter Beliebtheit, denn er war stets freundlich und nie aus der Ruhe zu bringen. Als er der Nachfolger Eckeners in der Führung des „Graf Zeppelin" wurde, war er bekannt als der Mann der Tat, der das feine Instrument des Luftschiffs in Sturm und Wetter meisterhaft beherrschte. Uns, die wir ihn näher kannten, enthüllte er eine zweite, nicht minder wertvolle Seite, die er vor Fremden meist scheu verborgen hielt: Lehmann war hochmusikalisch. Wer ihn in seiner Häuslichkeit aufsuchte, war erstaunt, mit welcher Vollendung er mehrere Instrumente beherrschte. Cello, Klavier und Handharmonika waren in den Mußestunden seine Gefährten. Aus der Handharmonika wußte er auch an Bord des „Grafen", in stillen Stunden vorn im Bug sitzend, die wundervollsten Klänge herauszuholen. Wie auf einer Orgel erklangen dann Beethovensche Symphonien oder Bachsche Fugen. Als echter Künstler sprudelte er oft über vor Ideen, die er irgendwo zu Papier bringen mußte. Auf den ausliegenden Seekarten, in seinen Büchern, überall fand man seine Pläne und Zeichnungen von Luftschiffentwürfen. Und jeder Plan wurde in ungezählten Alternativen probiert, bis er glaubte, das Richtige gefunden zu haben.

Dr. Eckener hatte Lehmann als jungen Diplomingenieur zum Luftschiffer ausgebildet. Er zog ihn später mehr und mehr zur Verwaltung heran und übergab ihm mit der Gründung der Deutschen Zeppelin-Reederei deren Leitung, während er selbst als Vorsitzender des Aufsichtsrats die Leitung des ganzen Konzerns übernahm.

So waren es schwarze Gedanken, die ich mir bis in die letzten Stunden der Überfahrt nicht anmerken lassen durfte. Passagiere sind mißtrauisch, wenn der Kapitän aus irgendeinem Grunde nicht zu den Mahlzeiten erscheint. Es wurde mir nicht leicht, mich zwanglos zu geben, während die uns alle betreffenden Nachrichten auf mir lasteten. Doch es gelang mir mit großer Anstrengung. Die Fahrgäste ahnten nichts. Ihre Stimmung wurde froher und erregter, je näher wir unserem Ziele kamen. Manch einer war seit Jahren nicht in Deutschland gewesen und freute sich auf die Heimat. Andere wußten sich von Freunden und Verwandten erwartet. So war die Vorfreude verständlich. Als wir aber am Mittag des 8. Mai die Girondemündung passiert hatten, fühlte ich mich verpflichtet, zunächst der Besatzung den Untergang des „Hindenburg" mitzuteilen. Die Nachricht sollte ihr nicht nach der Landung von Außenstehenden zukommen. Ich ließ folgenden Anschlag in den Besatzungsräumen aushängen:

„Das Luftschiff ‚Hindenburg' ist am Donnerstag, abends, bei der Landung in Lakehurst verunglückt. Einzelheiten über den Vorgang und seine Ursache sind mir nicht bekannt. Wir müssen damit rechnen, daß das Schiff in Brand geriet, daß eine Anzahl unserer Kameraden und Passagiere ums Leben kam.

Nach Pressemeldungen sind Kapitän Lehmann und Kapitän Pruss, beide schwer verletzt, gerettet. Weitere Namen konnte ich nicht in Erfahrung bringen, habe auch, aus Ihnen vielleicht verständlichen Gründen, alle Nachfragen unterlassen.

In Deutschland und in der ganzen Welt herrschen Trauer und Anteilnahme. Dr. Eckener und Dr. Dürr sind nach Lakehurst zur Untersuchung unterwegs.

Nach den aufgefangenen Pressemeldungen soll unser Südamerikadienst weiter durchgeführt werden.

Wir wollen das Andenken an unsere Kameraden vom ‚Hindenburg' dadurch ehren, daß wir pflichtgetreu auf unserem Posten stehen und das große Werk des Grafen Zeppelin fortführen. Ganz Deutschland sieht jetzt auf uns. Von allen Seiten laufen Spenden ein zur Fortführung der Luftschiffahrt.

Da mir auch über das Schicksal von Kapitän Wittemann, der an der Fahrt teilnahm, nichts bekannt ist, werde ich selber die Führung des ‚Grafen Zeppelin' weiter behalten. Nächste Fahrt fahrplanmäßig am Dienstag, dem 11. Mai, 20.00 Uhr MEZ. Ich bitte darum, diese Nachricht bis nach der Landung vor den Passagieren geheimzuhalten."

Nach dem Überfliegen Frankreichs erreichten wir am Nachmittag bei Basel die deutsche Grenze. Überall in den Dörfern und Städten wehten die Flaggen auf halbmast. Die Menschen standen in Gruppen zusammen und sahen zu uns herauf – in stummer Trauer, nicht wie sonst fröhlich winkend. Und als wir in Friedrichshafen ankamen und zur Landung ansetzten, erwartete eine riesige Menschenmenge den „Grafen" – nicht jubelnd und unter dem Klang der Musikkapellen herzulaufend, sondern weitab in tiefem Schweigen verharrend.

Als dann das Schiff sicher in den Händen der bewährten Haltemannschaft lag, war es Zeit, nun doch die Passagiere zu informieren. Es war ein nicht leichter Gang. Ich bat im Salon um Gehör und gab die traurige Nachricht bekannt, um Verständnis ersuchend, daß ich sie mit guter Absicht bis zur glücklichen Landung des Luftschiffs verschwiegen hätte, und es jedem überlassend, ob er noch hier auf dem Platz das Schiff verlassen wolle. Keiner der Passagiere stieg aus, ehe wir in der Halle lagen. Dort erwarteten mich Graf Soden und der Syndikus Dr. Schmid, die mir mitteilten, daß die für Dienstag vorgesehene nächste Fahrt zunächst abgesetzt sei. Da Dr. Eckener auf der Fahrt nach Amerika nach ihren Worten noch etwa eine Stunde in Cherbourg sein würde, meldete ich ein dringendes Ferngespräch an. Ich erreichte ihn, meldete ihm die gute Heimkehr des „Grafen" und bat um Genehmigung zur fahrplanmäßigen nächsten Fahrt, die trotz des Unglücks ausgebucht sei. Auch wolle von der Besatzung nicht ein einziger zurückbleiben. Dr. Eckener lehnte ab. Vor Klärung der Unfallursache dürfe keineswegs mehr gefahren werden. Er habe der deutschen Regierung versprochen, nicht mehr mit Wasserstoff zu fahren. Auf meinen Einwand, daß dies das Ende des Zeppelindienstes bedeuten könne, antwortete er, daß er bestimmt hoffe, in Amerika Helium zu erhalten.

So wurde der Fahrbetrieb vorläufig eingestellt. Wir ahnten nicht, daß mit dieser Landung vom 8. Mai der Weltluftverkehr mit Luftschiffen endete. Für den im Bau befindlichen Zeppelin LZ 130 erhielt Dr. Eckener in Amerika das erbetene Helium aus politischen Gründen nicht. Die weltgeschichtliche Entwicklung der nächsten Jahre machte alle Aussichten auf eine gedeihliche Zusammenarbeit unter den Völkern zunichte.

Eine aus amerikanischen und deutschen Fachleuten bestehende Untersuchungskommission befaßte sich gründlich mit den Ursachen des Unglücks. Ihr gehörten neben Dr. Eckener auf deutscher Seite unter anderen Dr. Dürr und Professor Bock von der Deutschen Versuchsanstalt für Luftfahrt sowie Professor Dieckmann von der Luftelektrischen Versuchsanstalt Gräfelfing bei München an. Da keinerlei beweiskräftige Unterlagen für eine Sabotage gefunden werden konnten, aber auch keine unbedingten Beweise für eine andere Ursache der Explosion gegeben waren, kam die Untersuchungskommission in ihrem Bericht* nach ausführlichen Erläuterungen zu folgendem Ergebnis:

„Beweise für die Ausführung eines Gewaltaktes, wie im vorstehenden beschrieben, konnten trotz gründlichster Nachforschung nicht erbracht werden. Die Möglichkeit einer gewaltsamen Zerstörung des Luftschiffes mußte aber, da eine andere Entstehungsursache ebensowenig bewiesen werden kann, zugegeben werden.

Vielleicht größere Wahrscheinlichkeit für die Entstehung des Brandes hat andererseits auf Grund der durchgeführten Versuche und Ermittlungen die unbeabsichtigte Zündung als Folge ungünstiger Umstände. Es müssen aber immer, wenn man diese Möglichkeit unterstellt, zwei Hauptvoraussetzungen zusammengetroffen sein:

1. das Vorhandensein einer brennbaren Mischung von Wasserstoff und Luft;
2. das Auftreten einer Zündung zur Entflammung des Gemisches."

---

* Vollständiger Wortlaut des Untersuchungsberichtes s. letztes Kapitel (S. 132).

Seiten 111–114:
Die Bildseiten machen das ganze Ausmaß der „Hindenburg"-Katastrophe vom 6. Mai 1937 deutlich. Die farbigen Fotos erschienen am 23. Mai in einer New Yorker Zeitung und waren damals so etwas wie eine fotografische Sensation (Slg. Knäusel).

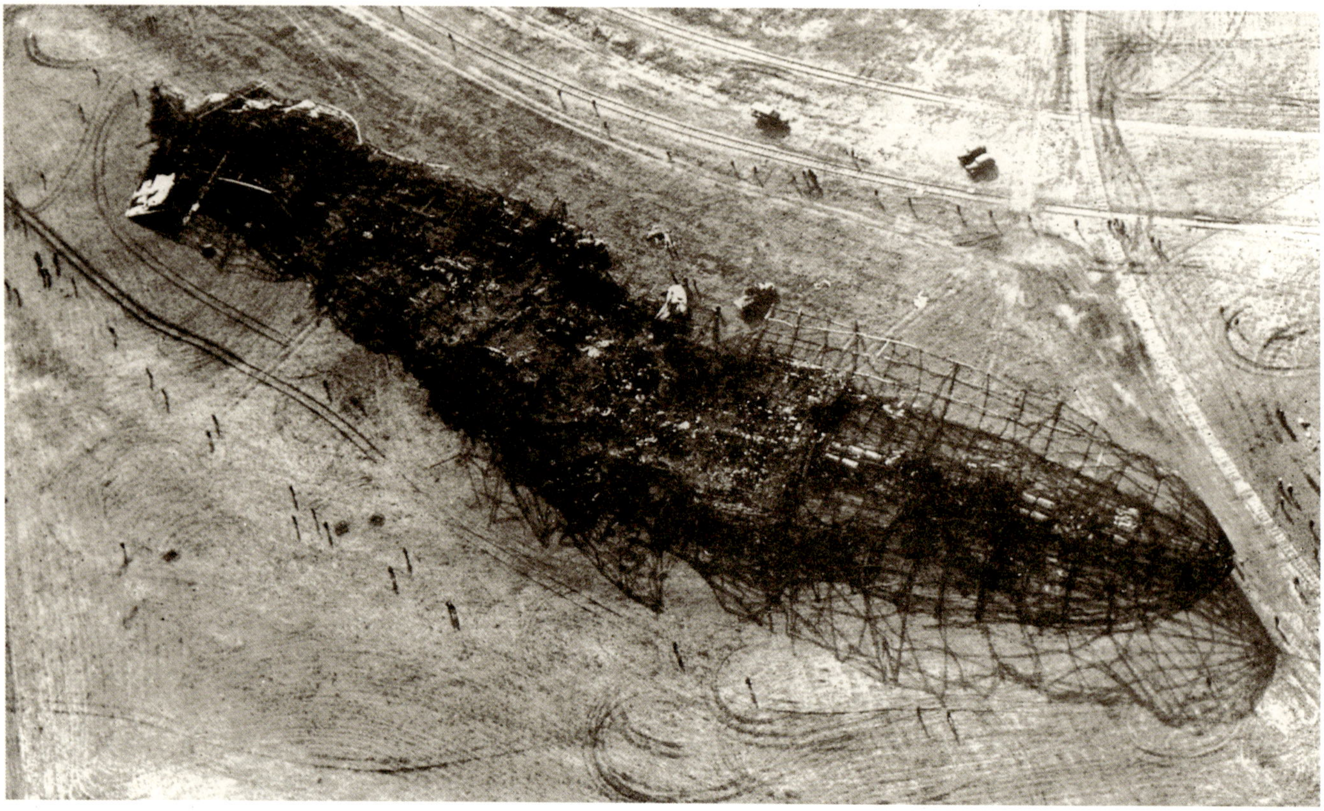

Nach Aufzählung der einzelnen Möglichkeiten für die Entstehung eines Wasserstoffgemisches und für dessen Entzündung – während des Landemanövers stand ein Gewitter über dem Platz – heißt es in der Schlußfolgerung des Untersuchungsausschusses:

„Der Untersuchungsausschuß hat im vorstehenden eine Reihe von Möglichkeiten aufgeführt, die das Unglück am Luftschiff ‚Hindenburg' vom 6. Mai 1937 verursacht haben können. Trotz ausführlicher Vernehmung sämtlicher Zeugen, trotz eingehender Besichtigung und Durchsuchung des Wracks und trotz Auswertung aller über den Verlauf des Brandes Auskunft gebenden Bilddokumente ist für keine der oben aufgeführten Möglichkeiten ein völlig sicherer Beweis zu finden. Angesichts der Tatsache, daß im deutschen Zeppelinluftschiffverkehr in einem jahrzehntelangen Fahrbetrieb bei Benutzung des Wasserstoffes als Traggas Unfälle nicht aufgetreten sind, und auf Grund aller Zeugenaussagen und Untersuchungen hat der Ausschuß die Überzeugung gewonnen, daß seitens sämtlicher für die reibungslose Durchführung des Luftschiffverkehrs verantwortlichen Stellen alles getan war, um ein Unglück zu verhüten. Falls daher nicht eine der vorher erwähnten verbrecherischen Anschlagsmöglichkeiten in Frage kommt, kann der Ausschuß als Ursache des Luftschiffbrandes nur das Zusammentreffen einer Reihe unglücklicher Umstände als einen Fall höherer Gewalt annehmen . . ."

Ausklang des Zeppelinbaues

Wir waren in Friedrichshafen nach Abschluß der Untersuchungen von Lakehurst bezüglich des weiteren Baues von Luftschiffen zunächst durchaus nicht pessimistisch. In der Werft lag das schon 1936 begonnene Schwesterschiff von LZ 129 „Hindenburg", der LZ 130, der schon im Herbst 1937 in den Fahrdienst hatte kommen sollen. Und wenn auch der Lieferung von Helium an das Ausland in den USA ein Gesetz entgegenstand, Dr. Eckener war es gelungen, Präsident Roosevelt sowie einige Staatssekretäre und einflußreiche Senatoren für seine Sache zu gewinnen, so daß eine Abänderung des Gesetzes in Aussicht stand. Als sie erfolgte und ein Vertrag über den Bezug von Helium für unseren Zweck zustande kam, schien der Zeppelinbetrieb gerettet zu sein.

Wir gingen daran, in Frankfurt eine Heliumreinigungsanlage zu errichten und stählerne Gasflaschen für einen Überdruck von 400 atü sowie Kompressoren für diesen außergewöhnlich hohen Druck bereitzustellen. Die ersten Transporte von Gas begannen von Galvestone, Texas, aus zu laufen. Wir machten uns glücklich an den Ausbau des Ersatzschiffes. Es war in seinen Ausmaßen eine genaue Kopie des „Hindenburg", wurde in seiner Konstruktion aber in einigen Details verändert, weil man Gewicht sparen wollte. Die Hubkraft von Helium ist ja geringer als die von Wasserstoff. So wurden in die Bleche und Streben, wo immer nur möglich, „Erleichterungslöcher" eingeschnitten. Die wesentlichsten Erleichterungen erfuhren aber die Einbauten des Schiffes. Beim „Hindenburg" hatte man die Kabinen auf 72 Fahrgäste erweitert, als man mit Wasserstoff fuhr, beim LZ 130 mußte man sie auf 40 Passagiere verringern. Dazu konnte man durch geschickte Anordnung der Räume noch viel an Gewicht sparen; statt der zwei Decks kam man mit eineinhalb aus. Der jetzt querschiffs liegende Speisesaal war um einige Stufen höher als die Promenadendecks gelegt worden, so daß man bei Tisch sitzend noch eine gute Aussicht aus den seitlichen Fenstern hatte. Neben den beiden Promenadendecks wurden hübsche Hallen eingebaut, an die sich an Backbord die Rauchkabine, an Steuerbord 4 Luxuskabinen anschlossen. Diese sowie die weiter innenliegenden Kabinen wurden mit Fenstern versehen.

So versuchten wir, trotz des Zwangs zur Gewichtseinsparung, die Inneneinrichtung des LZ 130 gegenüber dem älteren Schwesterschiff erneut zu verbessern. Die Küche konnte sowohl elektrisch wie auch durch die Auspuffabgase der Motoren beheizt werden. Während die Mannschaftskabinen des „Hindenburg" nicht beheizt werden konnten, wurden sie hier näher an das Passagierabteil des Schiffes herangelegt und größtenteils ebenfalls mit Heizung versehen. Während wir das Schiff auf den Tag der Wiederaufnahme des Fahrbetriebs bestens vorbereiteten, bildete sich auch die Mannschaft aus. Zwar konnte nicht das ganze Personal der Deutschen Zeppelin-Reederei mit ihren zwei Zeppelinbesatzungen und den in Ausbildung begriffenen Ersatzleuten im eigenem Betrieb beschäftigt werden. Befreundete Firmen nahmen einen

Teil der Männer auf und beschäftigten sie solange, bis wir sie – wie wir meinten – dann zurückrufen konnten. Das Motorenpersonal wurde von den Motorenfirmen abgenommen, das Elektropersonal von den Herstellern unserer elektrischen Apparate.

Ein Teil der Seeleute ging zur Seefahrt zurück, und ein Teil der anderen konnte in der Luftfahrt verwandt werden. Auch die Seewarte nahm einige Zeppelinleute zur Ausbildung im Wetterdienst auf. Von überall her, wo sie tätig waren, trafen bei uns bald ihre Anfragen ein, wann es denn wieder losginge.

Das also war die Lage im Frühjahr 1938. Wir hofften, im Herbst des Jahres mit dem neuen Luftschiff starten zu können. Da verbot plötzlich der Innenminister der USA als Vorsitzender der Heliumkommission den weiteren Versand von Helium nach Deutschland. Dr. Eckener begab sich sofort nach Amerika, um eine Aufhebung dieses Verbots zu erreichen. Die Entscheidung lag bei Mr. Ickes, dem Innenminister, und die Verhandlung spitzte sich auf die Frage zu, ob Zeppeline in dem von den Amerikanern vorausgesehenen Kriege kriegstauglich wären. Dr. Eckener machte geltend, daß ihm das vorkäme, als wollte man mit einem mittelalterlichen Zweihandschwert in den modernen Kampf eintreten. Aber alle Einwände nützten nichts. Mr. Ickes blieb bei seiner aus politischen Gründen getroffenen Entscheidung.*

LZ 130 „Graf Zeppelin II" im Bau (Farbfoto Hans v. Schiller).

Wenn wir nicht von vornherein auf jeden Zeppelinfahrbetrieb verzichten wollten, blieb uns nichts übrig, als wieder mit Wasserstoff zu fahren. Dies erschien uns auch nicht so riskant, ja unmöglich, wie der Öffentlichkeit nach der Katastrophe von Lakehurst. In Lakehurst waren wahrscheinlich zur Zeit der Landung infolge eines Nachgewitters stärkere elektrische Störungen vorhanden, die zur Zündung eines durch einen unglücklichen Zufall freigewordenen Gasgemisches geführt haben könnten. Im Krieg hatte ich 1915 einmal selbst beobachtet, wie ein Zeppelin durch einen Blitzschlag unter solchen Umständen verlorenging. Vor der Landung mußte das Schiff zum Abwiegen noch Gas abblasen und ging dazu in größere Höhe hinauf. Während das Schiff abblies, schlug ein Blitz hinter dem Schiff durch und entzündete, was deutlich zu beobachten war, die abstreichenden Gasschwaden. Die Flamme schlug zum Schiff hinüber, so daß es in der Luft abbrannte. Für uns war das eine Lehre, nicht bei gewittriger Luft abzublasen. Wie oft fuhren wir nachher durch Gewitter hindurch! Blitze trafen das Schiff, ohne eine Entzündung hervorzurufen, weil wir uns hüteten, mit blasenden Ventilen an ein Gewitter heranzugehen.

Blitze schadeten dem Luftschiff an sich nicht. Das Gerippe des Zeppelins wirkt als sogenannter „Faradayscher Käfig". Die im Einschlag erzeugte Elektrizität verteilt sich sofort über das ganze metallene Gerippe, so daß man im Schiff nichts verspürt. Der Blitz wird durch die Antennen und auch durch die Auspuffgase der Motoren abgeleitet. Und noch weniger konnten dem Luftschiff normalerweise sogenannte Elmsfeuer etwas anhaben, wie sie zur Erklärung des Unglücks von Lakehurst angenommen wurden. Auch das habe ich oft genug selber erfahren.

Im Jahre 1915 kamen wir mit dem Marineluftschiff

---

* Anmerkung des Herausgebers: Auslösender Faktor für das Heliumembargo war die Annexion Österreichs durch Nazi-Deutschland im März 1938 (s. hierzu Knäusel, Zeppelin and the United States of America, 2. Aufl., Friedrichshafen 1981, S. 76–85 u. S. 189–193)).

LZ 130 „Graf Zeppelin II" am fahrbaren Ankermast (Farbfoto Hans v. Schiller).

„L 11" von einer Fahrt quer über die Nordsee zurück und mußten ein schweres Gewitter durchstoßen. Regen und Hagel trommelten auf die Außenhülle unseres Schiffes, das von einer starken Turbulenz durchgeschüttelt wurde. Plötzlich meldete der Posten vom Maschinengewehrstand auf dem First durch das Sprachrohr zur Führergondel, daß das Schiff brenne. Oberleutnant von Buttlar, unser Kommandant, war erstaunt über die Ruhe, mit der diese Meldung gemacht wurde, und fragte noch einmal zurück, was los sei. Die Antwort war, daß bläuliche Flammen aus den Maschinengewehren herausträten. Hierauf beauftragte er mich, der Sache auf den Grund zu gehen. Durch einen schornsteinartigen Schacht kletterte ich hinauf. Mir bot sich ein eigentümlicher Anblick. An den Spitzen der Gewehre nahm ich meterlange dünne Flammen wahr, die begleitet waren von einem auf- und abschwellenden Zischen. Vom Kopf des Postens lohte eine Art Heiligenschein. Wenn ich meine Hand in die Höhe hielt, konnte ich aus jedem Finger einen solchen Strahl hervorbrechen sehen. Auch unterhalb des Zeppelins waren Flammenwirkungen an der Antenne und den Auspufftöpfen der Motoren zu beobachten. Es war das, was man ein St.-Elms-Feuer nennt. Wir haben es auf unseren Fahrten durch die sogenannte Kalmenzone noch oft kennengelernt, und nie hat es einen Schaden angerichtet.

Wir sprachen also im Luftfahrtministerium wegen der Fahrten mit Wasserstoff vor und erhielten nach unseren Erläuterungen eine eingeschränkte Erlaubnis. Wir führten künftig Werkstattfahrten durch, Passagierfahrten waren uns nicht gestattet. Der LZ 130 wurde im September 1938 fertiggestellt. Im ganzen hat der „Graf Zeppelin II", den wir in unsere neue Halle in Frankfurt überführten, 30 Fahrten gemacht. Da wir keine zahlenden Passagiere befördern durften, aber auf Ausbildungsfahrten Wert legten, wurde ein Versuchsprogramm abgewickelt. Professor Dr. Dieckmann führte elektrische Messungen durch, die auch der Klärung der Ursachen für den Untergang des „Hindenburg" dienen sollten. Mit Ausbruch des Zweiten Weltkrieges wurde der LZ 130 entleert und in seiner Halle aufgehängt. Hier hing er tatenlos – als ein sichtbarer Beweis der von Dr. Eckener Mr. Ickes gegenüber geäußerten Überzeugung.

Ebenso unbrauchbar hing in seiner Halle „Graf Zeppelin I", der Luftschiffveteran, den wir als Museum eingerichtet hatten. Stellagen rund um den „Grafen" gestatteten den Einblick in das Innere des Schiffes, in dem gedeckte Tische sowie die für Tages- und Nachtbetrieb eingerichteten Kabinen gezeigt wurden. Tausende von Menschen besuchten das Schiff, um den Pionier der Weitstreckenluftschiffahrt zu sehen und zugleich Abschied von einer Epoche der Luftfahrt zu nehmen. Denn anders als im Ersten Weltkrieg war mit dem Zweiten Weltkrieg die Zeit der Zeppeline von vornherein vorbei. Sie hatten ihre Untauglichkeit als Waffe und Kriegsgerät ja damals schon zur Genüge erwiesen. Der Bau eines letzten Luftschiffes, des LZ 131, von dem zwei Ringe eben fertig waren, wurde eingestellt. Ja, am 29. Februar 1940 wurde von Luftmarschall Göring selbst der Befehl erteilt, die Zeppeline in ihren Hallen zu zerstören. Da sich die Luftschiffbesatzung weigerte, dieses Zerstörungswerk sofort zu tun, und Zeit zu gewinnen trachtete, übernahm ein Luftwaffenbaubataillon die Ausführung des Befehls und zerstörte mit Äxten und Sägen die Schiffe, während Sprengpatronen am 6. Mai 1940 die Hallen zum Einsturz brachten. Das war der Ausklang des Zeppelinbaues.

Kleines Technikum der Luftschiffahrt

Jahrzehnte sind seither vergangen; Jahrzehnte einer ungeheuren technischen Entwicklung. Die silbernen Riesen der Lüfte sieht man nicht mehr. Wenn aber eines der kleinen Pralluftschiffchen erscheint, blicken alle zum Himmel empor, über den unbeachtet die Flugzeuge ziehen. Worin beruht wohl die eigentümliche Anziehung der Luftschiffe? Gewiß wurden ihre Fahrten anfänglich als Sensation empfunden. Aber sie haben auch noch Begeisterung erweckt, als sie schon längst ihren regelmäßigen Fahrplandienst versahen. Heute haben wir den Weltluftverkehr. Aber es sind Flugzeuge, die ihn durchführen. Derselbe Krieg, der den Luftschiffen den Lebensatem nahm, brachte die erstaunliche Entwicklung der Flugzeuge zustande. Seit das Flugzeug mit schwersten Lasten auch die längsten Fahrstrecken bewältigen kann, hat es – wie schon Graf Zeppelin voraussah – vor dem Luftschiff viele Vorteile. Wenn wir also die Frage stellen, ob das Luftschiff noch eine Aufgabe hat, ob eine Wiederaufnahme des Luftschiffbaues denkbar ist, müssen wir uns die unterschiedlichen Prinzipien des Fliegens klarmachen und die damit gegebenen technischen Möglichkeiten und Grenzen.

Das Flugzeug fliegt. Es hält sich durch den Vortrieb seiner Motoren und den Auftrieb seiner Tragflächen in den Lüften. Das ist ein dynamischer Vorgang. Ein Luftschiff schwebt infolge des Auftriebes seines Traggases in der Luft. Das ist zunächst ein statischer Zustand. Man muß ihn vor allem beim Start und bei der Landung beachten. Denn wenn sich das Luftschiff kraft seiner Motoren in Bewegung setzt, wird ebenfalls wie beim Flugzeug eine dynamische Hubkraft wirksam. Dann trägt auch das Luftschiff eine größere Last, als es die Hubkräfte seiner Gaszellen zulassen. Wenn man aber landen will, muß das Schiff wieder völlig „ausgewogen" sein, das heißt, es muß auch ohne Motorkraft schweben. Wäre es schwerer als Luft, würde es bei der Landung am Boden zerschellen oder sich zum mindesten die Gondeln oder das Gerippe verletzen. Wäre es aber leichter als Luft, dann würde es, wenn man es abstoppt, in die Höhe steigen und unter Umständen die Haltemannschaft in Gefahr bringen. Deshalb wiegt man ein Luftschiff beim Start auch nur in ganz geringem Maße „leichter als Luft" aus, ehe es die Haltemannschaften beim Kommando „Luftschiff hoch" in die Höhe stoßen. Die Mittel, den Gewichtsausgleich herzustellen, sind Abgabe von Wasserballast, wenn das Schiff leichter, oder Abblasen von Traggas, wenn es schwerer werden soll.

Das ist also der Punkt, in dem das Luftschiff dem Flugzeug prinzipiell voraus ist: Die Fähigkeit, sich auch ohne Motorkraft in der Luft zu halten. Um diesen Schwebezustand unter den verschiedensten Bedingungen sicherzustellen, ergeben sich allerdings auch besondere Schwierigkeiten. Da ist zunächst der Einfluß der Höhenlage. Je höher das Luftschiff steigt, um so dünner wird ja die Luft, um so geringer werden also der äußere Luftdruck und der Auftrieb. Zwar wirkt dem entgegen, daß auch das Traggas sich ausdehnen wird. Um aber zu verhindern, daß es die Zellwände sprengt, muß man entweder mit unprallen Zellen starten und damit auf Nutzlast verzichten, oder man muß Gas durch Ventile abblasen, also den Auftrieb schwächen. Da man das verlorengehende Gas während der Fahrt nicht ersetzen kann, wird man nicht ohne zwingende Notwendigkeit Gas abblasen. Das bedeutet, daß ein Luftschiff größere Höhen möglichst vermeiden muß, daß es also in seiner Steigfähigkeit sehr begrenzt ist. Denn ein Luftschiff kann nur soviel von seinem Traggas abblasen, als es Ballast oder Freigewicht mit sich führt, die es zum Gewichtsausgleich bei der Landung abgeben könnte. Die maximale Steigfähigkeit betrug beim „Graf Zeppelin" 2500 Meter. Diese Höhe, auf die man rechnerisch kam, ist von uns bei einer wundervollen Fahrt über das Berner Oberland tatsächlich einmal erreicht worden. Hierfür hatten wir das Schiff eigens vorbereitet. Auf unseren normalen Weitstreckenfahrten stiegen wir nur auf 1500, höchstens 2000 Meter. Die größte Höhe, die von einem Zeppelin jemals erreicht worden ist, betrug 7600 Meter. Es war dies die unfreiwillige Leistung eines der Kriegsluftschiffe (LZ 101/L 55), das durch ein verfolgendes Flugzeug so hoch gedrückt wurde. Die Kriegsluftschiffe waren ja in ihrer Konstruktion nicht so schwer wie die späteren Passagierluftschiffe und führten auch mehr abwerfbare Lasten in Form von Bomben mit sich.

Durch die Höhenlage wurde also das Luftschiff in seiner Leistungskraft begrenzt. In Meereshöhe konnte es die höchste Nutzlast aufnehmen. Frankfurt, das 300 Meter tiefer als Friedrichshafen liegt, erlaubte beim „Graf" eine um 3000 kg schwerere Ladung. In Montblanc-Höhe hätte er nur noch zwei Drittel der Nutzlast wie in Meereshöhe tragen können. Und ähnlich wie die Höhenlage beeinflußte auch die Temperatur die Leistungskraft des Schiffes. Bei höherer Temperatur dehnt sich die Luft aus und trägt weniger. Das bedeutet in der Praxis, daß das Luftschiff im Winter erheblich mehr Last als im Sommer tragen kann und daß es die Temperaturunterschiede einer Fahrt von Europa nach Südamerika nicht ohne besondere Maßnahmen verkraftet. Es erforderte höchstes Können und dauernde Beobachtung aller Naturverhältnisse, den Zeppelin in seiner insbesondere für die Landungen und Starts notwendigen Ausgewogenheit zu erhalten. Denn die Landung eines Luftschiffs ist dem Manöver eines Ozeandampfers vergleichbar, der ohne Schlepperhilfe bei Wind und womöglich noch unregelmäßigem Strom am Pier eines Flußhafens anlegen will. Hier müssen alle Bedingungen, wie Höhenlage, Temperatur und Windrichtung, wohl beachtet werden. Deshalb legte man die Landung möglichst in die Stunden vor Sonnenuntergang oder in die frühen Morgenstunden, weil dann die Turbulenz der Luft – die oft unberechenbar wirkt – am geringsten ist. Am Mittag ist sie durch die Einstrahlung der Sonne, die eine unterschiedliche Erwärmung des Bodens und der darüber lagernden Luft bewirkt, am stärksten.

Während der Fahrt erreichte man den Gewichtsausgleich bis zu einem gewissen Grad durch die Fahrtechnik. Um möglichst rentabel zu fahren, nutzten wir bei den Ozeanfahrten des „Grafen" den größtmöglichen Auftrieb aus, indem wir vom Startort Friedrichshafen mit prallen Traggaszellen aufstiegen. Da wir mittlere Gebirge überqueren mußten, hielten wir uns aus Sicherheitsgründen in einer Höhe von 1000 Metern über dem Meere. Wir konnten dann das Luftschiff ohne weiteres mit „6 t schwer", also 6 t schwerer als es die Hubkraft zuließ, fahren. So lag es, etwas hecklastig, recht gut auf dem Höhenruder. Die Schräglage war gering. Ein zu leichtes Schiff ließ sich viel schwerer in ruhiger Lage halten. Dieser dynamischen Aufnahme von Gewicht waren jedoch Grenzen gesetzt. Das erfuhren wir öfter bei starken Regenfällen.

Auf einer seiner ersten Fahrten in die Tropen fuhr der „Graf" einmal in dunkler Nacht in eine unverdächtig erscheinende Wolke hinein, aus der plötzlich erhebliche Regenmengen auf seinen Buckel prasselten. Das mußten bei seiner Oberfläche von 20 000 m² ohne Zweifel Tonnen von Wasser sein, die ihn dann mehr und mehr herabdrückten. Wir mußten, als das Schiff immer schwerer wurde, alle Maschinen mit voller Kraft laufen lassen, und kamen nur mühsam wieder hoch. Dabei hatte der Höhensteurer das letzte herzugeben. Im Unterschied zum Flugzeug bedient man ja im Luftschiff Höhensteuer und Seitenruder getrennt. Aus Sicherheitsgründen mußten wir eine Mindestentfernung von einer bis eineinhalb Schiffslängen von der Erdoberfläche einhalten. Dieses Maß konnten wir bei ruhiger Luftströmung, wie sie beim Passat häufig vorkam, auch einmal unterschreiten. Dann mußte der Höhensteurer allerdings genügend Erfahrung haben. Bei böigem Wetter hielten wir auch einen größeren Abstand.

Die Fahrthöhe richtete sich natürlich auch nach Stärke und Richtung des Windes. Wir versuchten stets, die günstigste Höhe aufzusuchen, sofern uns das Höhergehen nicht zuviel Gas kostete. Das war vor allem bei den Rückfahrten von Südamerika der Fall, wenn sich aus dem sogenannten „Norder" an der portugiesischen Küste ein starker Passat entwickelte. Dann erwartete uns auf den rund 3000 km von den Kapverdischen Inseln bis zum Kap Finisterre in Spanien ein strammer Gegenwind. Wir entgingen ihm aber, indem wir auf 1500 bis 2000 Meter kletterten. Denn wir wußten, daß der Passat in größerer Höhe nicht nur stark abnahm, sondern auch aus seiner Generalrichtung Nord zu Ost bis auf Ost zu Süd drehte. Wir bekamen dann in der Höhe Seitenwind, so daß unser Schiff fast Marschgeschwindigkeit erreichte. Eine gute Navigation war hierbei allerdings unerläßlich. Wir mußten in der Lage sein, unsere Abtrift durch den Seitenwind genau zu vermessen, denn in bewegter Luft fährt ein Luftschiff wie ein Segler auf dem Meer: Es muß meteorologisch navigieren und dabei den „wahren Kurs" und die „Geschwindigkeit über Grund", aus denen die eigentliche Geschwindigkeit in Richtung aufs Ziel resultiert, kennen.

Um die Geschwindigkeit über Grund zu messen, gab es eine einfache Methode. Man maß die Zeit, in der ein fester Gegenstand am Boden durch den Schatten des Luftschiffs hindurchlief. Allerdings mußten hierzu die Sonne oder der Mond scheinen. War das nicht der Fall, ging man in seinen Berechnungen von der durch ein „Log" (eine Luftschraube) gemessenen Eigengeschwindigkeit des Luftschiffs aus. Solange man Sicht auf den Boden hat, kann man die Abtrift, den Winkel zwischen dem wahren Kurs und dem Kompaßkurs, vermittels eines Abtriftmessers – einer Art Zielfernrohr mit einer Strichplatte – leicht ausmachen. Graf Zeppelin hatte sich hierüber schon Gedanken gemacht, Dr. Eckener dann 1922 ein einfaches Diagramm gefunden, um komplizierte Rechnungen zu vermeiden. Funkpeilungen ergaben selbst noch in den 30er Jahren Fehler. So war die Methode Eckeners unser sicherstes Navigationsmittel. Erst als wir den von der Schiffahrt übernommenen „Fluidkompaß" ausschieden und dafür den Anschützschen Kreiselkompaß einsetzten, konnten wir mit absoluter Präzision navigieren. Zwar erklärte sich Professor Anschütz, Kiel, erst nach langwierigen Verhandlungen bereit, seinen Kompaß im Luftschiff erproben zu lassen. Nach seiner Ansicht war dessen Winkelbeschleunigung zu groß. Auch müsse der Kompaß kippen, Befürchtungen, die sich als irrig erwiesen. Nicht einmal auf der Arktisfahrt hat der Kreisel Störungen gezeigt, obwohl wir doch in höchste Breiten gelangten. Wir haben mit dem Anschützschen Kreiselkompaß genaueste Ergebnisse erzielt. Wir verließen auf unseren Fahrten nach Südamerika zum Beispiel den „Fogo", einen 2800 m hohen Vulkan, als letzten festen Punkt auf den Kapverdischen Inseln und erreichten nach einer 3200 km langen Fahrt die Insel „Fernando Noronha" vor der brasilianischen Küste stets nach unseren Navigationsergebnissen. Dabei ging es über dem Ozean quer durch die Kalmenzone hindurch, die häufige Kursänderungen zur Vermeidung von Gewittern nötig machte.

Es ist die Hauptschwierigkeit des Luftschiffprinzips, über alle unterschiedlichen Fahrtbedingungen hinweg die Hubkraft des Fahrzeugs zu erhalten. Wir starteten zu unseren großen Fahrten mit einem möglichst geringen Ballast und möglichst prall, weil wir eine möglichst große Nutzlast befördern wollten. Dann suchten wir uns die Fahrtroute aus, die uns die geringste Belastung abverlangte. Denn es waren ja nicht nur die Bedingungen der Natur, die der Erhaltung des ausgewogenen Zustands entgegenstanden. Die Sorge des Luftschiffers gilt dem Verlust von Traggas, der einmal durch Höhersteigen entsteht. Andererseits muß er dem dauernden Leichterwerden des Schiffs durch den Brennstoffverbrauch sein Augenmerk schenken, da es ja ebenfalls Abblasen von Traggas erfordert. Um dies zu vermeiden, führte der „Graf Zeppelin" einen Vorrat von rund 14000 m^3 Brenngas neben dem flüssigen Brennstoff mit sich, das man in besonderen Zellen unterhalb der Traggaszellen im mittleren Teil des Schiffes aufbewahrte. Wenn man dieses Brenngas fuhr, wurde der Gewichtszustand des Schiffes lediglich um die geringe Differenz zum Gewicht der Luft verändert. Auch glichen wir den Gewichtsverlust während der Fahrt laufend aus. Eine Methode hatte schon Graf Zeppelin angeregt, nämlich Regenwasser aufzufangen. Da sich dies aber nur dann, wenn es regnete, verwirklichen ließ, gingen wir dazu über, auch den Wasserdampf der Auspuffgase zu kondensieren. Das in den Wasch- und Spülräumen benutzte Wasser wurde sowieso in besonderen Schmutzwassertanks aufbewahrt. Nichts an Gewicht durfte unkontrolliert verlorengehen. Jeder Liter Wasser kostete 1 m^3 Wasserstoff!

Von der Erhaltung der Hubkraft während des Fahrens hing der Nutzwert der Luftschiffe weitgehend ab. Er war aber von vornherein an das Fassungsvermögen, also an die Schiffsgröße, gebunden. Schon Graf Zeppelin hatte große Schiffe verlangt, damit sie große Aufgaben erfüllen könnten. Das Luftschiff, mit dem er seine ersten großen Fahrten unternahm und das dann bei Echterdingen strandete, besaß ein Fassungsvermögen von 15000 m^3 Traggas. Damit konnte es eine Nutzlast von 4600 kg bis zu einer Maximalhöhe von 1000 m befördern. Das für das Afrikaunternehmen vorgesehene Kriegsschiff LZ 104 (L 59) wurde für eine Reichweite von 16 000 km und eine Steigfähigkeit bis

6 600 m gebaut und sollte bei 68 000 m³ Gasraum eine Nutzlast von 5200 kg transportieren. Der „Graf Zeppelin“ beförderte mit seinem nicht einmal doppelt so großen Fassungsvermögen von 105 000 m³ mit 30 000 kg die sechsfache Nutzlast. Allerdings betrug seine Reichweite nur 12 000 km und seine Steigfähigkeit nur 2 000 m. Der „Hindenburg“ schließlich trug bei einem Gasfassungsvermögen von 190 000 m³ die doppelte Nutzlast wie der „Graf Zeppelin“ und hatte wie das Afrikaluftschiff einen Aktionsradius von 16 000 km.

Die Luftschiffe mußten also immer größer gebaut werden, wenn man eine höhere Leistung an Nutzlast und Reichweite erreichen wollte. Ihre Länge stieg in der Reihenfolge Echterdingenschiff, Afrikaschiff, „Graf Zeppelin“ und „Hindenburg“ von 136 m auf 226 m und von 236 m auf 245 m. Die größten Durchmesser stiegen von 13 m auf 23 m und von 30 m auf 42 m. Da das unbrennbare Helium eine um 9 Prozent geringere Hubkraft als Wasserstoff hat, müßten also mit Helium fahrende Schiffe für entsprechende Nutzwerte noch um rund 10 Prozent größer werden. Die Größe der Luftschiffe findet aber nicht nur an den zunehmenden Eigengewichten vor allem der Gerippe ihre Grenze, sondern auch an der Rentabilität der zugehörigen Anlagen, vor allem der Hallen. Eine Geschwindigkeitsvermehrung ist nicht im gleichen Maße möglich, denn der Luftwiderstand steigt im Quadrat der Geschwindigkeit und verlangt deshalb bei höheren Geschwindigkeiten eine unverhältnismäßige Erhöhung der Motorkräfte. Die beiden Daimlermotoren mit ihren je 105 PS, also insgesamt 210 PS Leistung, verliehen dem Echterdingenschiff eine Geschwindigkeit von 13,5 Meter in der Sekunde. Fünf Maybachmotoren gaben dem Afrikaschiff mit insgesamt 1 200 PS Leistung 28 m/s, 5 Maybachmotoren mit insgesamt 2 650 PS dem „Graf Zeppelin“ 30,6 m/s Geschwindigkeit. Der „Hindenburg“ schließlich erreichte mit 4 Daimler-Dieselmotoren und insgesamt 4 200 PS die Geschwindigkeit von 36,4 m/s. Das war im Verhältnis zum Echterdingenschiff bei einer um das Zwanzigfache höheren Motorleistung noch nicht einmal die dreifache Geschwindigkeit. Und der „Hindenburg“ verkörperte, was Nutzwert sowie Weiten- und Höhenleistung und Geschwindigkeit eines Luftschiffs anbetrifft, bei den gegebenen technischen Möglichkeiten ohne Zweifel nahezu eine Höchstleistung.

Werden wieder Luftschiffe fahren?

Wie steht es heute mit der Wiederaufnahme des Zeppelinbaues? Bedeuten die immer wieder aufflammenden Diskussionen in aller Welt eine Bejahung dieser Frage? Haben den Sowjets und Amerikanern nachgesagte Pläne Aussicht auf Verwirklichung? Haben sie sachlich und technisch noch eine Berechtigung? Was können wir vom Standpunkt des Luftfahrprinzips hierzu sagen?

Wir gingen davon aus, daß sich das Luftschiff nicht wie das Flugzeug nur dynamisch fortbewegt. Es kann schweben. Dieses Vermögen, statisch in der Luft zu verharren, hat es dem sonst allmächtigen Flugzeug voraus. Es könnte also unter Umständen noch heute dort ein geeignetes Instrument abgeben, wo sich eine spezielle und den Kosten entsprechend wichtige Aufgabe fände. Selbst wo das aber zutrifft, wenn man etwa kostbarstes und empfindlichstes technisches Gerät mit dem Luftschiff in unwegsame Gebiete der Erde befördern will, ist diese Aufgabe nicht so ohne weiteres durchzuführen. Auch das Luftschiff kann nicht einfach im Urwald landen. Es bedarf eines kostspieligen und umfangreichen Landeapparates, einer ausgebildeten, vielköpfigen Bodenmannschaft sowie der bergenden, versorgenden Halle und einer Fülle von technischen Hilfsmitteln. Das Be- und Entladen eines Zeppelins mit schweren Lasten ist unmöglich ohne zumindest einen Ankermast. Da sich das Schiff an dieser Befestigung ja stets mit dem Winde dreht, macht dieser eine komplizierte, leicht bewegliche, vielleicht auf Schienen verlegte Be- und Entladeanlage nötig. Das sicherste Mittel zum Be- und Entladen ist aber die Halle. Das Luftschiff braucht, wenn es rentabel arbeiten soll, einen weiten Aufgabenbereich. Es kann wohl nie auf den Bereich des normalen Verkehrs und seiner Infrastruktur ganz verzichten.

Wo aber gibt es hier noch eine Aufgabe, die nur das Luftschiff erfüllen könnte, denn nur dann hätte das kostspielige Instrument ja seine Berechtigung. Das, worin ihm das Flugzeug heute so ungeheuer überlegen ist, sind die mit diesem zu erreichenden Geschwindigkeiten. Wenn heute Düsenflugzeuge mit weit über 1 000 km/h die Kontinente in großen Höhen überwinden, so mutet die vom Zeppelin erreichbare Geschwindigkeit relativ bescheiden an. Auch bleibt das

Luftschiff wegen seiner begrenzten Steigfähigkeit ein Verkehrsmittel der Weltmeere.

Große Passagierschiffe durchpflügen die Weltmeere mit einer Geschwindigkeit von rund 60 Kilometern in der Stunde. Die Riesenflugzeuge jagen darüber hinweg und können keine besondere Bequemlichkeit des Reisens bieten. Und sie brauchen das bei ihren relativ kurzen Fahrzeiten auch nicht unbedingt. Aber könnte nicht das Luftschiff bei einer mittleren Geschwindigkeit von 130 bis 150 km in der Stunde eine merkliche Lücke zwischen Seeschiff und Flugzeug füllen? Fände sich nicht der Kaufmann, Ingenieur und Ferienreisende, der um des Erlebnisses einer Luftschiffahrt willen die im Vergleich zum Flugzeug geringere Geschwindigkeit in Kauf nähme, wenn er dabei die Bequemlichkeit einer Schiffsreise genießt?

Diese beiden Möglichkeiten also – empfindliche Lasten zu transportieren und die Weiten der Ozeane in angenehmer Höhe mit mittlerer Geschwindigkeit zu überfahren, sind es, die den technischen Bedingungen des Luftschiffs entsprechen und sich ihm heute noch anbieten. Genügen sie aber, ein so teures Unternehmen wiederaufzubauen? Und sind sie wirklich nur mit dem Luftschiff zu erfüllen? Selbst wenn das so wäre, stellen sich der Verwirklichung noch genug Schwierigkeiten entgegen, von denen hier nur einige angedeutet seien.

Die erste Schwierigkeit betrifft die Beschaffung des noch immer sehr kostbaren Heliums. Daß ein neuerlicher Luftschiffverkehr nur mit Helium als Traggas in Frage kommt, gilt nach der Katastrophe von Lakehurst als ausgemachte Sache. Dieses seltene Gas ist in genügendem Maße nur aus den USA zu beziehen. Ein Heliumtransport nach Deutschland verursacht erhebliche Kosten. Die Füllung eines 200 000 m³ fassenden Luftschiffs würde 5 Millionen DM kosten.* Jede Fahrt verbraucht auch bei bester Navigation einen gewissen Prozentsatz dieses Edelgases. Eckener hielt eine völlige Umstellung der Fahrtechnik für nötig. Wir haben schon in den dreißiger Jahren Versuche gemacht, das Traggas vor allem für den Start anzuwärmen. Hierdurch ersparten wir uns das Abblasen, da sich das Gas beim Steigen abkühlte und zusammenzog. Und das Abblasen von Helium müßte ja auf jeden Fall vermieden werden. Ein Höhergehen über die Prallhöhe von nur 100 Metern würde 50 000 DM Kosten machen. Aber Eckener hatte auch schon den unvermeidbaren Verlust an Helium für eine Fahrt nach Südamerika mit 8000 bis 10 000 m³ berechnet. Und die zweimal im Jahr notwendigen Reinigungen des Gases kosteten wieder 8 bis 10 %. So sehr man auch bei der Umstellung der Fahrtechnik an Helium sparen würde, der Fahrbetrieb wäre heute bei weitem noch nicht wirtschaftlich. Erst eine rapide Senkung des Heliumpreises durch billigere Gewinnungsverfahren könnte weiterführen. Da andererseits die Heliumvorräte auf der Welt sehr begrenzt sind, scheint auch hier eine natürliche Schranke für den Luftschiffbau zu bestehen.

Recht schwierig würde auch eine Erhöhung der Fahrgeschwindigkeit der Luftschiffe sein. 150 km in der Stunde war von unserem Aerodynamiker im LZ, Dipl.-Ing. Schirmer, als Höchstgeschwindigkeit und Grenze der Rentabilität für ein 200 000 m³-Schiff errechnet worden. Diese Geschwindigkeit hielt Dr. Eckener für genügend, um gegen alle Unbilden der Natur gerüstet zu sein. Heute liest man von Projekten, die bis zu 400 km/h erreichen sollen. Diese Steigerung der Geschwindigkeit ist nur durch eine wesentliche Erhöhung des PS-Antriebs möglich, denn der Luftwiderstand steigt, wie schon gesagt, im Quadrat der Geschwindigkeit. Ein Düsenantrieb würde erst bei Geschwindigkeiten nahe der Schallgrenze rentabel werden und ist deshalb für Luftschiffe völlig ungeeignet. Eine Erhöhung des PS-Antriebs bedeutet aber einen unverhältnismäßig höheren Brennstoffverbrauch, also eine erhebliche Zunahme der nichtzahlenden Lasten. Höhere Geschwindigkeiten verlangen auch eine unverhältnismäßig vermehrte Verstärkung des Luftschiffgerippes. Ein für Düsengeschwindigkeiten projektiertes Luftschiff würde in seinem Leergewicht zum Beispiel so schwer, daß es keinen eigenen Auftrieb mehr hätte. Auch die Möglichkeit, beim Steigen das Abblasen von Gas zu verhindern, indem man die Ventile auf höheren Druck einstellt, erfordert eine Verstärkung des Gerippes, führt also im Endeffekt wieder zu einer Belastung.

Und ebenso müßte man mit den Besatzungen einen ganz neuen Anfang machen. Die ehemaligen Besatzungsleute sind wie die Männer der Werft nicht mehr am Leben oder hochbetagt. So wie der Fahrbetrieb aber neue Mannschaften braucht, so könnte sich ein neuerlicher Luftschiffbau auch nicht mehr auf die früheren Organisationsbasen stützen. Der LZ Friedrichshafen verlor im Krieg seine Werft. Das frühere Flughafengelände wurde mit neuen Industrien überbaut.

* Anmerkung des Herausgebers: Die Werte sind unverändert aus der Erstausgabe dieses Buches von 1966 übernommen. Im Jahre 1986 betrug der Preis für 1 m³ Helium ca. DM 18,–. Das Gas allein für ein 200 000 m³ fassendes Luftschiff würde also schon 3,6 Millionen DM kosten. Hinzu kämen die hohen Aufwendungen für den Transport zu den Luftschiffhäfen.

Man kann aber die Starts und Landungen von Luftschiffen wegen des starken Flugzeugverkehrs nicht auf den üblichen Flughäfen durchführen. Ein neuer Anfang erfordert also ganz neue Anlagen.Und es steht doch wohl fest, daß der Zeppelinbau wie in der Vergangenheit auch in der Zukunft kein rentables Geschäft werden würde. Der Flugzeugbau ist Massenerzeugung in Serienfertigung. Der Bau von Luftschiffen blieb immer mehr oder weniger Einzelarbeit. Und ob der Staat, der aus Prestigegründen den Flugverkehr stützte, noch einmal bereit wäre, für den Luftschiffbau Mittel bereitzustellen, erscheint zu Recht sehr fraglich. Ob sich ein Reeder fände, der den nur in den großen Weltstrecken bei genügender Auslastung wirtschaftlichen Zeppelindienst übernimmt, wäre nicht minder ungewiß. Es setzte voraus, was noch immer bedroht ist: internationale Zusammenarbeit und Frieden. Der Zeppelin ist seinem Wesen nach ein Friedensinstrument. So mag wohl gelten, was Eckener über die Zukunft des Luftschiffbaues schrieb:

„... Wenn einmal ein tatsächlicher Friede auf der Welt herrscht und der Wohlstand der Völker gestiegen ist, könnte man vielleicht den ‚silbernen Fisch am Himmel' wieder erscheinen sehen."

Eckener erfüllte das Vermächtnis Graf Zeppelins

Noch eines würde zweifellos beim Unternehmen eines neuen Luftschiffbaues sehr erschwerend ins Gewicht fallen: Eckener lebt nicht mehr. Natürlich waren die Erfolge des deutschen Luftschiffverkehrs nicht nur sein Verdienst. Sie waren das Ergebnis der Anstrengungen einer ganzen Reihe von ausgezeichneten Männern der Theorie und Praxis und das Werk einer treuen Stammannschaft im Luftschiffbau Zeppelin. Wenn auch der Chronist viele Namen nennen müßte, um alle Verdienste zu würdigen, so sei es doch erlaubt, Eckeners Verdienst besonders hervorzuheben. Über 25 Jahre lang durfte ich Eckener in seinem Kampf um die Durchsetzung der Luftschiffidee zur Seite stehen und ihn in Situationen erleben, in denen jede menschliche Äußerlichkeit abfiel und nur noch der Könner als Luftschiffführer Bestand hatte. Deshalb glaube ich, mir ein Urteil über diese überragende Persönlichkeit der deutschen Luftfahrt erlauben zu können.

Hugo Eckener (1868–1954), ab 1924 Vorsitzender des Zeppelin-Konzerns

Eckener hat jede Phase der Entwicklung entscheidend beeinflußt. Dabei war er recht zufällig, so könnte man meinen, mit dem Werk Zeppelins in Berührung gekommen. Er wurde 1868 in Flensburg geboren und wuchs an der Wasserkante auf. Von klein auf liebte er es, auf der Förde zu segeln. Seine Mutter stammte aus einer Schifferfamilie. Segeln verlangt Wetterverständnis und seemännisches Können, ein schnelles Erfassen kritischer Situationen und ein gutes Gefühl für das Schiff. Alle diese Eigenschaften hatte Eckener in hohem Maße. Dazu besaß er das Verantwortungsbewußtsein und das Bildungsbedürfnis, das die Führerpersönlichkeit ausmacht.

Vielseitig begabt interessierte er sich für Kunst, Musik und Literatur. Nach einem Studium an mehreren Universitäten promovierte er in Leipzig bei Professor Wundt mit dem Thema „Aufmerksamkeitsschwankungen". Daneben interessierte ihn auch Volkswirtschaft. So schrieb er als Abschluß eine Broschüre „Kapital- oder Arbeitermangel", die nach seinem Militärdienst herauskam. Eckener beabsichtigte, in München die Dozentenlaufbahn einzuschlagen. Er zog nach Friedrichshafen – einem, wie er meinte, ruhigen Ort, wo man auch segeln könne –, um seine Habilitationsarbeit zu schreiben. Da er mehrere, in einem klassisch guten Deutsch geschriebene Zeitungsartikel verfaßt hatte, stand er – als Liberaler – mit der Frankfurter Zeitung in Verbindung. Als Graf Zeppelin seine Erstflüge mit dem Luftschiff machte, bat ihn das Blatt um Berichterstattung. Beim ersten Aufstieg von LZ 1 im Juli 1900 war er nicht anwesend. Er verbrachte gerade seinen Urlaub segelnderweise in der Heimat. Von den beiden nächsten Fahrten im Oktober aber hat er berichtet, „in einem etwas kühlen und kritischen Ton", wie er selbst sagt. Auch von der Strandung des LZ 2 bei Kißlegg berichtete er als kritischer Beobachter. Bald nach dem Erscheinen dieses Artikels suchte ihn Graf Zeppelin in seiner Wohnung auf. Hier kam es zu der Aussprache, die ihn – wie man trotz seines Widerspruchs gern sagte – von einem Saulus zu einem Paulus machte. Von diesem Augenblick an ergriff er mit seiner geschliffenen Feder und mit Rat und Tat die Partei des Grafen, wobei er so eindeutig Stellung bezog, daß er sich nach seinen eigenen Worten verpflichtet fühlte, seine Ansichten auch mit dem Steuerrad zu beweisen. Hierzu erhielt er nach der Havarie des Delagschiffes „Deutschland I" Gelegenheit, die er und Direktor Colsman an Bord miterlebten. Als ihn dieser fragte, während sie über Notleitern das in den Bäumen des Teutoburger Waldes gestrandete Luftschiff verließen, ob er sich nicht getraue, es zu führen, da sagte er zu. So wurde Eckener Luftschiffführer, und auf seinen Rat wurden im Luftschiffbau zwei ehemalige Obersteuerleute der Kaiserlichen Marine als Steuerleute des Luftschiffs angestellt. Es waren dies Bernhard Lau und Georg Hacker. Von letzterem stammt das bekannte Buch „Die Männer von Manzell".

Eckener hat 1919 als Neuauflage eine Bedienungsvorschrift für Luftschiffe der Delag erlassen. In ihr schrieb er über die Kunst der Fahrtechnik. Selbst seit 10 Jahren als Fahrtenleiter tätig, wußte er, welche Verantwortung der Führer eines Zeppelins zu tragen hat. Heute gibt es ausreichende Wetterdienste. Damals mußte jeder Luftschiffführer selbst Meteorologe sein. Nach den funktelegraphisch von den verschiedenen Wetterstationen übermittelten Einzelmeldungen wurden an Bord die Wetterkarten gezeichnet. Die Konsequenzen für den einzuschlagenden Kurs trug der Führer des Schiffes. Über dessen Eignung führte Dr. Eckener eine strenge Kontrolle. Auch wenn er die Führung eines Luftschiffs ganz abgegeben hatte, verlangte er vom jeweiligen Kapitän nach der Rückkehr von einer Fernfahrt genaue Aufschlüsse. Mit dem Logbuch und den Wetterkarten wurde die Fahrt in allen Einzelheiten durchgesprochen. Eckener kargte dann nicht mit Lob, aber auch nicht mit Tadel, wenn eine Wettersituation nicht richtig verstanden worden war. Er war sich seines Urteils absolut sicher. Ich erinnere mich, daß er mich auf eine etwas zweifelhafte Kurswendung einmal mit den Worten hinwies: „Sie haben Glück gehabt, es hätte mit 50 % Wahrscheinlichkeit auch anders kommen können!"

Eckener war offen und gerade, dabei in den großen Dingen der Politik und der Völkerverständigung ein Meister der Diplomatie. Seine Ansprachen zu den Empfängen und Veranstaltungen anläßlich unserer Zeppelinbesuche in aller Welt waren Meisterstücke der Völkerpsychologie. Er wußte die feinsten Nuancen in der Seelenverfassung ganz unterschiedlicher Völker zu treffen. Auf ein und derselben Weltfahrt hatten seine Worte in Tokio und New York Begeisterungsstürme erregt. In den Anforderungen der Arbeitstage war er von großer Strenge. Uns Untergebene hielt er kurz am Zügel. Wenn man manchmal hört, Eckener sei grob gewesen, so muß allerdings gesagt werden, daß es ein Glück für uns alle war, wenn er scharf durchgriff. Er, der als Luftschiffführer mit größter Ruhe die schwierigsten Situationen meisterte, hatte bewiesen, daß er seine Materie beherrschte. Als Lehrmeister verstand er es gut, sein Wissen weiterzugeben. Jeder Luftschiffführer-Anwärter mußte von der Pike auf lernen. Ob nun der Neuling als Diplomingenieur oder mit dem Kapitänspatent der Seefahrt zu uns kam, bei Eckener mußte er mit dem geringsten Dienst auf dem Schiff anfangen. Hierdurch lernte man es von Grund auf kennen, ehe man zum Steuerer, Höhensteuerer und Navigator sowie je nach Eignung schneller oder langsamer zum Wachkapitän eines Schiffes aufstieg. Ganz besonderen Wert legte Eckener auf die Beherrschung des Höhensteuers. Diese Stellung hielt er neben der Führung eines Zeppelins für die verantwortungsvollste an Bord. Bei guter Vorbildung, schrieb Eckener, habe der Kandidat für das Führungszeugnis eines Luftschiffs mit einer vierjährigen Ausbildung zu rechnen. Wenn es bei uns ein Geheimnis in der Kunst der Luftschiffahrt gab, so war es sicher dieses, daß wir die Schiffsbesatzung gründlichst ausbildeten und das Schiff stets unter peinlicher Kontrolle hielten, so daß jede kleinste Störung sofort nach ihrer Feststellung beseitigt werden konnte.

Natürlich wurden die Besatzungen unserer Schiffe sehr streng ausgewählt. Bewerber gab es genug. Wer sich aber nicht von vornherein anpaßte, mußte wieder ausscheiden. Was übrig blieb, war eine Elitemannschaft. Auf jeden einzelnen konnte man sich in allen Situationen verlassen. Die Älteren, die zum Teil länger als 20 Jahre auf Zeppelinen fuhren, gaben ihre reichen Erfahrungen an Jüngere weiter. Ob in der Führergondel oder an den Motoren, überall saßen Meister im Können. Ich möchte bezweifeln, daß man dies hohe

Maß an Fahrkunst und guter Bedienung wieder erreichen kann. Dazu fehlt ein Dr. Hugo Eckener!

Wenn Eckener in der Führergondel stand, fühlten sich alle im Luftschiff geborgen, Passagiere und Mannschaften. Jedem Besatzungsmitglied gab er die Möglichkeit, die nächsten Angehörigen auf einer Fahrt mitzunehmen. Auch die Arbeiter und Ingenieure des Luftschiffbaues waren häufig als Gäste an Bord. Wie Eckener war, in seiner Strenge, aber auch Gerechtigkeit, möge ein Vorfall zeigen, der sich bei einer Rückkehr des „Graf Zeppelin" aus Südamerika ereignete. Die Fahrt hatte unter seiner Führung stattgefunden. Nach der Landung gab er mir den Auftrag, das Luftschiff in die Halle einzubringen, während er sich selber in die Führergondel zum Studium der eben übergebenen eiligen Post zurückzog. Diese Post war wenig erfreulicher Natur. Der Zeppelinbetrieb mit nur einem Schiff konnte ja nur mit erheblichen Zuschüssen des Reiches aufrechterhalten werden. Berlin gab aber stets nur zögernd Geld, und in jenen Tagen schien es soweit zu sein, daß die Einhaltung des schon vor Monaten veröffentlichten Fahrplans unserer Reisen in Gefahr kam. Dr. Eckener las eben einen Brief aus Berlin, der wiederum Sorgen bereitete, als mir das Einfahren in die Halle ebenfalls Schwierigkeiten machte. Man kann sich also seine Stimmung vorstellen.

Vom Platz aus sah ich nämlich eine kleine, aber heftige Gewitterbö von Westen herankommen, die ein Umspringen des Windes erwarten ließ. Das Luftschiff mußte um 180 Grad gedreht werden. Das war aber auf dem nur 450 Meter breiten Platz nicht möglich. Wir mußten es seitlich verholen, dann drehen und konnten das Manöver gerade ausführen und das Schiff glücklich in die Halle bringen, als die Bö einsetzte. Das ging bei der Dringlichkeit der Maßnahmen allerdings nicht wie sonst üblich ohne laute Kommandos ab. Ja, ich mußte sogar für meine Anweisungen das Megaphon benutzen, obwohl ich wußte, wie wenig Eckener Lärm schätzte. Als ich dann in der Halle nach vorn ging, um meine Sachen aus der Kabine zu holen, bemerkte ich den strengen Blick, mit dem er aus dem Fenster der vorderen Gondel nach achtern sah. Ich stieg also mittschiffs an einer angelegten Leiter ins Schiff. Als ich aber im Verwaltungsgebäude Karten abliefern wollte, mußte ich an Dr. Eckeners Büro vorübergehen. Ich sah ihn hinter der offenen Tür mit schnellen Schritten hin und her gehen. Er rief mich herein und verpaßte mir wegen meines schnellen und lauten Manövers von vorhin einen argen Rüffel. Vergeblich versuchte ich einzuwenden, daß er die Ursache meiner Maßnahmen, die Bö, ja nicht habe sehen können. Es nutzte mir nichts, ich erhielt meine zweite Zigarre. Doch am nächsten Morgen rief mich Dr. Eckener schon sehr früh in meinem Büro an und bat mich, zu ihm zu kommen. Ich machte mich auf Zigarre Nr. 3 gefaßt und war erstaunt, als er mich freundlich zum Platznehmen aufforderte und bat, sein gestriges Verhalten zu entschuldigen. Ihm seien infolge der ungünstigen Nachrichten aus Berlin die Nerven durchgegangen. Bis heute ist mir das Verhalten unseres „Alten", wie wir Dr. Eckener nannten, als eine Mahnung für mein ganzes Leben in Erinnerung geblieben.

Was blieb vom Werk des Luftschiffbaues?

Wenn wir rückblickend die Ära der deutschen Zeppeline überschauen, drängt sich trotz des Intermezzos ihres Einsatzes im Ersten Weltkrieg ein eindeutiges Bild ihres Wirkens auf: Sie waren Wegbereiter des Weltluftverkehrs. Der Luftschiffbau Zeppelin war Pionier einer auf vielen Gebieten weltbedeutsamen technischen Entwicklung. Das Bleibende und noch Fortwirkende sind die Nachfolgeindustrien.

Wer heute in die Industriestadt Friedrichshafen mit rund 55 000 Einwohnern kommt, kann sich das ehemalige Bodenseestädtchen von nicht einmal 5 000 Seelen kaum mehr vorstellen, das um die Jahrhundertwende bei Beginn des Wirkens Graf Zeppelins die stille Sommerresidenz der württembergischen Könige war. Und wer eines der Industriewerke aufsucht, die nach den Zerstörungen des Zweiten Weltkriegs wiedererstanden, wird es nicht glauben, daß hier der Ursprung des Luftschiffbaus lag. Gewiß hat jede industrielle Gründung ihren Schöpfer. Aber daß das Wachstum einer ganzen Stadt und so bedeutsamer Industriewerke von e i n e r großen Bemühung abhing, ist selten so deutlich wie am Werk Zeppelins aufzuzeigen. Es waren starke Charaktere, voller Tatkraft und Eigenwillen, die Graf Zeppelin an sich zog und in de-

Von links nach rechts:

Alfred Colsman (1873–1955),
von 1908 bis 1938 Geschäftsführer der Luftschiffbau-Zeppelin GmbH.

Karl Maybach (1879–1960),
Konstrukteur der meisten in Zeppelin-Luftschiffen verwendeten Motoren.

Claude Dornier (1884–1969),
seit 1910 beim Luftschiffbau-Zeppelin, ab 1914 Direktor der Dornier-Metallbauten.

Karl Alfred Graf Soden-Fraunhofen (1876–1944),
ab 1910 Leiter der Versuchsabteilung der Luftschiffbau-Zeppelin GmbH, seit 1915 Direktor der Zahnradfabrik Friedrichshafen.

ren Wahl er einen untrüglichen Blick für die menschliche und fachliche Qualität bewies. Jedem dieser Männer gab er die Möglichketi einer freien Entfaltung seiner Persönlichkeit.

Das galt zunächst für Alfred Colsman, den Generaldirektor des LZ. Unter seiner Regie wurden die Industrien des Zeppelinkonzerns gegründet. Hierbei ging er recht selbständig vor. Wirtschaftliche Rentabilität war ihm als Grundsatz für Industrieunternehmungen selbstverständlich. Da er wußte, daß der Luftschiffbau eine Wirtschaftlichkeit seiner Industrien nicht verbürgen konnte, war er immer um eine Verbreiterung der Produktion bemüht. Lange Jahre mußte er vor allem den Maybach-Motorenbau und die Zahnradfabrik Friedrichshafen unterstützen, ehe ihm eine dauerhafte Sanierung gelang. Wohl respektierte er den Grundsatz des Grafen, der gesagt hatte: „Ich habe kein Geschäft, sondern eine Aufgabe.“ Colsmann sorgte dafür, daß die Erfüllung dieser Aufgabe durch rentable Unternehmungen gesichert blieb. Man hat ihm manchmal die Fülle seiner Gründungen vorgeworfen. Man sprach von einem „Gründungsfimmel“. Die Wahrheit ist, daß fast alle seine Gründungen eine erstaunliche Lebenskraft bewiesen, so daß ihnen auch der zweimalige Zusammenbruch nach den Kriegen wenig anhatte.

So darf man gewiß sagen, daß Kommerzienrat Colsman ein Unternehmer großen Formats war. Aber man sollte auch nicht verkennen, daß ihm die großen unternehmerischen Möglichkeiten, deren er bedurfte, der Luftschiffbau bot. Daß er ausschied, war eine logische Folge seiner Einstellung zum Betrieb von Luftschiffen. Er bejahte ihn nur bei voller Wirtschaftlichkeit. Hierdurch geriet er in Konflikt mit Dr. Eckener, der den möglichen Weg auch unter großen Risiken gehen wollte. Die Entscheidung zwischen den beiden führenden Männern im LZ fiel bei der Frage der Überführung des „ZR III“ nach den USA. Colsman lehnte das Risiko ab, bei dem nicht weniger als die Existenz des Konzerns aufs Spiel gesetzt wurde. Dr. Eckener wagte den Einsatz und gewann. Aus dieser Niederlage zog Generaldirektor Colsman später die Konsequenz, indem er die Leitung des LZ niederlegte und das Feld Dr. Eckener überließ. Seine Industriegründungen waren genügend erstarkt, um nun selbständig weiterzugedeihen.

An der Spitze jedes dieser Unternehmen stand eine ausgesprochen schöpferische Persönlichkeit. Seit Karl Maybach dem Grafen Zeppelin für das zweite Luftschiff seinen neuen sechszylindrigen Motor angeboten

hatte, waren Neuentwicklung auf Neuentwicklung aus seiner Hand gekommen: der erste Höhenflugmotor, der brandsichere Vergaser, die immer leistungsstärkeren Motoren, die Dieselmotoren für Bahn und Schiff. Auch der katastrophale Einschnitt nach dem Zusammenbruch des Zweiten Weltkriegs hat die Entwicklung des Maybach-Motorenbaues nicht auf die Dauer lähmen können. Noch unter seinem Nestor Karl Maybach erfolgte der Wiederaufstieg des Unternehmens, das heute im Rahmen der Motoren- und Turbinen-Union (MTU) aktiv ist.

Auch die Dornier-Werke konnten sich – trotz einschneidender Produktionsverbote nach beiden Weltkriegen – wieder emporarbeiten. In der Nähe Friedrichshafens befinden sich der Sitz des Unternehmens sowie die Entwicklungsabteilung, während die Fertigung in Münchener Werken liegt. Wer könnte je die Dornier-Schöpfungen der 20er und 30er Jahre vergessen: den Dornier-Wal, der wegen Bauverbots auf deutschem Boden in Marina di Pisa gebaut werden mußte, den Komet und den Merkur, die weltberühmte Do-X. Es waren Pioniertaten, welche die Flugzeugkonstruktionen Dorniers damals vollbrachten. Und immer mehr Weltrekorde zeichneten sie aus. Auch heute wieder genießen die Produkte der Firma Dornier Weltruf.

Wie ein Phönix aus der Asche hat sich die Zahnradfabrik Friedrichshafen nach der Zerstörung im Kriege wieder erhoben. Trotz aller Schwierigkeiten der Nachkriegsepoche erleben sowohl Stammwerk wie Zweig- und Tochterbetriebe eine neue Blütezeit. Was Graf Soden in kluger Voraussicht nach dem Ersten Weltkrieg begonnen hatte, das wurde in ständiger Weiterentwicklung ausgebaut. Unvergessen werden die Errungenschaften an Geräuschlosigkeit und Leichtschaltbarkeit der Automobilgetriebe sein. Längst hat die Zahnradfabrik mit ihren Qualitätserzeugnissen den ersten Platz auf dem europäischen Markt errungen. Dies gilt für den Stammbetrieb mit seiner Produktion von Fahrzeuggetrieben aller Art wie für alle Zweigbetriebe. Solche Leistungen sind nicht nur die Sache bloßer Restauration. Den Erfordernissen der Gegenwart, des technischen Fortschritts und der Zukunft zu dienen, ohne das Fundament zu gefährden, war der Grundsatz der Entwicklung und des Wiederaufbaues. Nur so konnte es geschehen, daß gerade diese jüngste und lange Zeit sorgenvollste Industriegründung des Luftschiffbau Zeppelin in Friedrichshafen die stärkste Wirtschaftskraft aller Nachfolgebetriebe errang und zur tragenden Säule der heute gemeinnützigen Zwecken dienenden Zeppelin-Stiftung wurde.

Das sind die metallverarbeitenden und ehemals zum Konzern gehörenden Nachfolgebetriebe des Luftschiffbaues, die sich aus der Gebundenheit des Konzernrahmens lösten und eine immer größere wirtschaftliche Bedeutung gewannen. Die Luftschiffbau-Zeppelin GmbH selber, die am schwersten von den Produktionseinschränkungen und Veränderungen nach Kriegsende betroffen wurde, besteht noch als reine Verwaltungsgesellschaft. Sie konnte am spätesten zu einer wirksamen Neugründung kommen. Erst als zwei behelfsmäßige Nachfolgebetriebe in die Zeppelin-Metallwerke GmbH übergingen, rechtfertigte sich die Bezeichnung „Traditionsbetrieb". Hier wollte man also die Erfahrungen in der Leichtmetallverarbeitung nützen, indem man das Produktionsprogramm erweiterte. Spezialbehälter vorwiegend für die chemische Industrie mit zum Teil gigantischen Ausmaßen, Radaranlagen, Richtfunkantennen und Fahrzeugaufbauten werden heute u. a. gefertigt. Auch dieser unmittelbare Nachfolgebetrieb des Luftschiffbaues erlangte inzwischen längst die Bedeutung eines wirtschaftlichen Großunternehmens.

Wenn wir also die Frage stellen, was vom Luftschiffbau, vom Werk des Grafen Zeppelin geblieben ist, dann darf man antworten: Der uralte Traum der Menschheit zu fliegen, wurde zuerst durch das Luftschiff verwirklicht.

Der Luftschiffbau hat nicht nur die Grundlage der gesamten Luftfahrt in der Aerodynamik mit dem ersten Windkanal, in der Navigation durch die Entwicklung des Kreiselkompasses und des Echolots, in der Meteorologie durch seine Wetterstation und seine

Erfahrung geschaffen; es gab auch ungezählte direkte industrielle Impulse.

Was der Verein Deutscher Ingenieure in seinem Aufruf von 1896 voraussah, „daß man von den Arbeiten, welche zur Verwirklichung des Zeppelinschen Projekts erforderlich sind und denselben vorausgehen müssen, nicht nur einen Gewinn für das Gebiet der Luftschiffahrt, sondern auch eine wesentliche und für viele technische Gebiete wichtige Erweiterung und Ergänzung ... zu erwarten habe", wurde in vollem Maße Wahrheit.

Seiner wahrhaft sozialen Gesinnung gab Graf Zeppelin in seiner Zeppelin-Wohlfahrt zuerst Gestalt. Denn nicht als Almosen für die Arbeitenden hat er sein Zeppelin-Dorf, seinen Saalbau mit Speiseanstalt und Bibliothek sowie seine handwerklichen und landwirtschaftlichen Genossenschaftsbetriebe geschaffen. Sie sollten allen Bedürftigen Friedrichshafens offenstehen und der Not in dieser in den Lebenshaltungskosten damals teuersten Stadt des Landes allgemein entgegensteuern. Von diesem Vorbild befruchtet, hat sich in den Nachfolgebetrieben des Luftschiffbaues ein Geist besonderer sozialer Verpflichtung und Verantwortlichkeit bis heute bewahrt. Ihn auch unter den veränderten Bedingungen zukünftiger Tage zu erhalten, sehen nicht nur die Betriebe als ihre gern geübte Pflicht an, sondern auch die Stadt Friedrichshafen selbst, der nach den Wirren des Zusammenbruchs und dem Erlöschen des ursprünglichen Stiftungszwecks das Erbe der Zeppelin-Stiftung zufiel.

Das Unglück von Lakehurst und seine Folgen

Anmerkungen zur Luftschiffahrt
damals und heute

von Hans G. Knäusel

Als Hans von Schiller an seinem viel beachteten Buch „Zeppelin – Wegbereiter des Weltluftverkehrs" schrieb[1]), lag eines der spektakulärsten Ereignisse der Luftfahrtgeschichte, die Vernichtung von LZ 129 „Hindenburg" am 6. Mai 1937 beim Landeanflug in Lakehurst, rund dreißig Jahre zurück. Wie sehr Hans von Schiller dieses Unglück berührte, spürt man noch aus jeder der Zeilen, die so viele Jahre danach entstanden. Der „Wegbereiter des Weltluftverkehrs" ging in einer Katastrophe unter, aus der er nie wieder auferstehen sollte. Das Ende kam unvorbereitet, plötzlich und mit voller Wucht, aber doch in gewisser Weise zwangsläufig. Das Unglück von Lakehurst offenbarte die ungeheure Anfälligkeit des Systems „Leichter als Luft". Alle Beteiligten wußten schon immer davon, haben es aber, getragen von technischem Pioniergeist und patriotischem Hochgefühl, nicht oder zumindest nicht nachdrücklich genug wahrhaben wollen.

Spekulationen über die Ursachen

Bei der Suche nach den Faktoren, die LZ 129 untergehen ließen, war man sich bei den Friedrichshafener Luftschiffbauern in einem Punkt einig: Sabotage eines Besatzungsmitgliedes konnte es unmöglich gewesen sein. Zu eng, zu gut war die Zusammenarbeit zwischen Firmenleitung und Konstrukteuren, zwischen Arbeitern und Fahrpersonal, als daß sich einer hätte darunter befinden können, dem eine derartige Tat zuzutrauen gewesen wäre. Allerdings dachte selbst Hugo Eckener, der die schlimme Nachricht vom Untergang seines Flaggschiffs während einer Vortragsreise in Wien erhielt, zunächst an Sabotage und hatte dies auch Reportern gegenüber geäußert, seine Meinung aber bald wieder geändert[2]).

Natürlich hatte sich in den Jahren seit Hitlers Machtergreifung auch in Friedrichshafen einiges geändert. Der politische Nazialltag hinterließ überall seine Spuren und führte zu Spannungen. Den Machthabern war Dr. Eckener bekanntlich ein rotes Tuch, seit er als Reichskanzler gegen Hitler kandidieren sollte, und auch seinen Widerstand gegen einen Mißbrauch der Luftschiffe für Nazipropaganda hatte man ihm nicht vergessen. Eckeners immense internationale Popularität ließ es aber angeraten erscheinen, ihn nicht ganz aus dem Verkehr zu ziehen. Dafür machten sich wie überall Nationalsozialisten in den Betrieben breit, und man kann annehmen, daß sich eine erhebliche Opposition untergründig herausbildete. Die seit 1936 erscheinende Firmenzeitschrift gibt beredte Zeugnisse über die Aktivitäten der Funktionäre der Staatspartei. Aber Sabotage am Luftschiff aus den eigenen Reihen, das schien undenkbar.

Die Sabotagetheorie wurde überwiegend von amerikanischer Seite geschürt und ist bis heute nicht verstummt. Noch 1962 schrieb der mit dem Luftschiffbau in Friedrichshafen einst eng befreundete Commander C. E. Rosendahl, der in den 20er und 30er Jahren wesentlichen Anteil am Zustandekommen vieler Beziehungen auf dem Gebiete der Luftfahrt zwischen Deutschland und den USA hatte, selbst Luftschiffkapitän war und den „Shenandoah"-Absturz 1926 überlebte (s. u.), an Hans v. Schiller[3]): „I still believe the fire was caused by sabotage . . .", fügte aber hinzu, daß er nicht wisse und wahrscheinlich nie wissen werde, wer dafür verantwortlich sei; auch habe er niemals eine bestimmte Person verdächtigt. Anders dagegen einige amerikanische Buchautoren, die schonungslos ein Besatzungsmitglied zum Brandstifter stempelten und dabei ihrer Fantasie freien Lauf ließen. Natürlich wurde eine solche Story auch publikumswirksam verfilmt. Einen Beweis für die Täterschaft brauchte keiner der Autoren zu erbringen, denn das Ereignis lag lange zurück, und der Beschuldigte befand sich – seltsam genug – unter den Opfern.

Daß auch in Kreisen der Zeppeliner spekuliert wurde, wenn auch in eine andere Richtung, ist menschlich allzu verständlich. Ihnen ging es immerhin darum, die Zeppelin-Luftschiffahrt am Leben zu erhalten, und so durften technische Probleme möglichst nicht zur Diskussion gestellt werden. Unter diesem Aspekt ist beispielsweise die Haltung von Kapitän Max Pruss, der das „Hindenburg"-Unglück überlebte, zu verstehen.

Als im Frühjahr 1940 Hermann Göring die in Frankfurt stillgelegten Luftschiffe LZ 127 und LZ 130 besichtigte, um über deren Abrüstung zu entscheiden, schil-

[1]) Kirschbaum Verlag, Bonn 1966.
[2]) Hugo Eckener, Im Luftschiff über Länder und Meere, S. 526.
[3]) Brief vom 16. Oktober 1962.

derte Pruss den Hergang der Katastrophe von LZ 129 und sagte zu Göring, daß nach seiner Meinung nur Sabotage in Frage käme; auch die Amerikaner sprächen nur davon[4]). Allerdings bezog er diese Äußerung mit Sicherheit nicht auf ein Besatzungsmitglied.

In einem Schreiben an Douglas H. Robinson, einen der besten amerikanischen Kenner der Luftschiffahrt, vertritt Pruss sogar noch 1962 die Theorie, ein Passagier müsse Sabotage verübt haben[5]). Für Pruss mag dies der Versuch einer Rechtfertigung gewesen sein, denn er war zum Zeitpunkt des Unglücks verantwortlich für das Schiff.

Hans v. Schiller hat alle Sabotage-Vermutungen stets weit von sich gewiesen und bis zu seinem Tode geradezu leidenschaftlich jede Gelegenheit wahrgenommen, vor allem das beschuldigte Besatzungsmitglied zu rehabilitieren. Über die möglichen Ursachen der Katastrophe hat er sich allerdings nie ausgelassen mit der Begründung, beim Unglück weder an Bord des Schiffes noch als Augenzeuge zugegen gewesen zu sein. Er verwies meist auf den Bericht des Untersuchungsausschusses.

Auch zu nachträglich angestellten Unglücksrekonstruktionen, wie sie beispielsweise Max Dieckmann, Mitglied der Untersuchungskommission, in Gräfelfing bei München durchführte, nahm Hans v. Schiller nicht Stellung. Diekmann versuchte experimentell nachzuweisen, daß die Explosion elektrostatische Ursachen hatte. Daß dabei die zum Unfall führende Knallgasbildung möglicherweise auf einen Fahrfehler zurückzuführen war – man hatte ohne Fahrt, wohl sogar bei Rückwärtsfahrt, zumindest aber mit umgesteuerten rückwärtigen Motoren und trotz der extrem gewittrigen Wetterlage Gas abgeblasen –, ließ sich dabei kaum verheimlichen. Gasverlust, der aufgrund der Beschädigung einer Zelle eintrat, war möglicherweise ebenfalls auf einen Fahrfehler zurückzuführen. Ein gerissener Spanndraht, den Erschütterungen beim plötzlichen Umsteuern der Motoren nicht gewachsen, konnte die Ursache sein. Eckener vertrat die Ansicht, daß eventuell ein Spanndraht wegen der viel zu engen Kurve bei der Anfahrt gerissen sei[6]).

Wichtig, ja lebenswichtig war, abgeblasenes Wasserstoffgas sofort vom Schiff wegzubekommen, was nur in Fahrt möglich ist. Wird beim Abblasen sogar reversiert, kann es im Innern des Schiffes zur Knallgasbildung kommen, weil das Gas nicht abziehen kann.

In einer (undatierten) vertraulichen Mitteilung der Fahrabteilung der Deutschen Zeppelin-Reederei an das verantwortliche Fahrpersonal wird auf die Gefahren des Gasabblasens bei Starts und Landungen eingehend hingewiesen. Es heißt dort „im Hinblick auf die voraussichtliche Durchführung von Werkstatt- und Probefahrten des LZ 130 mit Wasserstoffgas" zum Thema Landungen: „Da bei geringer Fahrt die Ventilation im Schiff erheblich nachläßt, ist das Gasziehen unmittelbar vor der Landung, wenn die Fahrt bereits erheblich verlangsamt oder gar vollständig aus dem Schiff ist, auf jeden Fall zu vermeiden . . .", und „zur Erreichung einer guten Durchlüftung ist unmittelbar vor der Landung die Fahrhöhe mehrfach um 50 und 100 m zu wechseln".

Mit diesem Ukas wird in gewisser Weise die im offiziellen Bericht noch als eine von mehreren Möglichkeiten angenommene elektrostatische Ursache bestätigt. Sie gilt bis heute auch als die wahrscheinlichste. Die Anweisung kam allerdings zu spät. Sie steht interessanterweise im Widerspruch zu einer von Dr. Eckener 1920 oder 1921 für das Fahrpersonal der Delag herausgegeben Schrift, wo das Ziehen von Gas unter ähnlichen Bedingungen sogar empfohlen wird[7]).

---

[4]) Nach einem handschriftlichen Protokoll, das Max Pruss selbst über den Besuch Görings auf dem Rhein-Main-Luftschiffhafen am 1. März 1940 anfertigte.

[5]) Dem Autor liegt hierzu die Kopie eines Briefes von Douglas H. Robinson an Hans v. Schiller vom 15. 12. 1962 vor, in dem sich Robinson auf einen Brief von Max Pruss an ihn bezieht. Pruss habe darin die Äußerung getan, ein Passagier hätte Sabotage verübt. Robinson distanzierte sich Hans v. Schiller gegenüber nachdrücklich davon.

[6]) Harold Dick, Graf Zeppelin and Hindenburg, S. 18.

[7]) Hugo Eckener, Kurze Anleitungen und praktische Hinweise für die Führung von Zeppelin-Luftschiffen, S. 42 (s. a. FN 8).

Seiten 132 bis 138:
Der auf den folgenden Seiten veröffentlichte „Auszug aus dem Bericht des deutschen Untersuchungsausschusses über das Unglück des Luftschiffes „Hindenburg" ist ein Reprint der Wiedergabe in der „Werkszeitschrift der Zeppelin-Betriebe", 3. Jg., Heft 3 vom 1. 3. 1938, S. 34–40, und gibt wohl eine sehr objektive Beurteilung der Katastrophe wieder.

Auszug aus dem Bericht des deutschen Untersuchungsausschusses über das Unglück des Luftschiffes „Hindenburg"

am 6. Mai 1937 in Lakehurst, USA.

A. Vorbemerkung

Unmittelbar nach Bekanntwerden des Unglückes des Luftschiffes „Hindenburg" in Lakehurst (USA.) wurde vom Herrn Reichsminister der Luftfahrt Generalfeldmarschall Göring, ein Untersuchungsausschuß, bestehend aus den Herren

Dr. Dr.-Ing. E. h. Hugo Eckener,
Direktor Dr.-Ing. E. h. Dürr,
Oberstleutnant Breithaupt,
Professor Bock,
Prof. Dr. phil. nat. Dieckmann,
Fliegeroberstabsingenieur Hoffmann,

eingesetzt.

Aufgabe des Ausschusses war es, in Zusammenarbeit mit der von dem Department of Commerce eingesetzten amerikanischen Kommission die Ursachen des Luftschiffunglückes festzustellen. Bei seinen Arbeiten in USA. hat der deutsche Untersuchungsausschuß die vollste Unterstützung sämtlicher amerikanischen Stellen gefunden. Nach Rückkehr des Ausschusses aus USA. wurden in den Laboratorien der Deutschen Versuchsanstalt für Luftfahrt, Berlin-Adlershof, der Drahtlos-telegraphischen und luftelektrischen Versuchsstation Gräfelfing und des Luftschiffbaues Zeppelin, Friedrichshafen, eine Reihe von Versuchen angestellt, um die Vorgänge, die möglicherweise die Ursachen des Brandes gebildet haben, eingehend zu untersuchen. Im folgenden wird über das Ergebnis der Unfalluntersuchung und der im Anschluß daran durchgeführten Versuche berichtet.

B. Allgemeines

Nach Uebernahme durch die Deutsche Zeppelin-Reederei G. m. b. H. führte das Luftschiff im Jahre 1936 insgesamt 55 Fahrten durch, bei denen es etwa 300 000 km zurücklegte, den Ozean 34mal überquerte und insgesamt etwa 2800 Fahrgäste und mehr als 170 000 kg Post und Ladung beförderte, ohne daß im Jahre 1936 ein Unfall auftrat.

Bevor das Luftschiff seinen Fahrplan im Jahre 1937 aufnahm, wurde es von der Prüfstelle für Luftfahrzeuge einer nochmaligen Prüfung unterzogen und sein Lufttüchtigkeitschein erneuert.

C. Verlauf der letzten Fahrt

Das Luftschiff fuhr zu seiner ersten Nord-Atlantik-Fahrt im Jahre 1937 von Frankfurt a. M. am 3. Mai 1937 um 20.15 Uhr (ME-Zeit) mit einer Besatzung von 61 Köpfen ab und stand unter dem Kommando von Kapitän Pruß, der bereits eine große Anzahl von Fahrten mit dem Luftschiff durchgeführt hatte; an Bord befanden sich außerdem 36 Fahrgäste. Ferner wurden 108 kg Post, 148 kg Fracht und 879 kg Gepäck der Fahrgäste sowie zwei Körbe mit Hunden mitgeführt. An Betriebsstoffen waren vor der Anfahrt zur Landung in Lakehurst 8500 kg Gasöl, 3000 kg Schmieröl und 21 900 kg Wasser noch an Bord.

Die Ueberfahrt über den Ozean verlief ohne jede Störung, wurde jedoch durch Gegenwind verzögert. New York wurde um 14 Uhr (ostamerikanische Zeit) passiert. Von dort wurde Kurs auf Lakehurst genommen, das um 15 Uhr erreicht wurde. Die Landung wurde jedoch nicht durchgeführt, da sich eine breite Gewitterfront vom Westen her Lakehurst näherte. Der weitere Kurs des Schiffes längs der Küste führte vor der Gewitterfront her, die nach Erreichung der Küste langsam nach Norden abwanderte.

Das Schiff stand dauernd mit der meteorologischen Station Lakehurst wegen der Wetterverhältnisse in Verbindung. Als es mit Südwestkurs in Richtung Atlantic-City mit der Gewitterfront an Steuerbord fuhr, erhielt es um 17.12 Uhr einen Funkspruch von Lakehurst, daß die Wetterbedingungen jetzt für eine Anfahrt zur Landung geeignet wären. Das Luftschiff machte darauf kehrt und nahm Kurs nach Lakehurst, wobei es in das Regengebiet allmählich eindrang. Um 18.08 Uhr wurde von Lakehurst empfohlen, die Landung sobald als möglich durchzuführen.

D. Durchführung der Landung und Verlauf des Brandes

Als sich das Schiff der Station Lakehurst von Westsüdwest in einer Höhe von 200 m näherte, war die Wolkenhöhe über der Station 600 bis 900 m, und es fiel leichter Regen. Der Himmel zeigte jedoch Zeichen von Aufklärung im Westen. Der Luftdruck betrug 755 mm Hg, die Lufttemperatur 16° C, die relative Feuchtigkeit 98 %, der Bodenwind war schwach und veränderlich.

Beim ersten Ueberfahren des Platzes (vgl. Abb. 1) wurde von der Führung des Luftschiffes festgestellt, daß die Landemannschaften entsprechend einer Windrichtung aus Osten aufgestellt waren, und daß die Anfahrt daher über dem im Westen des Platzes gelegenen Ankermast erfolgen mußte. Das Luftschiff ging daher in einem weiten Bogen etwa 5 bis 6 Meilen vom Platze weg und näherte sich dann von dieser Richtung aus dem Landemast. Da inzwischen der Wind nach Südosten umgesprungen war, holte das Luftschiff, um in dieser Windrichtung anfahren zu können, nach Backbord aus und näherte sich dem Mast nach Beendigung dieser zweiten Kurve aus nördlicher Richtung.

Die während der Anfahrt vorgenommenen Manöver sind in der Abb. 1 niedergelegt. Während des Durchfahrens der großen Kurve, etwa 10 Minuten vor Fallen der Landetaue, wurde 15 Sekunden lang Gas an den Zellen 4 bis 14 gezogen. Da das Schiff hecklastig war, wurde weiterhin vor und während der letzten Kurve an den vorderen fünf Zellen zweimal 15 Sekunden lang und einmal 5 Sekunden lang Gas gezogen. Aus demselben Grunde wurden am Ring 77 dreimal, insgesamt 1100 kg Wasser abgelassen. Die Motoren waren nach Beendigung der ersten großen Kurve auf Leerlauf voraus gegangen. Während der Anfahrt in der letzten Kurve wurden mehrere kurze Manöver mit den Motoren vorgenommen. Etwa 2 Minuten vor Abwerfen der Bugankertaue wurden alle Maschinen für die Dauer

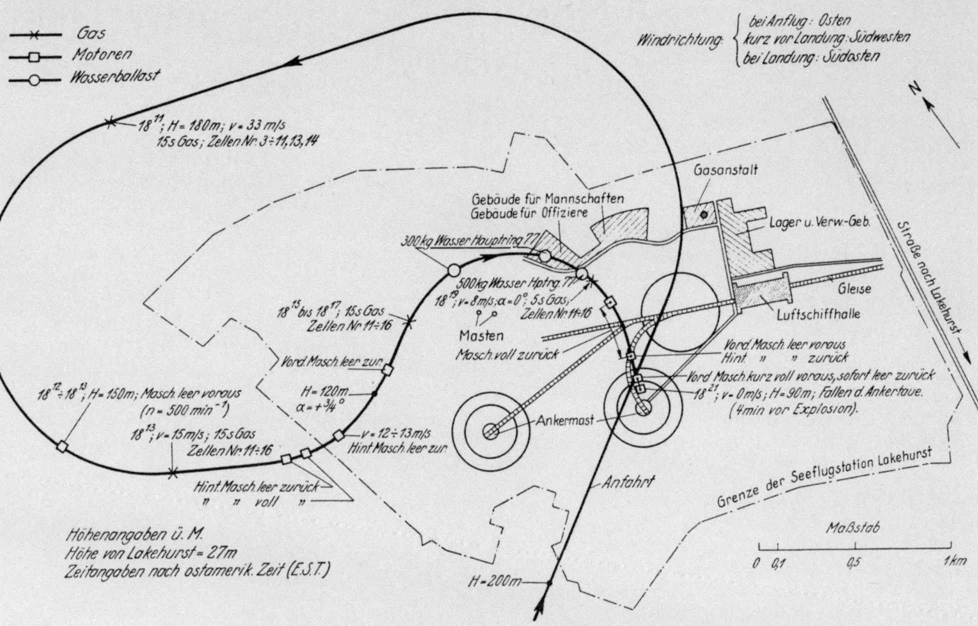

Anfahrt des Luftschiffes zur Landung auf der Station Lakehurst.

von etwa 1 Minute auf volle Rückwärtsfahrt gebracht. Danach gingen die vorderen Maschinen auf Leerlauf voraus und die hinteren Maschinen auf Leerlauf zurück. In dieser Stellung verblieben die Maschinen bis zum Schluß, mit Ausnahme eines kurzen Stoßes „voll voraus“ an den vorderen Motoren.

Die Verteilung der Besatzung im Augenblick des Abwerfens der Landetaue geht aus der Abb. 2 hervor. Wegen der Hecklastigkeit des Schiffes waren während der Anfahrt zur Landung 6 Mann aus der Mitte des Schiffes in den Bug gesandt worden, um hierdurch das Schiff kopflastiger zu trimmen.

Im Augenblick des Abwerfens der vorderen Landetaue hatte die Führergondel eine Höhe von 90 m über dem Meeresspiegel, d. h. etwa 60 m über dem Boden. Zuerst wurde das Steuerbordankertau und gleich darauf das Backbordankertau ausgeworfen. Das Backbordtau wurde sofort, da das Schiff anfing, nach Westen abzutreiben, mit dem Tau des Ankertau-Aufholwagens verbunden, das sich dann scharf anspannte, während das Steuerbordtau von der Landemannschaft gehalten wurde. Das Hauptbugkabel, das zur Befestigung des Schiffes am Ankermast diente, war im Augenblick, als das Feuer ausbrach, etwa 15 m weit herausgelassen und demnach vom Boden noch weit entfernt; ebenfalls waren die Knebelbunde am Ring 62 heruntergegeben. Der Stander am Ring 47 wurde im Augenblick des Ausbruchs des Feuers gerade herausgegeben und war erst einige Meter abgelaufen.

Unmittelbar vor Ausbruch des Feuers wurde von einem Zeugen (R. H. Ward) ein Flattern der Außenhaut an der oberen B.-B.-Seite zwischen den Ringen 62 und 77, die die Zelle Nr. 5 einschlossen, beobachtet. Da das Schiff keine Fahrt hatte und der Luftschraubenstrahl weit unterhalb der flatternden Stelle hindurchgehen mußte, ist diese Wellenbewegung der Außenhaut möglicherweise durch Gas verursacht worden, das aus einer Zelle ausströmte.

Um 18.25 Uhr, etwa 4 Minuten nach Fallen der Landetaue, brach das Feuer am Heck des Schiffes aus. Die Aussagen über den Entstehungsort des Feuers gehen zum Teil weit auseinander. Die Ursache hierfür liegt einmal in der sehr schnellen Ausbreitung des Feuers selbst, das andere Mal in den verschiedenen Beobachtungsorten, die die Zeugen bei der Landung des Schiffes innehatten, und der großen räumlichen Ausdehnung des Schiffes, die eine Uebersicht sehr erschwerte. Bei Bewertung der Zeugenaussagen unter diesem Gesichtspunkt gelangt man zu dem Schluß, daß das erste Feuer an der Oberseite des Schiffes ausbrach, und zwar vor der Eintrittskante der senkrechten Stabilisierungsfläche oberhalb der Zellen 4 und 5. Von dort breitete es sich im Laufe von ungefähr 15 Sekunden etwa 20 bis 30 m nach vorn aus, bis die erste Explosion erfolgte.

Zwischen dem ersten Ausbruch des Feuers und dem Aufschlagen des Hauptschiffskörpers auf dem Boden lag etwa 1/2 Minute.

E. Ursachen des Brandes

Aus allen Zeugenaussagen geht hervor, daß nach Ansicht aller Fachleute die Landung des Luftschiffes völlig ordnungsgemäß durchgeführt wurde und daß das Verhalten der gesamten Besatzung vor und während der Katastrophe vorbildlich war; ebenso deutet nichts darauf hin, daß das Schiff vor der Anfahrt zur Landung sich etwa nicht in einem technisch einwandfreien Zustand befunden hat.

Durch den Brand wurde das Luftschiff vollständig zerstört. Eine genaue Untersuchung des Wracks lieferte daher keinen Hinweis auf die mögliche Ursache des Brandes. Obgleich ferner die Landung von mehreren Stellen gefilmt wurde, wurde der Teil des Luftschiffes, in dem das Feuer ausbrach, hierbei nicht erfaßt, da die Vorbereitungen zur Landung hauptsächlich am Bug des Schiffes vor sich gingen und die Aufnahmeapparate dorthin gerichtet waren. Auch Liebhaberaufnahmen vom Heck des Schiffes unmittelbar bei Entstehung des Brandes waren nicht zu erhalten. Es blieb also nur der Weg, aus den Zeugenaussagen Schlüsse über die Entstehungsmöglichkeiten des Brandes zu ziehen und durch theoretische und experimentelle Untersuchungen festzustellen, welche von diesen Möglichkeiten in Betracht kommen und welche auszuscheiden sind.

Zur Klärung des Unglückes wurden grundsätzlich nach zwei Richtungen Untersuchungen angestellt:

I. Ist das Schiff einem verbrecherischen Anschlag erlegen?

II. Trafen eine Reihe von physikalischen oder sonstigen Umständen derart zusammen, daß ein Brand erfolgen konnte?

Zur Klärung der ersten Frage wurden die Unglücksstelle und das Wrack des Luftschiffes durch die deutsche und amerikanische Untersuchungskommission sowie deren Sachverständigen nach verdächtigen Anzeichen eingehend geprüft. Ebenso wurden die Besatzungsmitglieder ausführlich vernommen, ob sie irgend etwas Auffälliges in dieser Richtung bemerkt hatten. Daneben wurden alle Verdachtsmomente, die in zahlreichen Zuschriften an den deutschen und amerikanischen Untersuchungsausschuß zum Ausdruck kamen, geprüft.

Als Ursache für eine absichtliche Zerstörung sind folgende Möglichkeiten denkbar:

a) Vorrichtungen, die innerhalb des Schiffes angebracht wurden;

b) Einwirkungen, die von außen auf das Schiff ausgeübt wurden.

Die Anbringung von Vorrichtungen, die mit Hilfe von Zeitzündern oder anderen Auslösungen eine Explosion veranlassen können, hätte vor oder während der Fahrt erfolgen müssen. Es ist nachgewiesen, daß die Bewachung des Schiffes und aller mit dem Schiff in Berührung kommenden Personen vor und während der Fahrt äußerst streng und sorgfältig durchgeführt wurde, so daß sowohl die Einführung als auch die Anbringung derartiger Fremdkörper im Schiff nahezu unmöglich war. Zudem wäre es schwierig gewesen, angesichts der unbestimmten Fahrzeiten und Fahrdauer des Luftschiffes den Zeitpunkt der Zündung richtig zu wählen.

Für die Einwirkung von außen auf das Luftschiff kommt ein Schuß mit einem Brandgeschoß in Frage. Angesichts der zahlreichen anwesenden Menschen und der amerikanischen Absperrung des Geländes erscheinen nur Schüsse, die aus einem geräuschlosen Gewehr inmitten einer Gruppe Eingeweihter aus näherer Entfernung abgefeuert wurden, oder Schüsse aus einer weittragenden Waffe möglich. Unter allen Umständen wäre die Gefahr der Entdeckung bei der anwesenden Menge sehr groß gewesen. Gegen die Entzündung durch ein Brandgeschoß spricht ferner die Tatsache, daß im Verlauf des Brandes eine heftige Explosion erfolgte. Wie die Erfahrungen mit Fesselballonen während des Weltkrieges gezeigt haben, verbrennen durch ein Brandgeschoß entzündete Ballone jedoch im allgemeinen ohne eine Explosion, da sich größere Mengen von Knallgas nicht bilden können.

Alle anderen Erklärungsmöglichkeiten, wie z. B. Einwirkung von Luftfahrzeugen, kommen nicht in Betracht.

Beweise für die Ausführung eines Gewaltaktes, wie im vorstehenden beschrieben, konnten trotz gründlichster Nachforschung nicht erbracht werden. Die Möglichkeit einer gewaltsamen Zerstörung des Luftschiffes muß aber, da eine andere Entstehungsursache ebensowenig bewiesen werden kann, zugegeben werden.

Vielleicht größere Wahrscheinlichkeit für die Entstehung des Brandes hat andererseits auf Grund der durchgeführten Versuche und Ermittlungen die unbeabsichtigte Zündung als Folge ungünstiger Umstände. Es müssen aber immer, wenn man diese Möglichkeit unterstellt, zwei Hauptvoraussetzungen zusammengetroffen sein:

1. Das Vorhandensein einer brennbaren Mischung von Wasserstoff und Luft.

2. Das Auftreten einer Zündung zur Entflammung dieses Gemisches.

Im folgenden sollen beide Fälle getrennt untersucht werden.

1. Entstehung eines brennbaren Wasserstoff-Luft-Gemisches

a) Diffusion des Wasserstoffes durch die Zellenwände

Wie eine Messung des Reinheitsgrades des in den Zellen befindlichen Wasserstoffgases vom 28. April 1937 zeigt, ist der Reinheitsgrad in allen Zellen gleichmäßig gut; es ist daher mit Sicherheit anzunehmen, daß die Gaszellen sich bei der letzten Fahrt in einem einwandfreien Zustand befunden haben und der Stoff der Zellenwände keine unzulässige Durchlässigkeit infolge Alterungserscheinungen aufwies.

Die untere Grenze für die Brennbarkeit eines Wasserstoff-Luft-Gemisches liegt bei einem Gehalt von etwa 15 Gewichtsprozent Wasserstoff in Luft. Bei der guten Belüftung des Luftschiffes ist es völlig ausgeschlossen, daß durch die normale Diffusion des Wasserstoffgases durch die Zellenwände ein derart reiches Gemisch sich bilden konnte, wie von einem Zeugen geäußert wurde.

b) Hängenbleiben eines Ventils

Da das Schiff während des letzten Teiles der Fahrt nur ungefähr 80 % prall war, ist mit Sicherheit anzunehmen, daß die automatischen Ventile in dieser Zeit nicht gearbeitet haben. Die Manövrierventile an den Zellen 4 und 5, über denen der Brand zuerst beobachtet wurde, wurden zum letzten Male etwa 10 Minuten vor Fallen der Ankertaue gezogen. Es erscheint nicht völlig ausgeschlossen, daß eines dieser Ventile dabei hängengeblieben ist und dadurch Gas in den Schacht entweichen konnte.

Die Füllung der Zellen wird von der Führergondel aus durch einen Feindruckmesser überwacht, der als unterste Grenze der Genauigkeit Unterschiede in der Gasfüllung von ⅕ m Höhe angibt. Bei 80 % praller Zelle ist also das Ausströmen von 100 m^3 Gas am Feindruckmesser bei genügender Aufmerksamkeit zu erkennen. Ob die Feindruckmesser während des letzten Teiles der Anfahrt zur Landung mit einer derartigen Genauigkeit beobachtet

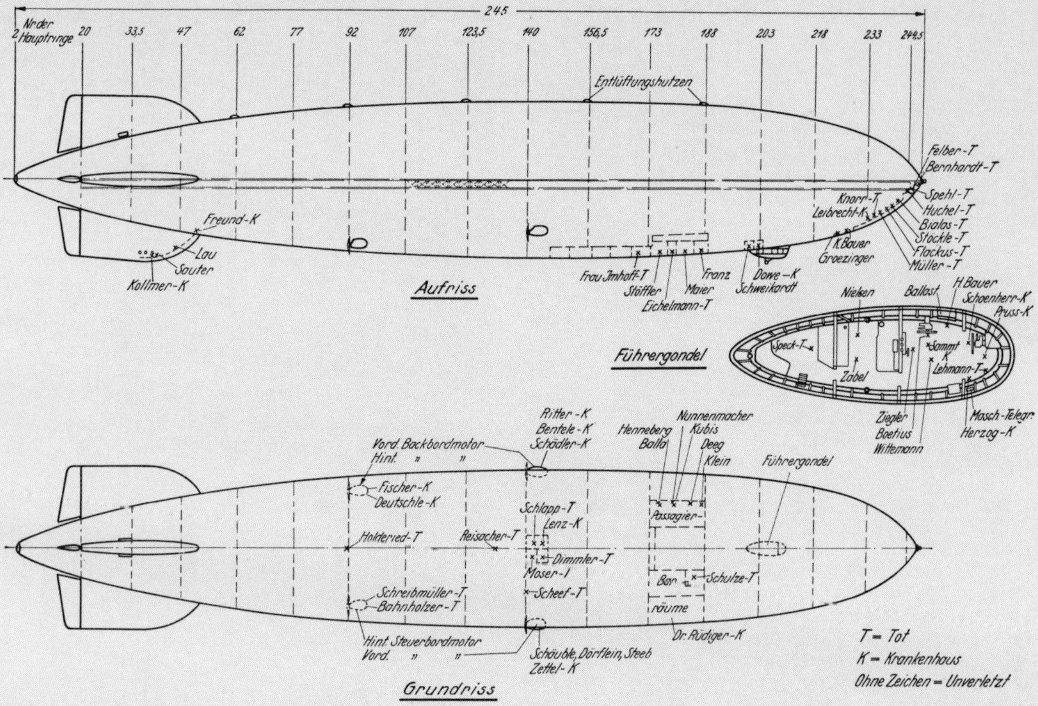

Verteilung der „Hindenburg"-Besatzung zur Zeit des Unglücks.

wurden, war nicht festzustellen. Es sei jedoch bemerkt, daß Störungen in den Manövrierventilen auf den Luftschiffen „Graf Zeppelin" und „Hindenburg" nie beobachtet wurden; nur bei einer Fahrt nach Südamerika im Jahre 1936 hatte einmal ein automatisches Ueberdruckventil geklemmt, dessen Konstruktion abgeändert wurde.

c) Eindringen eines Luftschraubenbruchstückes

Im Wrack des Luftschiffes wurde am Backbord-Motor ein Luftschraubenstück von 30 cm Länge gefunden, das von Zellenstoff eingehüllt und unverbrannt war. Nach eingehender Prüfung ist jedoch aller Wahrscheinlichkeit nach dieses Luftschraubenstück erst beim Auftreffen der Motoren und der Luftschraube auf dem Boden abgeflogen. Hierfür spricht insbesondere die Tatsache, daß die vier Blätter der hinteren Backbord-Luftschraube in verschiedenen fast gleichmäßig abgestuften Längen abgebrochen waren, wie es beim Aufschlagen eines laufenden Motors auf dem Boden der Fall sein muß. Diese Beobachtung deckt sich auch mit der Aussage des Zeugen Deutschle, der sich in der hinteren Backbord-Maschinengondel befand und der keine Schwingungen der Maschine vor dem Absturz beobachtete, wie sie bei einem Luftschraubenbruch hätten auftreten müssen.

d) Leckwerden einer Zelle

Es ist mitunter — wenn auch sehr selten — vorgekommen, daß ein Draht der Feldverspannung riß. Irgendwelche Folgen für die Festigkeit des Luftschiffes oder den Zustand der Zellen hat dies aber bisher nie gehabt. Dennoch ist es denkbar, daß ein Draht der Feldverspannung bei der Anfahrt des Schiffes zur Landung zufällig gerissen ist und das scharfe Ende des Spanndrahtes ein Leck an einer der hinteren Zellen hervorgerufen hat, durch das Gas in den Raum zwischen Zellen und Außenhülle strömen konnte. Diese Vermutung wird dadurch gestützt, daß das Schiff während der letzten Kurve sich als stark hecklastig erwies, so daß ein Teil der Besatzung aus der Mitte des Schiffes nach vorn geschickt, noch zweimal an den vorderen Zellen Gas gezogen und am Heck insgesamt 1100 kg Wasserballast abgelassen wurde. Das entweichende Gas kann auch das beobachtete Flattern der Außenhaut hervorgerufen haben. Da außerdem infolge der verringerten Fahrt die Entlüftung nachließ, kann auf diese Weise ein brennbares Wasserstoff-Luft-Gemisch innerhalb der Hülle des Schiffes entstanden sein.

2. Zündung des Gasgemisches

a) Mechanische Ursachen

Mechanisch wäre eine Zündung dadurch vorstellbar, daß ein Bauteil, z. B. ein Spanndraht, reißt und hierbei ein Funken auftritt, der ein dort vorhandenes Gasgemisch zündet.

Im Augenblick des ersten Feuers hatte das Schiff keine Fahrt mehr, so daß das Auftreten großer Beanspruchungen, die das Reißen eines Spanndrahtes hervorrufen könnten, völlig unwahrscheinlich ist. Außerdem haben Versuche, die beim Luftschiffbau Zeppelin durchgeführt wurden, ergeben, daß die Energie eines Funkens beim Reißen eines Spanndrahtes nicht ausreicht, um ein Wasserstoff-Luft-Gemisch zu zünden.

b) Chemische Ursachen

Ein Wasserstoff-Luft-Gemisch kann sich beim Vorbeistreichen an Baustoffen, die als Katalysator wirken, selbst entzünden. Die im Luftschiff verwendeten Werkstoffe kommen jedoch als Katalysatoren nicht in Betracht. Ebenso erscheint es völlig ausgeschlossen, daß ein als Katalysator wirkender Stoff, wie z. B. Platinschwamm, an die Stelle, wo der erste Brand beobachtet wurde, gelangen und dort eine längere Zeit wirksam bleiben konnte.

c) Thermodynamische Ursachen

Ausführlich wurde die Brandentstehung durch Auspuffgase oder durch Funkenflug der Motoren in gemeinsamen Versuchen des Luftschiffbaues Zeppelin, der DVL. und der Prüfstelle für Luftfahrzeuge geprüft.

Die in den Abgasen insbesondere beim plötzlichen Gasgeben auftretenden Funken, die in der Hauptsache aus glühenden Oelkohleteilchen bestehen, besitzen eine wesentlich höhere Temperatur als die Auspuffgase selbst. Es wäre vorstellbar, daß Funken vom Auspuff der hinteren Maschinen bis auf die Oberseite des Schiffes getragen worden sind und ein dort vorhandenes Gasgemisch entzündet haben. Nach eingehenden Versuchen kann jedoch ein Wasserstoff-Luft-Gemisch selbst unter Umständen, die für die Entzündung wesentlich günstiger sind als die im Luftschiff vorhandenen, nicht durch Funkenflug zur Entzündung gebracht werden; offenbar ist die Wärmeenergie der Funken hierzu zu klein.

d) Elektrische Ursachen

I. Störungen in der elektrischen Anlage des Schiffes

In der Nähe der vermutlich ersten Brandstelle befinden sich an elektrischen Geräten nur die Feindruckmesser, die den in der Gaszelle befindlichen Druck auf elektrischem Wege in der Führergondel anzeigen. Der Feindruckmesser enthält eine Membran, die sich gegen einen gefederten Teller legt. Mit dem Teller ist ein elektrischer Widerstand in Potentiometerschaltung fest verbunden, dessen Verhältniswiderstände sich mit der Stellung des Tellers ändern. Der Stromübergang zwischen dem festen Teil des Feindruckmessers und dem verschiebbaren Widerstand geschieht durch Rollen. Es ist nun vorstellbar, daß bei starker Verschmutzung der Rollen an dieser Stelle ein Funken auftritt, der ein dort vorhandenes Wasserstoff-Luft-Gemisch entzündet. Bei Versuchen, die gemeinsam vom Luftschiffbau Zeppelin und der Drahtlos-telegraphischen Versuchsstation Gräfelfing durchgeführt wurden, ist jedoch selbst unter Bedingungen, die für eine Funkenbildung besonders günstig sind, die Entzündung eines Wasserstoff-Luft-Gemisches im Gehäuse des Feindruckmessers nie gelungen.

Da außerdem die Ansammlung eines Wasserstoff-Luft-Gemisches in dem Gehäuse des Feindruckmessers infolge seiner guten Belüftung im Axialsteg des Luftschiffes ganz unwahrscheinlich ist, kann eine Störung am Feindruckmesser als Brandursache ausgeschieden werden.

II. Hochfrequenzerregung

Durch einen in der Nähe des Luftschiffes arbeitenden starken Kurzwellensender kann u. U. durch Induktionswirkung eine Hochfrequenz-Erregung herbeigeführt werden, die zu einer elektrischen Entladung innerhalb des Schiffes führt. Diese Vermutung lag besonders deshalb nahe, weil die Explosion in dem Augenblick auftrat, in dem am Heck des Schiffes ein Stander, der aus einem Drahtseil bestand, heruntergelassen wurde. Während der Landung arbeitete auf der Station Lakehurst nur ein lokaler Richtstrahlsender, dessen Frequenz 278 kHz und dessen Ausgangsleistung 15 W betrug. Das Schiff war im Augenblick der Entzündung etwa 600 m von diesem Sender entfernt. Die Feldstärke war daher am Ort des Schiffes so gering, daß sie eine elektrische Entladung nicht herbeiführen konnte.

Nach Mitteilung des FT.-Offiziers der Luftschiffstation sind andere Kurzwellenstationen in der Umgebung von Lakehurst nicht vorhanden. Die in größerer Entfernung befindlichen Stationen ergeben in Lakehurst, wie überschlägige Rechnungen zeigen, nur so geringe Feldstärken, daß sie für eine Funkenentladung nicht ausreichen würden.

Die FT.-Station des Luftschiffes hat während der Landung nicht gearbeitet. Wie aus dem Protokoll über den FT.-Verkehr zwischen Schiff und Station Lakehurst hervorgeht, wurde der letzte Funkspruch zwischen Schiff und Boden auf einer langen Welle um 18.10 Uhr gewechselt, d. h. 15 Minuten vor Ausbruch des Feuers. Eine Erregung eines Teiles des Schiffes durch die eigene Senderanlage ist daher ebenfalls unmöglich.

III. Elektrostatische Ursachen

Bei der Landung eines Luftschiffes wird das in einiger Höhe schwebende Schiff durch die mehr oder weniger gut leitenden Halteseile rascher oder langsamer leitend mit der Erde verbunden. Die etwaige Eigenladung und die nicht gebundene Influenzladung des Schiffes fließen zur Erde ab, das Gerippe und die angeschlossenen Metallteile nehmen Erdpotential an.

Ueber dem Rücken des geerdeten Schiffes müssen alle sonst tiefer verlaufenden Aequipotentialflächen ausweichen. Namentlich über dem Bug und besonders über den hervorstehenden Teilen des Heckes, wie z. B. an den Stabilisierungsflächen, ergibt sich ein erhöhtes Potentialgefälle. Zur Zeit der Landung waren in Lakehurst wahrscheinlich stärkere elektrische Störungen in der Atmosphäre vorhanden. Der Umstand, daß die Richtung und Temperatur des Windes sich änderten, machte das Auftreten eines Nachgewitters wahrscheinlich. Unter derartigen Bedingungen ist erfahrungsgemäß mit einer Vergrößerung des Potentialgefälles in der Nähe der Erde und damit im vorliegenden Fall besonders verstärkt über der Vertikalflosse des Schiffes zu rechnen. Es könnte also zwischen Schiff und Atmosphäre das Auftreten einer Büschel- oder Elmsfeuerentladung vorstellbar sein. Da ein Wasserstoff-Luft-Gemisch annähernd farblos brennt, könnte u. U. die erste Entzündung am oberen Teil der senkrechten Stabilisierungsfläche vor sich gegangen sein und sich von dort schnell zum Ansatzpunkt der Flosse am Schiffskörper ausgedehnt haben.

Grundsätzlich können, wie Versuche in der DVL. und in der Drahtlos-telegraphischen und luftelektrischen Versuchsstation Gräfelfing gezeigt haben, durch Spitzenentladungen Temperaturentladungen, die zu einer Entzündung von Wasserstoff-Luft-Gemischen führen, erzeugt werden. Die Möglichkeit einer Entzündung durch Elmsfeuer ist also nicht von der Hand zu weisen, aber sie setzt, wenn man nicht Voraussetzungen macht, die im vorliegenden Fall kaum haben zutreffen können, das Auftreten ganz außerordentlich hoher Gefälle voraus.

Eine weitere Zündungsmöglichkeit kann bei sich zeitlich änderndem Gefälle durch die verschiedenen elektrischen Leitwerte der Baustoffe eines Luftschiffes gegeben sein.

Ein Zeppelinluftschiff ist aus Baustoffen sehr verschiedener elektrischer Leitfähigkeit bzw. verschiedenen elektrischen Widerstandes hergestellt.

Das im wesentlichen aus Duralumin bestehende eigentliche Gerippe, die Drahtverspannungen, Seilzüge usw. sind metallische Leiter mit kleinem Widerstand. Zwischen ihnen können sich keine nennenswerten Potentialdifferenzen bilden.

Der elektrische Widerstand der Gaszellenstoffe, der Außenhülle, der aus Manilahanf bestehenden Landeseile dagegen hängt, da dies alles Halbleiter sind, stark vom Wassergehalt, also der Feuchtigkeit ab. Die Längs- und Querwiderstände derartiger Materialien können sehr hohe Werte haben.

Wenn man etwa einen geladenen Kondensator durch einen solch hohen Widerstand entladen will, so braucht es stets einige Zeit, bis die ursprüngliche Spannung auf einen bestimmten Bruchteil abgeklungen ist. Je größer die Kapazität dieses Kondensators und je höher der Widerstand ist, um so größer ist auch der Betrag dieser sogenannten Zeitkonstante.

Betrachtet man das Metallgerippe des Schiffes gegenüber der Erde als Kondensator, der über das Landetau verbunden ist, so beträgt die Zeitkonstante zwischen $^1/_{1000}$ Sekunde und vielen Minuten.

Nimmt man auf dem Rücken des Schiffes auf dem Außenhüllenstoff einen durch Regenwasser erzeugten, nassen, verhältnismäßig gut leitenden, begrenzten Fleck an — der Außenanstrich ist wasserabweisend, so daß man das tun darf —, dann ist die Kapazität dieses Fleckes über den Widerstand des geschichteten Außenhüllenstoffes mit dem Gerippe verbunden und man findet eine größenordnungsmäßig nach Sekunden zählende Zeitkonstante.

Bei zeitlich rasch ablaufenden atmosphärisch elektrischen Feldänderungen treten zwischen dem nassen Fleck, der als Leiter sich in dem atmosphärisch-elektrischen Feldteil befindet, der durch die Gitterkonstruktion des Schiffes von außen nach innen durchgreift, und dem Gerippe selbst sowie zwischen dem Gerippe und der Erde Potentialdifferenzen auf, deren zeitlicher Ablauf durch die jeweiligen Zeitkonstanten vorgeschrieben wird.

Wenn das Manilalandetau verhältnismäßig gut leitet, der Außenhüllenstoff verhältnismäßig weniger gut, dann können bei hinreichend hohen raschen Aenderungen des luftelektrischen Potentialgefälles die Spannungsdifferenzen zur Bildung eines zündfähigen Funkens durch den Außenhüllenstoff hindurch ausreichen. Beide Leiter, Luftschiffgerippe und Feuchtigkeitsschicht, befinden sich bei äußeren Feldänderungen unter ganz verschiedenen Bedingungen. Das nicht gebundene Vorzeichen der Influenzladung des Luftschiffes kann dann rasch zur Erde abfließen, das Gerippe nimmt sehr schnell wieder Erdpotential an, das nicht gebundene Vorzeichen der Feuchtigkeitsschicht dagegen kann nicht so schnell harmlos abfließen, es schlägt, wenn die Spannungsdifferenz hoch genug ist, durch einen Funken zum Gerippe über und leitet bei Anwesenheit von zündfähigem Gasgemisch die Katastrophe ein. Bei der Durchführung von Modellversuchen in der Drahtlos-telegraphischen und luftelektrischen Versuchsstation Gräfelfing, bei denen das elektrische Erdfeld durch ein künstliches ersetzt wurde und die bei der Landung wahrscheinlich vorliegenden Verhältnisse sinngemäß nachgeahmt wurden, konnte in sehr vielen Fällen Zündung des Wasserstoff-Luft-Gemisches erzielt werden.

Außer den durch das äußere Feld hervorgerufenen elektrischen Erscheinungen können an einem Luftfahrzeug auch andere Aufladungserscheinungen auftreten. Wie früher bei der Versuchsstation Gräfelfing und der DVL. nachgewiesen wurde, wirken laufende Benzinmotoren elektrizitätstrennend. Das eine Vorzeichen bleibt auf dem Luftfahrzeug, das andere geht mit den Auspuffgasen weg. Wie anzunehmen war und neuere Untersuchungen bei der DVL. bewiesen haben, ist die Aufladung durch Dieselmotoren zwar erheblich höher, aber doch nicht zu einer wahrscheinlichen Erklärung des „Hindenburg"-Unglückes ausreichend.

Es darf erwähnt werden, daß auch beim Ausströmen von Gas unter bestimmten Voraussetzungen elektrische Aufladungen und Zündungen hervorgerufen werden. In diesem Fall führt das Gas feste oder flüssige Teile mit hinreichender Geschwindigkeit an der Oeffnungsbegrenzung entlang. Diese Erscheinung spielt beim Ausströmen von gedrücktem Gas aus Hochdruckbehältern eine Rolle, kann aber beim Austreten aus Gaszellen wegen der geringen Strömungsgeschwindigkeiten nicht zur Entzündung führen.

Eingehend erörtert wurde endlich die Möglichkeit, ob ein Kugelblitz ein Leck in einer Zelle des Schiffes und gleichzeitig eine Entzündung hätte herbeiführen können. Auf das Auftreten eines Kugelblitzes deutete die Beschreibung der ersten Feuererscheinung durch mehrere Zeugen, die ausdrücklich betonten, daß das erste Feuer nicht die Form von Flammenzungen gehabt habe, sondern ähnlich wie ein Faß oder Neon-Licht ausgesehen habe. In der Literatur des In- und Auslandes werden Kugelblitze ähnlich beschrieben. Da sie jedoch meist in Verbindung mit Linienblitzen auftreten und das sichtbare Gewitter über Lakehurst bereits vor längerer Zeit hinweggezogen war, erscheint diese Erklärung abwegig.

F. Schlußfolgerung

Der Untersuchungsausschuß hat im vorstehenden eine Reihe von Möglichkeiten aufgeführt, die das Unglück am Luftschiff „Hindenburg" vom 6. Mai 1937 verursacht haben können. Trotz ausführlicher Vernehmung sämtlicher Zeugen, trotz eingehender Besichtigung und Durchsuchung des Wracks und trotz Auswertung aller über den Verlauf des Brandes Auskunft gebenden Bilddokumente ist für keine der oben aufgeführten Möglichkeiten ein völlig sicherer Beweis zu finden. Angesichts der Tatsache, daß im deutschen Zeppelin-Luftschiffverkehr in einem jahrzehntelangen Fahrbetrieb bei Benutzung des Wasserstoffes als Traggas Unfälle nicht aufgetreten sind, und auf Grund aller Zeugenaussagen und Untersuchungen hat der Ausschuß die Ueberzeugung gewonnen, daß seitens sämtlicher für die reibungslose Durchführung des Luftschiffverkehrs verantwortlichen Stellen alles getan war, um ein Unglück zu verhüten. Falls daher nicht eine der vorher erwähnten verbrecherischen Anschlagsmöglichkeiten in Frage kommt, kann der Ausschuß als Ursache des Luftschiffbrandes nur das Zusammentreffen einer Reihe unglücklicher Umstände als einen Fall höherer Gewalt annehmen. In diesem Falle erscheint folgende Erklärung des Unglücks als die wahrscheinlichste:

Während der Anfahrt zur Landung entstand in der Zelle 4 oder 5 im Heck des Schiffes vielleicht durch Reißen eines Spanndrahtes ein Leck, durch das Wasserstoffgas in den Raum zwischen Zelle und Hülle einströmte. Hierdurch bildete sich im oberen hinteren Teil des Schiffes ein brennbares Wasserstoff-Luft-Gemisch.

Für die Entzündung dieses Gemisches sind zwei Fälle denkbar:

a) Infolge elektrischer atmosphärischer Störungen war zur Zeit der Landung des Luftschiffes das Potentialgefälle in der Nähe des Bodens so hoch, daß es nach Erdung des ganzen Schiffes an der Stelle seiner stärksten Erhöhung, nämlich am Heck, zu Büschelentladungen und damit zur Zündung geführt hat.

b) Nach Abwerfen der Landetaue wurde die Oberfläche der Außenhülle des Luftschiffes wegen der geringeren elektrischen Leitfähigkeit des Außenhüllenstoffes weniger gut geerdet als das Gerippe des Luftschiffes. Bei raschen Aenderungen des atmosphärischen Feldes, wie sie bei einem Nachgewitter die Regel und auch im vorliegenden Fall anzunehmen sind, entstanden dann Potentialdifferenzen zwischen Stellen der Außenseite der Hülle und dem Gerippe. Falls diese Stellen hinreichend feucht waren, was gerade in der Gegend der Zellen 4 und 5 infolge der vorangegangenen Durchfahrt durch ein Regengebiet wahrscheinlich war, konnten diese Potentialdifferenzen einen Spannungsausgleich durch einen Funken herbeiführen, der möglicherweise die Zündung eines über den Zellen 4 oder 5 vorhandenen Wasserstoff-Luft-Gemisches verursachte.

Von den beiden genannten Erklärungen erscheint die unter b) bezeichnete als die wahrscheinlichere.

Der deutsche Untersuchungsausschuß:

Eckener. Dürr. Breithaupt.
Bock. Dieckmann, Hoffmann.

Die Katastrophe hatte Vorgänger

Wie stets zuvor waren auch am 6. Mai 1937 zahlreiche Schaulustige nach Lakehurst gekommen, um nach langer Winterpause der Landung von LZ 129 „Hindenburg" beizuwohnen. Neu war das Schauspiel keineswegs; rund ein Dutzend Mal hatte man im Jahr zuvor das Luftschiff in Lakehurst bei New York vor großen Menschenmengen gelandet und gestartet, hatte Freunde aus Europa mitgebracht und nach dort mitgenommen. Bei den Landemanövern schien sich längst so etwas wie Routine breitzumachen, zumindest erschien es den Zuschauern so, denn für Besatzung und Haltemannschaften war es jedesmal ein neues Abenteuer, das Schiff sicher und unbeschädigt an den Mast zu bringen. Die Fahrgäste merkten selten etwas von der Anspannung der Verantwortlichen. Vertrauen in die Schiffsführung war selbstverständlich. Wind-, Temperatur-, Gewichtsprobleme gab es für den Fahrgast nicht.

Daran, daß man mit rund 200 000 m³ Wasserstoffgas über den Atlantik fuhr, das mit dem Sauerstoff der Luft das unkontrollierbar gefährliche Knallgas bilden konnte, hatte sich die Besatzung gewöhnt, für die Passagiere war es kein Thema. Daß hier quasi eine Zeitbombe tickte, was bei der geringsten Unachtsamkeit zur Katastrophe führen mußte, war den meisten nicht bewußt. Den Beweis für die Sicherheit eines Zeppelins schien doch LZ 127 erbracht zu haben: Über 500 Fahrten, davon zahlreiche Atlantiküberquerungen, rund 1,5 Millionen Fahrkilometer – und nie war einem Passagier ein Haar gekrümmt worden. Wie sollte da dem wesentlich moderneren LZ 129 etwas zustoßen können, das ja 1936 auch schon viele sichere Fahrten durchgeführt hatte! Es war ein trügerisches Vertrauen, eine fatale Fehleinschätzung zugleich.

Daß nie zuvor ein zahlender Zeppelin-Passagier zu ernsthaftem Schaden gekommen war, muß aus heutiger Sicht als reiner Zufall angesehen werden. Glücklicherweise ist nämlich keines der havarierten Delag- oder DZR-Luftschiffe in Brand geraten, solange Passagiere an Bord waren[8]). Selbst LZ 127 ist ja, wenn man bei einigen von Hans v. Schiller, von Eckener und anderen Autoren geschilderten Ereignissen einmal zwischen den Zeilen liest, oft genug nur knapp an Katastrophen vorbeigefahren. Die Anstrengungen zur Überwindung der Schwierigkeiten stellen sich heute wie Heldentaten dar, waren aber neben der Abhängigkeit vom fahrerischen Können des Luftschiffführers auch stets vom Glück begünstigt. Was wäre wohl geschehen, wenn auf der Weltfahrt 1929 beim Start in Los Angeles nicht der erfahrene, überaus umsichtige Hugo Eckener in der Führergondel von LZ 127 gestanden und das Schiff buchstäblich in letzter Sekunde haarscharf über eine Starkstromleitung bugsiert hätte? Wo und wie wäre LZ 127 geendet, wenn bei der gescheiterten USA-Fahrt im Mai 1929 bei Sturm über Frankreich auch der letzte der fünf Motoren ausgefallen wäre und man nicht den zufällig in der Nähe gelegenen Landeplatz und die Halle von Cuers-Pierrefeu erreicht hätte? Was wäre geschehen, wenn es nicht gelungen wäre, bei der ersten USA-Reise 1928 die durch Sturmböen über dem Atlantik beschädigte Stabilisierungsfläche dank des mutigen Einsatzes einiger Besatzungsmitglieder wenigstens soweit zu sichern, daß Lakehurst noch erreicht werden konnte?

Die Beispiele aus der Luftschiffahrt früherer Jahre sind ebenfalls voll von unheimlichen, aber für die zivilen Passagiere eben gerade noch glimpflich verlaufenen Zwischenfällen. Daraus sind heute nicht selten amüsante „Episoden" geworden, die teilweise sogar grotesken Charakter haben. Man nehme beispielsweise die Havarie von LZ 5 im Jahre 1909 mit dem einsam stehenden Birnbaum auf der Schwäbischen Alb. Die beiden vorderen Traggaszellen liefen dabei leer, aber das Gas entzündete sich nicht. Der mit Hopfenstangen geflickte Bug des Schiffes, das mühsam Friedrichshafen erreichte, war gewiß nur für die Zuschauer amüsant. Oder die Vernichtung von LZ 8 am 16. 5. 1911 in Düsseldorf: Mit viel Glück konnte man die Passagiere aus ihrer mißlichen Lage befreien, nachdem das Schiff von einer Böe gegen die Halle gedrückt worden und zerbrochen war.

Der Öffentlichkeit gegenüber gelang es meist, derartige für alle Beteiligten alles andere als amüsante Vorfälle sogar als Beweis für die Zuverlässigkeit der Zeppeline zu „verkaufen", und so sprach und spricht man denn auch locker vom „tapferen" oder vom „stolzen" Schiff, das allen Gefahren trotzt. Das Luftschiff wurde schon bald personifiziert und zum Helden hochstilisiert, seine am ehesten verwundbare Stelle aber, die in der Sage auch dem unbezwingbar scheinenden Siegfried zum Verhängnis wurde, vernachläs-

---

[8]) Die Delag, Deutsche Luftschiffahrts Aktiengesellschaft, wurde 1909 als erste Luftfahrtgesellschaft der Welt gegründet, deren Nachfolgeunternehmen, die Deutsche Zeppelin-Reederei (DZR), LZ 127 und LZ 129 betrieb.

sigte man offensichtlich. Zudem gelangen selten genug derartige Husarenstücke wie das geschilderte mit dem LZ 5, denn für einen havarierten Zeppelin war die Demontage die fast unvermeidbare Konsequenz, wobei die Hauptsorge immer darin bestand, das Wasserstoffgas ohne Entzündung aus dem Wrack herauszubekommen. Als dies im Sommer 1912 dem in dem einen Jahr seiner Existenz relativ erfolgreichen Luftschiff LZ 10 „Schwaben" beim Versuch passierte, es in die Düsseldorfer Halle zu bringen, hatte man wieder Glück, denn Passagiere waren nicht mehr an Bord.

Langlebig war kaum eines der Luftschiffe vor dem Ersten Weltkrieg. Manche wurden schon nach Tagen Opfer eines Unfalls. Für den Beweis der Leistungsfähigkeit und Zuverlässigkeit wird heute noch gern LZ 11 „Viktoria Luise" angeführt, das über 1 000 Fahrten machte und erst nach über drei Jahren auseinanderbrach. Daß bei der großen Zahl an Fahrten nicht mehr als rund 64 000 km Strecke und nur knapp 1 300 Betriebsstunden zusammenkamen, finden höchstens Statistiker bemerkenswert.

Über die Absturzkatastrophen im Ersten Weltkrieg, bei denen die Luftschiffbesatzungen chancenlos in einem gewaltigen Feuerball umkamen, redete man in der „Zeit der großen Zeppeline" möglichst nicht, wie man es ja immer verstand, die wirklich schlimmen Unfälle beinahe ungeschehen zu machen. Ein makabres Beispiel aus Friedenszeiten war der Brand von LZ 18 am 17. Oktober 1913. Als „L 2" hatte es die Marine übernommen. Bei einer Probefahrt in Berlin-Johannisthal kam es zur Katastrophe. Alle 28 Besatzungsmitglieder, darunter übrigens durchaus Zivilisten, wenn auch nicht zahlende Passagiere, stürzten in den Tod, „nicht dem Vaterland, dem Götzenwahn der Instanzherrscher geopfert", wie der streitbare Maximilian Harden formulierte[9]).

Damit verlor die Marine bereits ihr zweites Luftschiff; „L 1" (LZ 14) war nur wenige Wochen zuvor bei Sturm in die Nordsee gestürzt, wobei 14 Besatzungsmitglieder umkamen. Zwar hatten Graf Zeppelin und seine Konstrukteure plausible Erklärungen für die Katastrophe in Johannisthal und machten den Militärs, die gegen den Willen der Friedrichshafener konstruktive Änderungen durchgesetzt hatten, heftige Vorwürfe. Einen Grund, nachhaltige Konsequenzen aus derartigen Unglücken zu ziehen, gab es aber offensichtlich nicht, womit die herbe Kritik Harden's bestätigt wurde. Die heftigen Stimmen gegen den „Zeppelinismus" (Harden), der sich seit einigen Jahren in Deutschland ausbreitete, wurden einfach überhört[10]), denn die Militärs wollten weitere Schiffe, und je schneller diese verfügbar waren, umso rascher waren die Katastrophen vergessen.

Die üppige Zeppelin-Literatur von damals hat die Katastrophen gern als Heldentaten verklärt. Man bemühte sich dabei möglichst um die Unterstreichung der Tatsache, daß Privatpassagiere bislang nicht ums Leben gekommen waren und verbreitete diese Feststellung auch später vor allem im Zusammenhang mit der Werbung für die großen Passagierschiffe LZ 127, LZ 129 und LZ 130, bis das unausweichlich bittere Ende kam. Der Tod von Soldaten ist in Zeiten absolutistischer Herrschaftsformen nie ein Thema von Diskussionen gewesen; Soldaten taten schließlich nichts anderes als ihre „vaterländische" Pflicht. Wenn es also zivile Luftschiffer, Werksangehörige, Konstrukteure oder Ministerialbeamte traf, dann stellte man sie einfach den Soldaten gleich und ließ sie ebenfalls den Heldentod fürs Vaterland in Pflichterfüllung – welcher auch immer – sterben.

Im Krieg waren es meistens Brandgeschosse, die die Luftschiffe wie Fackeln vom Himmel holten, doch daß es auch andere Ursachen für die Entstehung und Entzündung eines brennbaren Gemisches aus Wasserstoffgas und Luft geben konnte, dafür war das Unglück von Lakehurst der offensichtliche Beweis mit einer Konsequenz, die für die Zeppelin-Luftschiffahrt endgültig war; seither gibt es sie nicht mehr.

„The golden age of the great passenger airships", wie es zwei amerikanische Autoren, bezogen auf LZ 127 und LZ 129, im Untertitel zu einem zumindest im englischsprachigen Raum populären Luftschiffbuch der letzten Jahre formulierten[11]), ist vorbei. Das Buch steht in krassem Gegensatz zu der nicht minder populären englischen Publikation, die sich ausschließlich dem „Airshipwreck" widmet, dabei das Thema allerdings bis zur Groteske verzerrt[12]). Keine zehn Jahre hatte „das goldene Zeitalter" gedauert, doch sollen hier einige der Spuren weiterverfolgt werden, die von Lakehurst 1937 bis in unsere Tage führen.

---

9) Maximilian Harden (1861 – 1927), „Das System Zeppelin", in der von ihm 1892 begründeten politischen Wochenschrift „Die Zukunft" vom 1. November 1913.

10) U. a. gab Victor Silberer, bedeutender Ballonfahrer der Zeit um die Jahrhundertwende und viel beachteter Fachbuchautor, der das unstarre Luftschiffsystem befürwortete, aus Anlaß des Unglücks von „L 2" in Johannisthal eine Sammlung von Veröffentlichungen heraus, die gegen das starre System Graf Zeppelins Stellung nahmen (s. Quellenhinweise).

11) Harold G. Dick u. Douglas H. Robinson, Graf Zeppelin and Hindenburg.

12) Len Deighton u. Arnold Schwartzman, Airshipwreck.

Helium löst die Probleme nicht

Die Lakehurst-Katastrophe war vor allem deshalb so spektakulär, weil sie sozusagen vor der Weltöffentlichkeit stattfand. Und sie wäre, wenn man so will, nur die Premiere von Katastrophen-Aufführungen gewesen und hätte sich wiederholen müssen, wäre die Luftschiffahrt in der damaligen Form fortgeführt worden. So gesehen war es geradezu ein Glücksfall, daß das für den Passagierdienst nun unbedingt erforderliche unbrennbare Helium nicht zur Verfügung stand und damit dem nicht beherrschbaren Gigantismus ein Ende bereitet wurde. Vergessen war nämlich schon, daß die USA zwei Luftschiffe von „Hindenburg"-Größe, „Akron" und „Macon", gebaut und verloren hatten, die technisch LZ 129 in vielen Details sogar überlegen schienen und zudem – wie alle amerikanischen Luftschiffe nach dem Ersten Weltkrieg – mit Helium gefüllt waren. Dabei kamen mehr als doppelt so viele Menschen ums Leben wie in Lakehurst.

Das Wasserstoffgas allein machte also die Unsicherheit des Systems nicht aus. Noch dazu hatten erfahrene Friedrichshafener Ingenieure unter Leitung des hoch gelobten Dr. Karl Arnstein die Luftschiffe „Akron" und „Macon" gebaut. An andere Luftschiffkatastrophen, an die des amerikanischen LZ-Nachbaus „Shenandoah", oder an die der englischen Luftschiffe R 38 und R 101, mochte man sich ohnehin nicht erinnern, denn da hatte man deutscherseits sehr forsch, wenn auch nicht zu unrecht, von konstruktiven Mängeln und ungenügender Erfahrung der Besatzungen gesprochen.

Die amerikanischen Heliumschiffe wiesen eine gravierende Schwäche auf, die irgendwann zur Katastrophe führen mußte, eine Schwäche im wahrsten Sinne des Wortes. Die gegenüber Wasserstoff um neun Prozent geringere Tragkraft des Heliums bedeutete nämlich, daß die Konstruktion eines Heliumschiffes bis an die äußerste Grenze entmaterialisiert werden mußte, um überhaupt noch eine einigermaßen sinnvolle Nutzlast befördern zu können. Schon bei den großen Friedrichshafener Zeppelinen war ja auf langen Strekken die (zahlende) Nutzlast mit lediglich 5–7% am Gesamtgewicht beteiligt[13]). Da alle Einrichtungen auf den Luftschiffen ohnehin schon äußerst spartanisch waren, blieb den Konstrukteuren in Amerika nichts anderes übrig, als die Gerippe noch erheblich leichter als bei Wasserstoffschiffen auszuführen. Ein Vergleich beider Konstruktionen macht dies selbst Laien verständlich.

Die Folgen der extremen Leichtbauweise waren für die Amerikaner katastrophal. Am 3. September 1925 zerbrach die „Shenandoah" in der Luft. Ein Teil des Schiffes konnte wie ein Freiballon gelandet werden, aber für die Besatzung im anderen Teil gab es keine Rettung; 14 Todesopfer waren zu beklagen. Am 12. Februar 1935 ereilte die Besatzung der „Macon" beinahe ein ähnliches Schicksal wie die der „Akron". Eine Böe hatte ihr die obere Seitensteuerfläche weggerissen. Mit viel Glück konnten bis auf zwei alle Besatzungsmitglieder gerettet werden, während bereits am 30. April 1933 mit der „Akron" 73 von 76 Mann an Bord umgekommen waren. In Friedrichshafen begründete man die „Akron"- und „Macon"-Unfälle damit, daß die Konstrukteure um Dr. Arnstein die Steuerflächen einfach auf den Rumpf aufgesetzt und nicht wie bei Zeppelin-Luftschiffen über ein durch das Innere des Rumpfes verlaufendes Heckkreuz verbunden hatten. Doch Arnstein hatte gar keine andere Wahl: Bei der geringen Tragkraft des Heliums mußte er jede nur erdenkliche Strebe einsparen, dies vor allem im hinteren Teil des Schiffes, das durch die Stromlinienform nur wenig Raum für Traggaszellen bot und durch die Steuerflächen zusätzlich belastet war.

Wilhelm Fischer, ein Mitstreiter Arnsteins aus jenen Jahren, hat sich zum Thema Helium ausführlich geäußert[14]). Obwohl er an der „Akron" selbst mitkonstruiert hatte, deckt er schonungslos die Schwächen der Arnstein'schen Konstruktion auf. Fischer weist unter anderem darauf hin, daß ja nicht nur die neun Prozent weniger Tragkraft des Heliums verkraftet werden müssen, sondern daß noch einmal zehn Prozent an zusätzlichem Gewicht für Maßnahmen einzukalkulieren sind, um das Abblasen des extrem teuren Heliums zu vermeiden. Was immer übersehen wird: „Ein Luftschiff ist in erster Linie ein Ballon", schreibt Fischer, „die aerostatische Kontrolle ist daher das Wichtigste, die aerodynamische Kontrolle dagegen sekun-

[13]) Nach Max Schirmer, Zeppelin-Luftschiffe, Bahnbrecher der Luftfahrt, S. 110, teilte sich das Gesamtgewicht von 200 t für LZ 129 folgendermaßen auf: Gerippe, Leitwerk und Gaszellen 90 t, Motorengondeln 16 t, Betriebsstoffe und Inventar 84 t, (zahlende) Nutzlast 10 t (LZ 127: 48 t, 12 t, 23 t, 7 t = 90 t Gesamtgewicht).

[14]) Wilhelm Fischer, The Design of the Great Airships.

där." Der Pilot müsse volle Freiheit über die Kontrolle von Gas und Ballast haben. Wenn dies nicht möglich ist, sei das Schiff nicht flugfähig. Allein hieraus ergibt sich fast zwangsläufig – von rein konstruktiven Problemen abgesehen – daß große Heliumluftschiffe unrealistisch sind.

Als Mitte der sechziger Jahre ein umfassendes Buch über die „Akron" und die „Macon" erschien[15]), bemängelte Fischer in einem Schreiben an einen der Verfechter der Großluftschiffe in den USA, Charles E. Rosendahl, der auf allen großen US-Luftschiffen gefahren war, daß hier wie beim Shenandoah-Unglück leider auch keine ernsthafte Analyse der Unglücksursache erfolgt sei[16]). Die dem Kapitän eines Heliumschiffs auferlegte Einschränkung, Gas nicht frei abgeben zu dürfen, sei ein tragischer Fehler. Dieser impliziere auch die Notwendigkeit, daß man Ballast nicht frei abgeben könne, ohne Gefahr zu laufen, daß das Schiff über die Prallhöhe steigen würde. Im aufsteigenden Luftschiff (wie im Freiballon) dehnt sich ja das Gas wegen des geringer werdenden Luftdrucks aus. Sind die Gaszellen prall, öffnen die Ventile automatisch. Für Fischer gibt es gar keinen Zweifel, daß ein reines Helium-Großluftschiff nicht lufttauglich ist („A 100% helium ship was simply not airworthy"). Und er schließt an Rosendahl mit der Bemerkung: „Ich wundere mich, warum weder Sie noch sonst jemand dieses Problem in eine offene Diskussion gebracht haben."

Die Friedrichshafener verweisen gern und nachdrücklich auf LZ 126, das 1924 in einer grandiosen Fahrt den Atlantik überquerte, um dann als Heliumschiff jahrelang Dienst in den USA zu tun. Bei der daraus gezogenen Schlußfolgerung, große Heliumschiffe seien machbar, wird aber ein wesentlicher Aspekt stets übersehen.

LZ 126 war als Versuchsschiff, also ohne sonderliche Anforderungen an Komfort und Ausrüstung für lange Passagierfahrten, vor allem aber für Wasserstoffbetrieb gebaut worden. In den USA füllte man es zwar mit Helium, aber die dafür notwendige Erleichterung des Schiffes beschränkte sich auf die Abmagerung der Einrichtung, entsprechend wenig Fahrpersonal und für kürzere Strecken ausreichenden Betriebsstoff und Ballast. Die Gerippekonstruktion wurde nicht entscheidend angetastet. Genauso zu beurteilen ist auch die im Vergleich mit anderen Luftschiffen gute Stabilität und Langlebigbkeit von LZ 127, das ursprünglich ebenfalls als Versuchsschiff konzipiert war und später nur wenigen Passagieren Platz bot.

Wie soll es weitergehen?

Nun war also die „Hindenburg" dahin. Wie sollte, ja wie konnte es überhaupt weitergehen? Unabhängig von all der menschlichen Tragik und unabhängig von der wirtschaftlichen Problematik für den Friedrichshafener Luftschiffbau und für die Frankfurter Zeppelin-Reederei war Lakehurst für die Nazis ein politisches Desaster. Die Zeppeline hatten nämlich nicht unwesentlich dazu beigetragen, die Niedertracht der innenpolitischen Maßnahmen des Naziregimes nach außen hin zu kaschieren: Die gemeinsamen Wahlpropagandafahrten von LZ 127 und LZ 129 im Jahre 1936, wobei die Schiffe Propagandamaterial abwarfen und quasi als fliegende Lautsprecher eingesetzt wurden, das Auftauchen des Zeppelins über dem Berliner Stadion während der Olympischen Sommerspiele im gleichen Jahr hatten international Wirkung gezeigt. Ein Land mit derart praller technischer Potenz, wie sie die Zeppeline im Wortsinn demonstrierten – da mußte doch etwas dran sein!

Das martialische, operettenhafte Getue der Militärs hatten sich die Deutschen auch nach dem Untergang des Kaiserreichs nicht abgewöhnen können, und nun gab es sogar noch SA-Kolonnen, die das ganze Volk zum Gleichschritt zwangen, doch wenn ein Zeppelin am Himmel erschien, dann vergaß man diese Seite einer offensichtlich bedrohlichen Entwicklung und übte sich statt in Ablehnung gegenüber dem Regime in Bewunderung für eine von den Machthabern unabhängige, angebliche technische Großtat und vergaß darüber Anmaßung, Terror und Unterdrückung. Dies ging aber dann doch nicht soweit, daß sich die USA

[15]) Richard K. Smith, The Airships Akron and Macon.

[16]) Brief aus München vom 27. 12. 1966.

dazu hätten verleiten lassen, das kostbare unbrennbare Helium für Zeppeline zu liefern[17]). Wenn es dazu gekommen wäre, hätte der Zeppelin-Luftschiffbau vor neuen, zusätzlichen Schwierigkeiten gestanden, mit denen man bislang nur in Andeutungen lebte.

Etwa eine halbe Million Dollar hätte eine Helium-Füllung damals gekostet, ein unglaublich hoher, ein im Grunde unerschwinglicher Preis. Die gesamten Einnahmen aus dem Fahrbetrieb hätte man allein für Helium aufwenden müssen, wo doch schon z. B. in den Jahren 1935/36 nur 52 Prozent der Kosten aus Eigeneinnahmen gedeckt werden konnten; den Rest steuerte das Reich bei. Doch der Heliumpreis war nur eines der Probleme. Die Konstruktion zukünftiger Schiffe wäre – wie schon angedeutet – zu ändern gewesen, denn um den unwirtschaftlichen Zeppelin-Betrieb nur einigermaßen rentabel zu gestalten, hätte man in einem Luftschiff von „Hindenburg"-Größe mindestens 65 zahlende Passagiere für die Atlantikroute gebraucht, wie einfachste Wirtschaftlichkeitsrechnungen ergaben. Statt dessen mußte man sich bei der Planung von LZ 130 als Heliumschiff für die langen Atlantikrouten mit nur 40 Passagieren begnügen. Wie also konnte man im Luftschiff für mehr Passagiere Platz gewinnen und gleichzeitig Gewicht einsparen?

LZ 129 hatte die Grenzen des Zumutbaren für die Passagiere bereits ausgereizt. Die Kabinen waren so spartanisch, daß der viel gepriesene Komfort wirklich nur herbeigeredet war. Man verglich ja die „Hindenburg" gern mit den komfortablen Seeschiffen oder mit Luxushotels, doch wo konnte es denn Luxus im First-Class-Stil für zwei Passagiere in den winzigen, fensterlosen Kabinen mit nur dreieinhalb Quadratmetern Grundfläche und übereinander angeordneten schmalen Betten geben? Das übrige Mobiliar war ein federleichter Klapphocker, eine flache Wandnische mit Vorhang, die als Schrank dienen sollte, und eine kleine Schreibplatte, die aus Gründen der Platzersparnis klappbar sein mußte. Das ebenfalls klappbare Waschbecken lieferte zwar warmes und kaltes Wasser, hatte aber die Dimension eines Handwaschbeckens. Eine Dusche gab es, gewiß, aber nur eine einzige für alle 55 Passagiere. Um sie benutzen zu dürfen, mußte man sich rechtzeitig anmelden. Nach Dick und Robinson war die Wasserabgabe derart knapp bemessen, daß so mancher Benützer noch eingeseift war, als die ersehnte Wasserflut schon zu Ende ging[18]).

Der Speiseraum wirkte zwar auf Fotos nicht eben klein, reichte aber keineswegs für alle Passagiere gleichzeitig aus. Speiseraum, Aufenthalts- und Schreibraum, Rauchkabine und Bar (4,3 m²!) sowie die Wandelgänge zusammengenommen ergaben knapp 200 m², so daß pro Fahrgast nur 4 m² zur Verfügung standen. Daß man dies trotz des hochgesteckten Anspruchs beim Vergleich mit Luxusdampfern klaglos in Kauf nahm, ist wohl mit einer Art Sportsgeist zu erklären; man wollte einfach ein paar Tage lang zu den wenigen Privilegierten gehören, die damals eine Luftreise über den Atlantik machen konnten. Immerhin, die

Die nüchterne Wirklichkeit: So sah es in einer Kabine von LZ 129 aus, dem man gern das Prädikat „Hotel in der Luft" gab, wobei man den Vergleich mit First-Class-Komfort auf Seeschiffen nicht glaubte scheuen zu brauchen. In bedrückender Enge auf knapp 3,5 m² Grundfläche waren im größten je gebauten Passagierluftschiff zwei Passagiere in einem solchen Raum untergebracht.

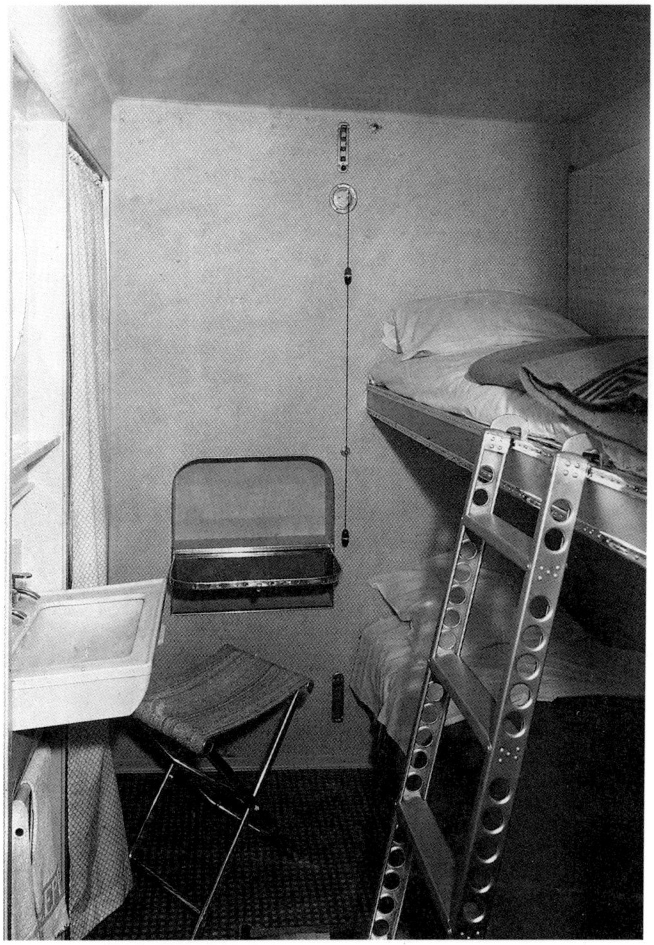

[17]) S. hierzu Knäusel, Zeppelin and the United States of America, Seiten 186, 189 u.a.a.O. Ausführlicher noch Günter Moltmann, Die Luftschiff-„Hindenburg"-Katastrophe und das Heliumproblem.

[18]) Dick, S. 97.

Küche gab ihr Bestes und war damals in der Luft natürlich konkurrenzlos.

Konkurrenzlos bis heute ist sogar noch die einsame Dusche an Bord von LZ 129, aber alle Vergleiche mit modernen Flugzeugen, die große Strecken bewältigen, hinken allein wegen des Zeitfaktors. Mögen die Sitze im Jumbo-Jet eng sein, und das trifft inzwischen auch nur noch auf einen Teil der Bestuhlung zu, länger als einen halben Tag dauert es nicht bis zur Landung oder Zwischenlandung, und selbst der entfernteste Flughafen ist für Linienflugzeuge im allgemeinen innerhalb von 24 Reisestunden erreichbar.

Trotz der riesigen Ausmaße des Luftschiffs war das Raumangebot für Passagiere und Mannschaften also geradezu kläglich, denn den größten Teil des Volumens beanspruchten die Traggaszellen. Zumindest bezogen auf die Wirtschaftlichkeit hätte der Einsatz des weniger tragfähigen Heliums große Schwierigkeiten gebracht. Das Schiff noch größer bauen? Theoretisch denkbar, doch auch damit steigen die Kosten, werden doch neue, größere Hallen, neue Landeanlagen, noch zahlreichere Haltemannschaften erforderlich, abgesehen davon, daß sich alle verantwortlichen Luftschiffführer darin einig waren, mit der Größe von LZ 129 eine obere Grenze für die sichere Handhabung erreicht zu haben. Nicht zuletzt die mit der „Akron" und der „Macon" gemachten bitteren Erfahrungen unterstrichen diese Meinung.

Aber diese Überlegungen erübrigten sich ohnehin. Amerika lieferte das Helium nicht. Zu massiv hatten die Nazis die Luftschiffe für Propagandamaßnahmen eingesetzt, hatten damit das ungeliebte Hakenkreuz in die Welt hinausgetragen. Außerdem fürchtete man, daß militärische Einsätze mit den Luftschiffen geplant waren. Zwar hatte sich im Weltkrieg die Unbrauchbarkeit der Zeppeline als Waffe erwiesen, doch für Aufklärungs- und Beobachtungszwecke wären – damals – moderne Luftschiffe wohl noch brauchbar gewesen, zumindest über Ländern, die nicht über eine geeignete Luftabwehr verfügten. Und trotz aller Bewunderung für die großen Luftschiffe hatte man die Bombenangriffe auf englische Städte, auf Paris, Warschau, Antwerpen nicht vergessen. Die über London beginnende Todesspur des Luftterrors gegen die Zivilbevölkerung führte direkt zu der genau zehn Tage nach dem Lakehurst-Desaster durch die berüchtigte Legion Condor in Schutt und Asche gelegte baskische Stadt Guernica. Zwar waren hier keine Zeppeline beteiligt, aber die verhängnisvolle Entwicklung – über Dresden und Hiroshima bis Vietnam weiterführend – hatten Zeppeline 1915 eingeleitet.

Wegen des Heliumembargos baute man in Friedrichshafen zunächst einmal LZ 130 für Wasserstoffbetrieb fertig, ohne konkrete Pläne für weiteren Passagierbetrieb. Las man in der Presse bei der Inbetriebnahme von LZ 129 noch gewaltige Lobeshymnen, so

Zeichnung von LZ 129 „Hindenburg". Trotz der gewaltigen Größe – das Schiff war 245 m lang und hatte über 40 m Durchmesser – konnte den Passagieren nur ein minimaler Raum zum Aufenthalt und zum Schlafen zur Verfügung gestellt werden (in der oberen Zeichnung durch stärkere Linien markiert).

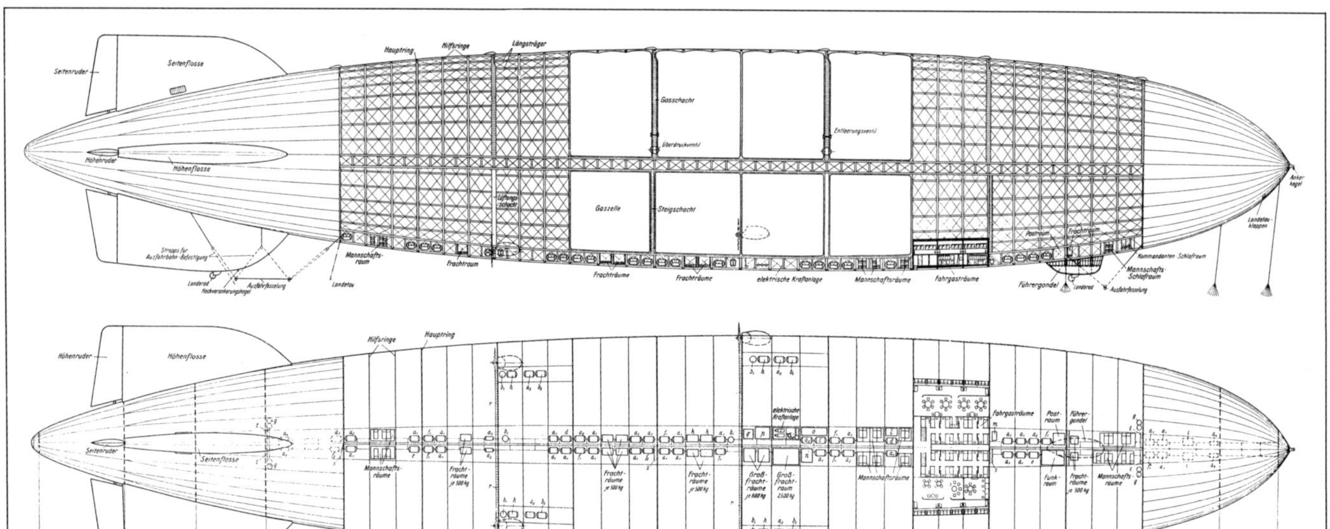

machte LZ 130 seine Probe- und Werkstattfahrten vergleichsweise ohne viel Aufhebens. Im März 1936, als LZ 129 in Dienst gestellt wurde, hatte die vom Reichspostminister herausgegebene Deutsche Postzeitung, wegen des erhofften Luftpostgeschäftes dem Zeppelin-Luftschiffbau eng verbunden, geschrieben:

„Seit Wochen hat die Welt mit Spannung auf Friedrichshafen, die Geburtsstadt des deutschen Zeppelin-Luftschiffbaues, geblickt, und ist unser heißes Hoffen glückhafte Gewißheit geworden: LZ 129, das neue Luftschiff hat die gehegten Erwartungen bei seinen Probefahrten voll erfüllt. Ein neues Wahrzeichen friedlichen deutschen Aufbauwillens im Dienste des Weltverkehrs zeugt hier von deutschem Erfinder- und Schaffensdrang.“[19])

Dieser nationalistisch gefärbten Diktion der Zeit, typisch für Hunderte vergleichbarer Artikel in praktisch allen Medien, folgten umfassende Schilderungen über den Komfort an Bord, die Leistungsfähigkeit des Schiffes, die ihm zugedachten Aufgaben, und man erwähnte schon LZ 130, mit dessen Baubeginn „Hand in Hand . . . weitausgreifende Pläne für einen umfassenden Weltverkehr mit Luftschiffen“ gehen sollten. „Dabei wird auch an die Verwirklichung des Plans einer Luftschifflinie nach Niederländisch-Indien gedacht, für die eine Studienreise von Dr. Eckener bereits wertvolle Ergebnisse geliefert hat . . . Wenn die Luftschiffbau Zeppelin GmbH als Bauherr und die Deutsche Zeppelin-Reederei GmbH als erstes Luftschiff-Verkehrsunternehmen der Welt jetzt darangehen können, die lange gehegten Pläne für einen Weltverkehr mit Zeppelin-Luftschiffen der Verwirklichung näher zu bringen, so darf nicht vergessen werden, daß ein solch großzügiges Programm überhaupt erst in Angriff genommen werden konnte, nachdem der Führer sogleich nach der Machtübernahme der deutschen Luftfahrt durch Errichtung einer obersten Reichsbehörde die organisatorische Grundlage gegeben hatte.“

All diese Pläne waren ein Jahr später in Lakehurst in einer gewaltigen Feuersäule zerstoben. Daß sie – mit oder ohne Helium – nicht zum Tragen kommen konnten, dafür hatte der „Führer“ bereits mit anderen Plänen gesorgt. Sie sollten die Welt wenige Jahre später mit einem Krieg überziehen, der dem friedlichen Weltluftverkehr zunächst einmal ohnehin keinen Raum ließ.

50 Jahre nach Lakehurst

Trotz Lakehurst ist das allgemeine Interesse am Luftschiff nicht verstummt. Zeitungen. Fernsehen und Rundfunk widmen immer wieder neuen, fantasievollen Luftschiffprojekten breiten Raum, von Buchautoren ganz abgesehen. Daß praktisch alle diese Erfindungen ohne eine reale Chance auf Verwirklichung sind, mögen die folgenden Ausführungen deutlich machen.

Die Vorschläge der meisten „Erfinder“ orientieren sich an Großluftschiffen, wobei etwa 70 000 m³ Traggasinhalt die unterste Grenze der Bauvorhaben markieren. Erst ab dieser Größe, und damit liegt den Projekten gewiß ein richtiger Gedanke zugrunde, ist es – wenn überhaupt – sinnvoll, sich mit dem Thema Luftschiff auseinanderzusetzen, wenn man einmal vom Einsatz der bekannten kleinen Blimps für Werbezwecke absieht. Doch diese stehen hier ebenso wie die älteste Leichter-als-Luft-Technik, die des Freiballons, nicht zur Diskussion.

Fast immer wird eine Weiterentwicklung des Luftschiffes vom Typ „Zeppelin“ mit starrem Gerippe unter einer Außenhülle und innenliegenden Traggaszellen angenommen, weil dies offensichtlich die einzig brauchbare technische Lösung für Großluftschiffe zu sein scheint. Daß heute neue Materialien und Verarbeitungsmethoden, Laminartechnologie und Elektronik zum Einsatz kommen würden, ist selbstverständlich – die Machbarkeit steht auf einem anderen Blatt.

Die heutigen Großluftschiffprojekte gehen im allgemeinen davon aus, die Fahrzeuge für zwei Hauptaufgaben einzusetzen, zum einen für den Transport schwerer und/oder sperriger Güter über große Entfernungen in schwer zugängliche Gebiete, zum anderen für die Förderung des Tourismus, vorzugsweise des Massentourismus. Auch militärische Aufgaben, beispielsweise die Luftraumüberwachung, werden genannt.

[19]) Carl Gramkau, LZ 129 – ein Wahrzeichen deutscher Schaffenskraft. Deutsche Luftschiffe im Weltverkehr. Deutsche Postzeitung, 6. Folge, Berlin 22. 3. 1936, S. 169. Die Beförderung von Post per Luftschiff, wofür man eigene Marken, Stempel und Sonderstempel verwendete, war eine der wichtigsten Einnahmequellen beim Betrieb der Zeppeline.

Zur Beurteilung der Machbarkeit sind die Bereiche Fahrtechnik, Hilfsmittel am Boden, Konstruktion und Wirtschaftlichkeit zu unterscheiden. Dabei wird sich herausstellen, daß unter Berücksichtigung der Betriebssicherheit und im Hinblick auf die vorhandenen, in Teilbereichen auch heute noch sinnvoll ausbaufähigen Verkehrssysteme der Bau von Großluftschiffen privat- wie volkswirtschaftlich nicht vertretbar ist.

Fahrtechnik

Große Luftschiffe sind nach Aussage ehemaliger Luftschiffkapitäne weit schwieriger zu handhaben als Seeschiffe. Der wesentliche Grund liegt darin, daß „ein Luftschiff im Gegensatz zum Flugzeug nicht kursstabil gebaut werden kann; es ist vielmehr raumlabil und darum in böigen Wetterlagen schwierig zu fahren" (Schirmer). Besonders Hugo Eckener wurde nicht müde, hierauf hinzuweisen. Das Hauptproblem liegt darin, daß Luftschiffe praktisch schwerelos sind. Wegen ihrer gewaltigen Oberfläche können ihnen selbst relativ schwache Winde gefährlich werden. Vor allem am Boden sind Luftschiffe Seitenwinden mehr oder minder hilflos ausgeliefert. Das Luftschiff muß, um nicht beschädigt oder gar demoliert zu werden, so verankert sein, daß es in die Windrichtung schwenken kann. Seine Längsachse muß sich in Windrichtung befinden, um dem Wind die geringste Angriffsfläche zu bieten.

Die Größe des Luftschiffs und seine filigrane, leichte Konstruktion bedingen komplizierte Landetechniken. Wenn irgend möglich, landet man ohne Vorwärtsbewegung aus dem Schwebezustand heraus. Das Schiff ist dabei nur wenig schwerer als ausgewogen, um Beschädigungen beim Aufsetzen zu vermeiden, die schon bei wenigen überzähligen Kilogramm auftreten können. Dem Umgang mit dem Ballast, der immer in ausreichender Menge an Bord sein muß, ist deshalb größte Aufmerksamkeit zu widmen, will man nicht das teure Helium durch Abblasen opfern. Insofern ist Fahren mit Helium noch komplizierter als mit Wasserstoffgas – immer, wie schon gesagt, ein Luftschiff des Zeppelin-Typs oder dessen Weiterentwicklung vorausgesetzt.

Auch wenn oft das Gegenteil behauptet wird: Luftschiffe sind Schönwetterfahrzeuge. Sturm, Regen, Schnee, Hagel, Gewitter sind für ein in der Luft befindliches Luftschiff gefährlich, da es im Gegensatz zum modernen Großflugzeug nicht nur in niedrigen Höhen, sondern auch mit niedrigen Geschwindigkeiten operiert. Die oft erzählten „Kämpfe mit den Naturgewalten" fanden stets wider Willen statt, denn wenn irgend möglich, ist man schwierigen Wetterzonen ausgewichen, was heute auch noch Flugzeuge tun. Die meteorologischen Verhältnisse, wie Luftdruck und Temperatur, wirken erheblich auf die Fahreigenschaft des Luftschiffs ein, weil sie auf den Auftrieb einen großen Einfluß ausüben und sich ständig ändern.

In jedem größeren Hafen der Welt übernehmen erfahrene Lotsen das Seeschiff und bugsieren es mit Hilfe von Schleppern an die Kaimauer. Dabei spielen die Wetterbedingungen nur in seltenen Fällen eine größere Rolle. Ist die Einfahrt in das Hafenbecken zu gefährlich, kann das Schiff selbst tagelang auf der Reede bleiben und besseres Wetter abwarten. Sind schlechte Bedingungen für das Luftschiff gegeben, hat es große Mühe, in der Nähe des Landeplatzes zu bleiben und nicht abgetrieben zu werden. Ein längerer Aufenthalt in der Luft ist nur möglich, solange ausreichende Brennstoffvorräte vorhanden sind und das Traggas-/Ballastverhältnis den Sicherheitsanforderungen entspricht. Landungen bei stürmischem Wetter sind äußerst gefährlich und müssen vermieden werden. Aber selbst bei schönstem Wetter drohen dem Luftschiff durch unberechenbare Böen ständig Gefahren, wie Eckener ausführlich schildert. Deshalb wurden Starts und Landungen in den frühen Morgenstunden bei den Zeppelinern bevorzugt, weil man da wegen der meist ruhigen Wetterlage vor bösen Überraschungen relativ sicher war.

Hilfsmittel am Boden

Ohne Flughafen ist der Betrieb großer Luftschiffe undenkbar. Der heute allgemein sehr dichte Flugverkehr in Ballungszentren läßt die Benutzung der vorhandenen Flughäfen durch die äußerst trägen Luftschiffe unter keinen Umständen zu, weshalb für Luftschiffe eigene Flughäfen in entsprechend großem Sicherheitsabstand zu den vorhandenen erforderlich sind. Dies sehen inzwischen selbst entschiedene Befürworter neuer Großluftschiffe ein. „Luftschiffe müssen allerdings Zentren des Flugverkehrs meiden, da sie hier zu unerträglichen Behinderungen des Betriebes würden", schrieb Walter Brockmann[20]). Abgesehen davon, daß es in dicht besiedelten Ländern wie der Bundesrepublik schwierig sein wird, geeignete Standorte zu finden, erfordern die Luftschiffhäfen einen gewaltigen technischen Aufwand, der denen konventioneller Flughäfen in nichts nachsteht.

Die mindeste Voraussetzung für eine sichere Landung ist ein Landemast oder eine ähnliche Verankerungsmöglichkeit, die auf einer entsprechenden Unterkonstruktion fahrbar angeordnet sein muß, um das Luftschiff sicher in die unentbehrliche Halle bringen zu können. Ein Schienenkreis, der es dem Luftschiff im Freien ermöglicht, um den Ankerpunkt in die Windrichtung einzuschwenken, ist ebenfalls unerläßlich. Wie derartige Einrichtungen im Vergleich zu früher heute aussehen könnten, sei dahingestellt. Untauglich sind Vorschläge, die, um Platz zu sparen, das Luftschiff mittig verankern wollen. In diesem Fall müßte, weil das Luftschiff von sich aus nicht mehr in die Windrichtung einschwenken kann, eine ständige Korrektur der Lage durch die Besatzung bzw. die Bodenmannschaft erfolgen. Unabhängig davon müssen bei einem im Freien liegenden Luftschiff alle wichtigen Funktionen ständig besetzt sein.

Hallen sind erforderlich, um die Luftschiffe vor der Witterung, insbesondere vor Wind zu schützen und um sie warten zu können. Die Ausmaße der – möglichst drehbaren – Hallen sind entsprechend der Größe der Luftschiffe gewaltig und erfordern nach den heutigen Regeln der statischen Sicherheit einen enormen Kostenaufwand. Ist keine Halle vorhanden, wird das Luftschiff in der Regel gezwungen sein, den Landeplatz umgehend wieder zu verlassen.

Da Großluftschiffe, um landen zu können, unter Umständen erhebliche Mengen Traggas abblasen müssen, muß jeder Landeplatz über Nachfüllmöglichkeiten verfügen: Darüber hinaus sind – wenn auch nicht überall – Traggasreinigungsanlagen erforderlich, um bei Bedarf unrein gewordenes Traggas durch Reinigung wieder tragfähiger zu machen. Und selbstverständlich braucht jeder Luftschiffhafen die allgemein üblichen Einrichtungen zur Brennstoffversorgung und zur Wartung, ferner Verwaltungsgebäude, Zollabfertigung, Großküche, Restaurants, Läden und sonstige Einrichtungen, die der Bequemlichkeit und dem Komfortbedürfnis der Fluggäste dienen und heute auf Flughäfen üblich sind. Da weit häufiger als beim Flugzeugbetrieb mit wetterbedingten Ausfällen gerechnet werden muß, ist auch für ausreichende Hotelkapazität zu sorgen. Schließlich werden die heute leider unvermeidbaren umfangreichen Sicherheitsvorkehrungen benötigt.

Ein weiterer Gesichtspunkt, der die Anlage von Luftschiffhäfen erschweren wird, ist die Größe, die im allgemeinen weit unterschätzt wird. Sie muß aus fahrtechnischen Sicherheitsgründen ein Mehrfaches der Luftschifflänge in jeder Richtung betragen, um notfalls auch bei windigem Wetter eine einigermaßen sichere Landung zu ermöglichen; festliegende Landepunkte oder -pisten sind nicht sinnvoll. Der Platzbedarf für Hallen und sonstige Gebäude kommt hinzu.

Konstruktion

Mit Hilfe moderner Techniken ist es heute sicher möglich, jederzeit ein Luftschiff zu „bauen". Dem wirtschaftlichen Einsatz – und nur ein solcher kann in Frage kommen – dürften jedoch allein im konstruktiven Bereich Schwierigkeiten entgegenstehen, die bis zur letzten Konsequenz noch gar nicht erkannt sind. Die stets geforderte hohe Nutzlast stellt dabei das größte, im Grunde wohl unlösbare Problem dar.

Eine große Nutzlast erfordert ein entsprechend großes Luftschiff. Mit der Größe potenzieren sich aber die konstruktiven Anforderungen, die wiederum auf Kosten der Nutzlast gehen. Diese Schraube läßt sich bis zu einem gewissen Punkt, keineswegs aber endlos drehen.

Das Absetzen einer großen Nutzlast bedeutet eine spontane Zunahme des Auftriebs, der ab einer gewissen Größe nicht aufgefangen werden kann, es sei denn, man opfert die entsprechende Menge Traggas. Noch heute werden bei den Reklame fahrenden Blimps beim Ein- oder Aussteigen von Passagieren Sandsäcke ab- oder angehängt, um den Auftrieb auszugleichen. Wie dies bei Hunderten von Passagieren oder bei vielen Tonnen schweren Lasten in einem unerschlossenen Gebiet gehandhabt werden soll, ist unklar.

Je größer die Geschwindigkeit, desto stärker müssen die Motoren sein. Da schon die Aerodynamiker der 30er Jahre ermittelten, daß die maximale Geschwindigkeit großer, leichter Flugkörper unter 150 km/h liegt (Basis LZ 129 „Hindenburg"), ist bei der unumgänglichen Vergrößerung des Tragkörpers, um die geforderten Nutzlasten befördern zu können, auch bei moderner, verbesserter Oberflächengestaltung und natürlich besseren Motoren kaum mit einer wesent-

[20]) Dr. Walter Brockmann, Möglichkeiten zum Einsatz von Luftschiffen. In Italiaander, Hugo Eckener – Im Luftschiff über Länder und Meere, S. 298.

lichen Anhebung der Höchstgeschwindigkeit zu rechnen. Effektiv hat die eigenerzeugte maximale Geschwindigkeit bei den Zeppelinen selten über 120 km/h gelegen. Der Grund ist nach Schirmer nicht in der Antriebsleistung, sondern in der Dauerfestigkeit des Schiffsgerippes zu suchen, das ist ein Argument, dem heute sicher mit Gegenargumenten begegnet werden kann. Doch wie steht es mit folgendem Hinweis Schirmers:

„Auch bei der optimalen Form des Schiffsgerippes spielt der Oberflächenreibungswiderstand des Schiffskörpers und die mitgeschleppte virtuelle Luftmasse, die etwa 30 Prozent des Schiffsvolumens beträgt, eine entscheidende Rolle in der Widerstandsbilanz."[21])

Es wird immer wieder davon gesprochen, daß neuartige Antriebssysteme gleichzeitig auch die Sicherheit der Luftschiffe verbessern würden. Da Düsenantriebe nur bei sehr hohen, von Luftschiffen nicht erreichbaren Geschwindigkeiten wirtschaftlich sind und die schon immer kuriose Vorstellung vom Atomantrieb spätestens seit Tschernobyl endgültig vom Tisch ist, stehen noch zwei Systeme im Mittelpunkt der Diskussion: Schwenkpropeller und Helikopter. Beiden gemeinsam ist die wirtschaftlich unerläßliche Vorstellung, durch kontrollierten Auf- oder Abtrieb den Verlust des teuren Heliums durch Abblasen zu reduzieren.

Schwenkpropeller sind zwar theoretisch in der Lage, den Luftschiffkörper in gewissen Grenzen gezielt zu heben oder zu senken, doch hat sich das Prinzip beim Großluftschiff als zu aufwendig erwiesen und deshalb nicht durchsetzen können. Schwenkpropeller haben die einzigen Großluftschiffe, die ausschließlich damit ausgerüstet waren, die US-Luftschiffe „Akron" und „Macon", nicht vor dem Untergang bewahrt. Versuche mit Schwenkpropellern bei den Zeppelinern in Friedrichshafen wurden bald wieder aufgegeben.

Beim sogenannten Hybridluftschiff, einer Kombination aus Luftschifftragkörper und Helikopter, wird bezweckt, möglichst das Gewicht des gesamten Flugapparats durch das Traggas zu eliminieren und für den Auftrieb, also zum Heben der Nutzlast die Hubleistung der Hubschrauber zu verwenden. Derartige Konstruktionen werden immer wieder als ideale Lösung propagiert, aber alle Versuche, Luftschiff und Helikopter zu kombinieren, sind bislang gescheitert. Zwei wesentliche Faktoren sind hierfür verantwortlich.

Die Synchronisation von Auf- und/oder Vortrieb der Helikoptereinheiten ist offensichtlich in der Praxis äußerst kompliziert, weil die Reaktionszeiten bei den bewegten Massen sehr groß sind; schon eine geringe Abweichung beispielsweise des Auftriebs einer Helikoptereinheit bewirkt, daß das Fahrzeug aus der Flugebene gerät. Außerdem werden durch die Helikoptereinheiten schwer kontrollierbare Schwingungen auf die Tragkonstruktion übertragen, die die Gefahr des Bruchs herbeiführen, es sei denn, man baut so stabil, daß zwar die Schwingungen unterbunden werden, der verbleibende Restauftrieb aber völlig uninteressant ist. Tragisches Beispiel für die Sinnlosigkeit solcher Projekte war das „Heli-Stat" genannte Luftschiff des amerikanischen Konstruktures Frank Piasecki, das nach mehrjähriger Bauzeit am 1. Juli 1986 nur wenige hundert Meter von der Absturzstelle des „Hindenburg" entfernt bei einem Testflug zerschellte, wobei eines der fünf Besatzungsmitglieder ums Leben kam. Als mögliche Unfallursache wurden Schwingungsprobleme angenommen[22]).

Daß auf diesem Gebiet wie in allen anderen technischen Bereichen mit Sicherheit noch Entwicklungen und Fortschritte zu erwarten sind, ist selbstverständlich, doch eine allen Anforderungen gerecht werdende Lösung des Gesamtkomplexes zeichnet sich nicht ab. Wer möchte wohl beim Betrachten des Vehikels von Piasecki im Vergleich mit dem 50 Jahre älteren LZ 129 von technischem Fortschritt sprechen! Hier wird offenbar das Rad neu erfunden, oder man versucht auf Biegen und Brechen, Jugendträume zu verwirklichen. Der Sache der Luftfahrt wird damit nicht gedient, weil immer wieder aufs Neue falsche Hoffnungen geweckt werden.

Wirtschaftlichkeit

Wichtigstes Kriterium bei der Beurteilung von Großluftschiffprojekten ist neben der Sicherheit die Wirtschaftlichkeit. Zu allen oben genannten Problemen, die ihrerseits schon direkt oder indirekt auch die Wirtschaftlichkeit beeinflussen, kommen zusätzliche Faktoren, die heute gegen den Bau von Großluftschiffen sprechen.

Luftschiffe sind langsam. Daraus resultiert, daß beispielsweise bei Langstrecken die Besatzung für den Schichtbetrieb mindestens zweifach besetzt sein muß. Das reduziert die zahlende Nutzlast ebenso wie die

---

[21]) Schirmer, S. 136.

[22]) Zeitschrift „Flight" vom 12. Juli 1986, S. 15.

großen mitzuführenden Brennstoffvorräte. Die mit der Dauer einer Reise zwangsläufig steigenden Anforderungen an die Bequemlichkeit bis hin zur Übernachtungsmöglichkeit, Verpflegung, Unterhaltung durch Literatur, Kino, Fernsehen etc., sind nur unter Einschränkung der zahlenden Nutzlast realisierbar. Beim reinen Personenverkehr sinkt die Zahl der Passagiere deshalb sehr rasch in einen Bereich, wo die Kosten pro Fahrgast unerschwinglich hoch werden. An der fixen Größe der Tragkraft des Auftriebsgases führt nun einmal kein Weg vorbei.

Die im Vergleich zum modernen Flugzeugbetrieb extrem geringe Fahrtfrequenz bei vergleichsweise geringer Passagierzahl schlägt in einem sehr hohen Abschreibungsanteil an den Betriebskosten zu Buche. Auf den Flughäfen fallen enorme Personalkosten für zwar notwendiges, aber nicht ausgelastetes Hilfspersonal an, z. B. für mehrere hundert Mann starke Haltemannschaften. So viele Menschen mögen heute – eine gut funktionierende und technisch perfekte Bodenorganisation vorausgesetzt – nicht unbedingt erforderlich sein, mit wie wenig Personal man aber tatsächlich auskommen kann, bleibt vorerst reine Speku-

Unerschütterliches Selbstbewußtsein demonstrierte im März 1985 Frank Piasecki, der sich einst als Hubschrauberkonstrukteur einen Namen machte, vor seinem „Heli-Stat". An dem Monstrum wurde jahrelang gebastelt, ehe es am 1. Juli 1986 bei einem der ersten Flugversuche in Lakehurst zerschellte. Eines der fünf Besatzungsmitglieder kam ums Leben. Nur 500 Meter entfernt war fast 50 Jahre zuvor LZ 129 verbrannt. Anfang 1983 konnte man im „Spiegel" lesen, daß die Kosten für das spinnenbeinige Projekt von den angesetzten 6,7 Mio. Dollar mittlerweile auf 31,7 Mio. gestiegen seien. Der Start war für den Sommer 1983 angekündigt. Fotos: AP

lation. Selbst für das nur 5000 m^3 große Skyship 500 von Airship Industries, einem Blimp, ist eine 16 Mann starke Haltemannschaft im über 20köpfigen Troß ständig dabei. Nur bei ganz idealen, vor allem windstillen Verhältnissen kommt man mit sechs Leuten Haltemannschaft aus. Die Vorstellung, ein einziger Mann würde genügen, ein Luftschiff am Ankermast zu befestigen, wie es ein Ingenieur vorschlug, wäre eine ideale Lösung des Wirtschaftlichkeitsproblems, ist aber ganz sicher reine Phantasie. Das einfache „Follow me" und das Einwinken mit der Kelle, wie wir es beim Flugzeug kennen, ist beim am Boden mit eigener Kraft praktisch nicht manövrierfähigen Luftschiff nicht anwendbar.

Luftschiffe sind nicht nur aus fahrtechnischen Gründen und aus Gründen der Sicherheit, sondern auch wegen des angestrebten Touristikeffekts Schönwetterfahrzeuge. Ein fahrplanmäßiger Betrieb wird daher nur sehr selten möglich sein, und gewiß ist mit häufigen wetterbedingten Unterbrechungen, längeren Wartezeiten und Flugannullierungen zu rechnen. Auf die schon erwähnten kostspieligen Hallen zur Unterbringung der Luftschiffe kann auch im Touristikgeschäft nicht verzichtet werden.

Da feststeht, daß die trägen großen Luftschiffe im allgemeinen nicht auf den vorhandenen Flughäfen operieren können, sondern eigene Luftschiffhäfen benötigen, sind für eine einigermaßen dichte Vernetzung gewaltige Finanzmittel erforderlich. Zu bedenken ist ferner, daß die bequeme Anbindung der Häfen an das vorhandene Verkehrsnetz unerläßlich ist. Ohne Infrastruktur ist der Einsatz von Luftschiffen auch in Entwicklungsländern nicht möglich, denn die Fracht muß zum Luftschiff bzw. von diesem wegbefördert werden, und die Versorgung des Schiffs mit Treibstoff, Traggas etc. muß möglich sein. Die Vorstellung, ganze Tomaten- oder Bananenernten aus Entwicklungsländern mit Luftschiffen abtransportieren zu können, ist geradezu absurd. Wie viele Luftschiffe – mag auch jedes (ohnehin nicht denkbar) hundert Tonnen tragen – erforderlich sind, um zehntausende von Tonnen über lange Strecken zu transportieren, hat bislang niemand errechnet. Als vor einigen Jahren in Afrika der mit Millionen Steuergeldern finanzierte Blimp eines westdeutschen Unternehmens ein paar Tomatenkisten symbolisch in die Luft hob, da wurden auch den offiziellen Stellen die engen Grenzen dieser Transporttechnik klar, auch wenn man alle möglichen Ausflüchte beizog, um das Scheitern zu vertuschen.

Aus Sicherheitsgründen kommt für den Betrieb von Großluftschiffen, wie schon gesagt, nur das unbrennbare Helium als Traggas in Frage. Helium ist aber im Vergleich zu Wasserstoff enorm teuer und kann schon deshalb für Großluftschiffe kaum eingesetzt werden. Die Füllung eines Großluftschiffs mit Helium kostet heute mehrere Millionen Mark[23]). Helium ist auf der Erde nur an wenigen Stellen in größeren, keineswegs beliebig großen Mengen verfügbar, muß an Ort und Stelle komprimiert und beispielsweise von Texas/USA, einer der nennenswert großen Lagerstätten, zu den Luftschiffhäfen transportiert werden, was allein horrende Kosten verursacht. Um Traggasverluste zu vermeiden, dürfen Luftschiffe, die mit Helium fahren, keine größeren Höhen aufsuchen, weil sie nur unter erheblichem Gasverlust aus diesen zurückkommen können. Aus dem gleichen Grund müssen Gebirgszüge umfahren werden, was wiederum zusätzliche Zeit, mehr Brennstoffe etc. erfordert. Dr. Hugo Eckener hat in den 30er Jahren im Zusammenhang mit der Heliumfrage nach der „Hindenburg"-Katastrophe festgestellt, daß beispielsweise auf einer Fahrt nach Südamerika selbst bei vorsichtigster Fahrweise ein Traggasverlust von 8000 bis 10000 m^3 praktisch unvermeidbar ist.

Gewiß lassen sich im Zusammenhang mit dem teuren Helium neue Techniken denken, doch bringen diese auch stets Gewichtsprobleme. Die schon früher ausprobierte Kondenswassergewinnung aus den Abgasen ist nur eine. Daß sie sich damals nicht sonderlich bewährte, will nichts besagen. Ob, wie neuerdings vorgeschlagen, Heliumverflüssigung in der Luft zum Einsatz kommen kann, muß mit einem großen Fragezeichen versehen werden. Das dem spezifischen Gewicht der Luft entsprechende Blaugas ist als Antriebsmittel denkbar und würde das Gewicht des Luftschiffs durch Verbrauch nicht verändern, beansprucht aber wiederum viel Raum, der an Bord eines Groß-Luftschiffs groteskerweise sehr knapp ist. Vorgeschlagen werden auch Wasserstofftraggaszellen, die in sie umgebende Heliumzellen eingebracht werden sollen. Über die Machbarkeit liegen nur wenig Erfahrungen vor, und ob die Zulassungsbehörden da mitspielen werden, ist jedenfalls fraglich. Daß auch bei diesem wie bei jedem anderen der Vorschläge die Auftriebsleistung des reinen Wasserstoffschiffs nicht erreichbar ist, ist selbstverständlich.

Im Zusammenhang mit der Wirtschaftlichkeit sind noch die folgenden Punkte zu beachten.

---

[23]) Laut „Handelsblatt" vom 23. 09. 1986, Seite 18, errechnet sich der Preis für 1 m^3 Helium mit ca. DM 18,–, was für ein Luftschiff der Hindenburg-Größe 3,6 Mio. DM für eine Füllung erfordern würde.

Die Entwicklungskosten für Großluftschiffe sind in Anbetracht der Komplexität des Themas schwer abschätzbar; Milliardenbeträge sind allein auf der konstruktiven Seite anzusetzen; auf eventuell noch vorhandene Konstruktionszeichnungen aus den dreißiger Jahren zurückgreifen und dadurch die Entwicklungskosten senken zu wollen, ist ein absurder, trotzdem immer wieder vorgebrachter Gedanke. Die Ausbildungszeit des Fahrpersonals wird mehrere Jahre betragen, da keinerlei Erfahrung mehr vorliegt. Für Ausbildungszwecke sind eigene Luftschiffe erforderlich, die von kleinen Größen allmählich zu den geplanten Großluftschiffen entwickelt werden müßten. Und auch die Versicherungssummen für Großluftschiffe werden astronomische Höhen erreichen, falls sich überhaupt Versicherer finden.

Aktuelle Luftschiffprojekte

Im September 1986 trafen sich in Vancouver, Kanada, Luftschiffexperten aus aller Welt zur Lighter Than Air Conference, um – wieder einmal – aktuelle Projekte vorzustellen und zu diskutieren. Im Grunde tritt man, nunmehr seit fünf Jahrzehnten, auf der Stelle. Dynairship, Arrohawk, Helitruck, Hystar usw. heißen die Fantasieprojekte, von denen im günstigsten Fall ein Modell gebaut wurde. Die klangvollen Namen allein haben keines der Projekte in die Luft, geschweige denn zur Serienreife gebracht, zumindest sind alle vom Stadium eines realisierbaren Großluftschiffs weit entfernt. Die einzigen, die diskussionswürdige Leistungen erreichen, sind diejenigen, die sich an das bewährte Konzept des guten alten Blimp halten, also nicht versuchen, ein Luftschiff à la Zeppelin neu zu erfinden.

In jüngster Zeit macht vor allem die Firma Airship Industries Ltd. (Großbritannien), inzwischen mit der amerikanischen Firma Westinghouse liiert, von sich reden. Sie hat bisher je vier Blimps vom Typ Skyship 500 und Skyship 600 gebaut. Im Herbst 1986 waren nach eigenen Angaben drei weitere im Bau. Stolz bemerkte Vizepräsident George Spyrou in seinem Vortrag vor den LTA-Experten in Vancouver, daß Airship Industries der größte Luftschiffbauer der Welt sei. Auf dem Kongreß gab sich die Firma aber realistisch und unterschied sich damit wohltuend von den Phantasten, die gedanklich mit ihren Projekten in meist unerreichbaren Regionen schweben. Daß es selbst mit kleinen Blimps sehr mühsam ist, Erträge zu erwirtschaften, machen die zuletzt vorgelegten Geschäftsberichte überdeutlich[24]). Erstaunlich ist immerhin die Tatsache, daß die US-Navy einen größeren Auftrag zur Entwicklung eines Luftraumüberwachungssystems an Westinghouse-Airship Industries vergeben hat. Was sich hieraus entwickeln wird, bleibt abzuwarten; ein unstarrer Luftschiffprototyp ist im Bau. Wirtschaftliche Überlegungen spielen in diesem Fall primär allerdings keine Rolle.

Grundsätzlich Neues ist an den vorhandenen Fahrzeugen der Airship Industries nicht zu finden, doch das Unternehmen scheint ehrgeizige Pläne zu haben. Im Geschäftsbericht 1984/85 wurde noch von einem Skyship 7000 gesprochen, das 200 Passagieren Sitzplätze bieten soll. In dem Vortrag von Spyrou war 1986 davon allerdings nicht mehr die Rede, wenn man von der Bemerkung absieht, man plane einen „Orientexpreß von mehreren europäischen Großstädten nach Kairo". Gerade solch relativ einfache Projekte machen deutlich, wie eng die Grenzen der Technik „Leichter als Luft" gesteckt sind[25]).

Der Tourismus bzw. das erhoffte Touristikgeschäft spielen bei den Überlegungen eine große Rolle. Langsam und bequem in niedriger Höhe durch die Luft gleiten, nicht „gehetzt" wie im Düsenjet, das ist die Devise. Auf die Enge im Flugzeug unserer Tage hinzuweisen, wird man nicht müde. Man verkauft das Fahren über der Landschaft ohne Angst und ohne Streß. Aber der immer wieder beschworene Komfort auf den Zeppelin-Luftschiffen findet auch bei Skyship 7000 rasch ein nüchternes Ende. Die Zeichnung der Passagierkabine macht es deutlich. Die Sitze sind nicht breiter und bequemer als normale Flugzeugsitze. Die

---

[24]) Schon ein Blimp, der ohne zahlende Nutzlast Reklame fährt, kostet heute angeblich DM 4 000,– DM pro Stunde, wobei eine Mindestflugdauer von 150 Stunden pro Monat vorausgesetzt wird (vgl. „Handelsblatt" vom 23. 09. 1986, S. 18).

[25]) So war es beispielsweise einem in Oberschleißheim bei München während des Oktoberfestes 1987 stationierten Blimp von Airship Industries nicht möglich, eine Fahrt in das nur 150 km entfernte Friedrichshafen durchzuführen, weil dort weder eine eingespielte Haltemannschaft, noch ein Landemast vorhanden waren.

Fenster mögen wohl etwas größer sein, aber wie im Flugzeug ist schon aus der zweiten Reihe der Blick nach unten auch hier nicht möglich. Soll die Fahrt länger dauern, ist also eine größere Strecke zu bewältigen, dann reduziert sich drastisch die Anzahl der Passagiere, um Gewicht und Platz zu sparen für Treibstoff, Gepäck und Versorgung, für Schlafmöglichkeiten, Aufenthaltsräume, usw. Man ist also auch bei Airship Industries schnell wieder da, wo man 1937 aufgehört hat. Die Tragfähigkeit des Gases setzt den Maßstab, der nicht zu durchbrechen ist.

Doch der Traum vom Riesenluftschiff wird weitergeträumt. Ein wenig Resignation war aber aus den meisten Vorträgen in Vancouver herauszuhören. Immer weniger Geldgeber sind bereit, in jahrelanges Experimentieren zu investieren, und wenn man einmal die protokollierten Vorträge mit denen früherer Veranstaltungen vergleicht, dann wird deutlich, daß sich eigentlich nichts vorwärts bewegt. Ernüchterung macht sich breit. Von Luftschiffen mit Atomantrieb spricht heute kaum noch jemand, und die noch 1980 von zwei amerikanischen Autoren propagierten Luftschiffmonster von über 300 m Länge und 100 m Durchmesser, die eine Tragkraft von 500 t haben sollten und typisch für die ausufernden Fantasien der letzten Jahre waren, sind auch verschwunden[26]).

Die Sackgasse

Unter den geschilderten Voraussetzungen kam eine Veröffentlichung in der „Prawda" vom 17. 11. 1986 zum Thema „Luftschiffbau" nicht überraschend. Die Autoren kommen zu der Feststellung, daß die Entwicklung großer Luftschiffe sinnlos ist und die Sowjetunion, die sich in den letzten Jahren intensiv mit dem Thema „Leichter als Luft" auseinandergesetzt hat, die Arbeiten nicht weiter fortführen werde. Als Hauptgründe werden die Empfindlichkeit gegenüber den Witterungsverhältnissen genannt, die mit wachsender Größe des Flugapparates keineswegs ab-, sondern zunimmt, sowie die Kosten, vor allem für die als unentbehrlich erachteten umfangreichen Bodenausrüstungen, ohne die ein Einsatz überhaupt nicht denkbar ist. Schwerlasttransporte und Montagearbeiten seien zwar unter idealen Wetterverhältnissen durchführbar, schreibt das Blatt, da aber das Problem der Lastaufnahme und -abgabe als unlösbar angesehen wird, ist selbst diese Frage irrelevant.

War das Zeppelin-Luftschiff von Anfang an auf falscher Fährte? Wenn man die Entwicklung anderer Zweige der Luftfahrt betrachtet, drängt sich diese Frage auf. Wären nicht sonst nach dem Lakehurst-Unglück irgendwo auf der Welt wieder große Starrluftschiffe gebaut worden? In 50 Jahren hat es keinen einzigen ernstzunehmenden Versuch gegeben, obwohl doch einsichtig ist, daß der Bau eines Großluftschiffs bei den heute gegebenen technischen Möglichkeiten kein Problem sein sollte. Wenn es dem Menschen gelingt, auf den Mond zu fliegen, dann dürfte Luftschiffbau kaum mehr als eine Fingerübung sein. Doch was nützen Luftschiffe, die nicht betriebsfähig sind!

Daß man möglicherweise von vornherein in die falsche Richtung dachte, zumindest nicht rechzeitig die Grenzen des Machbaren erkannte, hat einen Grund sicher in der Tatsache, daß lange Jahre im wesentlichen improvisiert und experimentiert, wissenschaftliches Vorgehen erst relativ spät und wohl auch nicht konsequent genug betrieben wurde. „Naturkräfte lassen sich nicht überwinden, aber gegeneinander ausspielen" war ein 1914 von Graf Zeppelin geprägter, viel zitierter Leitspruch, der in recht eindeutiger Weise die schwierige Situation seines Vorhabens hervorkehrt, und eine unbewußte Unsicherheit deutlich macht. (Hatte er nicht selbst mehrfach den Gedanken geäußert, den Luftschiffbau zugunsten der Weiterentwicklung des Flugzeugs aufzugeben, hatte er nicht schon 1895 gemeint, das Luftschiff stelle in der Entwicklung der Luftfahrt nur eine Zwischenstufe dar?) Demgegenüber schrieb 1919 der erfolgreiche Flugpionier und Erfinder Hugo Junkers realistisch: „Die Idee ist noch keine fertige Erfindung. Sie ist nur der Ausgangspunkt, meist ein ganz kleiner Teil der gesamt zu leistenden Arbeit. Nun ist man meist geneigt anzunehmen: Ja,

---

[26]) Kurt Stehling und Gordon Vaeth, Die Rückkehr der Zeppeline. Journal Zukunft, Juli 1980, S. 68.

aber die Hauptaufgabe, das andere findet sich von selbst, das kann jeder machen, wenn er nur das Geld hat. Daß das ein Irrtum ist, wird jeder bestätigen, der sich einmal auf den dornenvollen Weg begeben hat, aus der Idee ein fertiges, brauchbares Produkt zu machen."[27])

Wer hätte keine Freude daran, Großluftschiffe am Himmel entlangziehen zu sehen? Doch daraus wird – vorerst zumindest – nichts werden. Vielleicht kommt einmal die Zeit, wo es sich die Menschen leisten können, den Faktor der Wirtschaftlichkeit einer ästhetischen Laune zuliebe außer acht zu lassen. Belassen wir es vorerst bei der Tatsache: Der Zeppelin w a r einer der Wegbereiter des Weltluftverkehrs, weil er zweifellos inspirative Wirkungen mannigfach gezeigt hat, das Großluftschiff selbst hat sich aber als nicht lebensfähig erwiesen. Am 10. August 1948, seinem achtzigsten Geburtstag, sagte Hugo Eckener zu den ehemaligen Mitarbeitern des Zeppelin-Luftschiffbaus: „Ihr müßt euch endlich damit abfinden, daß die Zeit des Luftschiffs endgültig vorbei ist. Wenn ihr nach wie vor den Wunsch hättet, am Luftschiff festzuhalten, so würde dies ungefähr dasselbe bedeuten, wie wenn man auf der Landstraße den Kraftverkehr abschaffen wollte und wieder zum Planwagen zurückkehren würde."

[27]) Günter Schmitt, Hugo Junkers und seine Flugzeuge, S. 14.

So einfach ist das! Nach Ansicht von Luftschiff-Erfindern unserer Tage sind rasche und sichere Transporte von jedem Punkt einer Stadt aus möglich, aber auch zu „Ferntransportnetz-Knotenpunkten" in Europa und Asien. Infrastrukturen sind angeblich nicht erforderlich! Fotomontagen wie diese waren übrigens schon in der Anfangszeit der Zeppeline sehr beliebt und heizten die Phantasie an. Und auch die Texter sind nicht kleinlich. Vollmundig werden „die nächsten 5000 Jahre menschlicher Technologie" angekündigt, indem man schlicht alles seit den Pyramiden auf dem Gebiet der Technik zu altem Eisen bündelt und eine schier grenzenlose Zukunft verspricht.

Quellenhinweise

zum Kapitel Knäusel: Das Unglück von Lakehurst und seine Folgen

Balabujew, P., G. Nowoshilow, G. Sistschew u. M. Tistschenko: Am Himmel der Zukunft. „Prawda", Moskau 17. 11. 1986.

Deighton, L., und A. Schwartzman: Airshipwreck. Holt, Rinehart and Winston, New York 1979.

Dick, H. G., (u. D. H. Robinson): Graf Zeppelin and Hindenburg. The golden age of the great passenger airships. Smithsonian Institution Press, Washington, DC, 1985.

Eckener, H.: Im Luftschiff über Länder und Meere. Verlagshaus Christian Wolff, Flensburg 1959. (Hierzu auch Italiaander, s. u.).

Eckener, H.: Kurze Anleitungen und praktische Hinweise für die Führung von Zeppelin-Luftschiffen. Für das Fahrpersonal der Delag. Friedrichshafen, o. J. (Diese Schrift ist ein überarbeiteter Auszug aus „Praktische Anleitungen", die im Auftrag des Führers der Marineluftschiffe, Peter Strasser, im Ersten Weltkrieg entstand.)

Fischer, W.: Design of the Great Airships. In U.S. Naval Institute Proceedings, Februar 1968, S. 126.

Gajda, W. A. (Ed.): The Proceedings of the 1986 Lighter Than Air International Conference. Lighter Than Air International, Vancouver, Canada, 1986.

Italiaander, R.: Hugo Eckener – Im Luftschiff über Länder und Meere. (Überarbeitete und durch Kommentare ergänzte Fassung der Originalausgabe Eckeners von 1949, s. o.). Wilhelm Heyne Verlag, München 1979.

Knäusel, H. G.: Zeppelin and the United States of America. 2. Aufl., Luftschiffbau Zeppelin GmbH, Friedrichshafen 1981.

Moltmann, G.: Die Luftschiff-„Hindenburg"-Katastrophe und das Heliumproblem. In Wehr-Wissenschaftliche Rundschau, 11. Jhg., November 1961, S. 617–634 (Mittler, Berlin/Frankfurt).

Robinson, D. H.: The Zeppelin in Combat. A History of the German Naval Airship Division, 1912–1918. University of Washington Press, Seattle u. London 1962 (3. Aufl. 1971).

Schiller, H. v.: Zeppelin – Wegbereiter des Weltluftverkehrs. Kirschbaum Verlag, Bonn 1966.

Schirmer, M.: Zeppelin-Luftschiffe, Bahnbrecher der Luftfahrt. Filterwerk Mann & Hummel, Ludwigsburg o. J. (1970).

Schmitt, G.: Hugo Junkers und seine Flugzeuge. transpress VEB Verlag für Verkehrswesen, Berlin, DDR 1986.

Silberer, V.: Warnende Stimmen in bezug auf Zeppelin-Ballons. L. W. Seidel & Sohn, Wien 1914.

Smith, R. K.: The Airships Akron and Macon. Flying aircraft carriers of the United States Navy. Naval Institute Press, Annapolis, Maryland 1965.

Anhang

Typ a, LZ 1 1. Aufstieg 2. Juli 1900

Typ b, LZ 2 (1905)

Liste sämtlicher Bauten des Luftschiffbau Zeppelin	**LZ 1**		**LZ 2**
Name			
Typ	a		b
Bauwerft	Manzell		Manzell
Zugehörigkeit	Versuchsschiff		Versuchsschiff
Betriebsbezeichnung			
Länge	128 m		128 m
Größter Durchmesser	11,65 m		11,65 m
Anzahl der Zellen	17		16
Traggas-Volumen	11.300 m³		11.300 m³
*Nutzlast bei 0° und 760 mm**			2,8 t
Statische Steighöhe			850 m
Motoren	2 Daimler	2 Daimler	2 Daimler
PS pro Motor / Gesamt-PS	1 × 12, 1 × 16 / 28	16 / 32	85 / 170
Geschwindigkeit max.			11 m/s, 39,6 km/h
Reichweite			
Anzahl der Gondeln / Propeller	2 / 4		2 / 4
Anmerkungen (Bau, erste Fahrt, Schicksal, Standort etc.)	Baubeginn April 1899. Verbindungssteg zwischen Gondeln an Drähten aufgehängt, später ersetzt durch Dreiecksträger. Kegelradantrieb mit seitlichen Auslegern für Propeller. Laufgewicht mit Winde als Höhensteuer, 2 Seitensteuer achtern seitlich. Erste Fahrt 2. 7. 1900. Nach 3 Fahrten wegen Geldmangels 1901 abgewrackt.	Umbau	Baubeginn April 1905. Zum ersten Mal Dreiecksträger, umfangreiche Höhen- und Seitensteuer. Am 30. 11. 1905 sollte eine Fahrt unternommen werden, kam jedoch nicht zustande, da im Augenblick, als das Schiff aufsteigen sollte, ein Haltetau mit einem Knoten an einem Ring hängenblieb und das Schiff wieder aufs Wasser heruntergedrückt wurde. Auf dem See schwimmend wurde LZ 2 vom Wind abgetrieben. Die erste und einzige Fahrt fand am 17. 1. 1906 statt. Bei Sturm und Versagen eines Motors abgetrieben. Erste Landung auf festem Boden bei Kißlegg im Allgäu. In der Nacht durch Böen beschädigt; abgewrackt.

* Die Nutzlastangaben stellen im Grunde nur die Hubkapazität dar, ohne Berücksichtigung der Streckenleistung, die allein die (zahlende) Nutzlast definieren kann (vgl. Fußnote 13, Seite 141). Die Angaben in den Quellen sind außerdem uneinheitlich; meist werden Betriebsstoffe und Inventar unter Nutzlast gerechnet.

Typ b, LZ 3 (1906)
Typ b, LZ 3 (nach Umbau 1908)

Liste sämtlicher Bauten des Luftschiffbau Zeppelin	**LZ 3**		**LZ 4**
Name			
Typ	b		c
Bauwerft	Manzell		Manzell
Zugehörigkeit	Versuchsschiff	Heer	Versuchsschiff
Betriebsbezeichnung		ZI	
Länge	128 m	136 m	136 m
Größter Durchmesser	11,65 m	11,65 m	13 m
Anzahl der Zellen	16	17	17
Traggas-Volumen	11.300 m³	12.200 m³	15.000 m³
Nutzlast bei 0° und 760 mm	2,8 t	2,9 t	4,6 t
Statische Steighöhe	850 m	880 m	1000 m
Motoren	2 Daimler		2 Daimler
PS pro Motor / Gesamt-PS	85 / 170	105 (115) / 210 (230)	105 / 210
Geschwindigkeit max.	11 m/s, 39,6 km/h	12,2 m/s, 43,9 km/h	13,5 m/s, 48,6 km/h
Reichweite			
Anzahl der Gondeln / Propeller	2 / 4		2 / 4
Anmerkungen (Bau, erste Fahrt, Schicksal, Standort etc.)	Baubeginn Mai 1906. Erste Fahrt 9. 10. 1906. 4 Probefahrten bis zu 8 Stunden (30. 9. 1907). 1908 verlängert. Erste Fahrt 23. 10. 1908, der sich weitere Probefahrten anschlossen, darunter eine Fahrt von 8 Stunden mit 25 Personen an Bord. Am 10. 11. 1908 bestätigte der Deutsche Kaiser in Manzell die Übernahme des Schiffes durch die Heeresverwaltung als „Z I". Nach Metz überführt, Verwendung als Schulschiff. Standort: Metz. 45 Fahrten, bis zur Übernahme durch das Heer 4398 km. Um 1912 erhielt das Schiff zwei 115 PS-Motoren. März 1913, da veraltet, abgewrackt.	Umbau	Baubeginn Nov. 1907. Ein großes ogivales Hecksteuer. Zwischen den Stabilisierungsflächen je 2 kleine senkrechte Seitensteuer. Provisorische Passagierkabine. Erste Fahrt 20. 6. 1908. Vorgesehen als Heeresschiff. Übernahme war von Durchführung einer 24-Stunden-Fahrt abhängig. – 12stündige Fahrt in die Schweiz am 1. 7. 1908 mit 12 Personen an Bord. – Am 4. 8. 1908 Start zur 24-Stunden-Fahrt, am Nachmittag Zwischenlandung auf dem Rhein bei Nierstein zur Motorreparatur, abends Start. Am 5. 8. 1908 nachmittags bei Echterdingen zwischengelandet zum Austausch des zum zweiten Male ausgefallenen Motors. Bei einem überraschenden Gewitter verbrannt.

Typ c, LZ 4.
Erste Fahrt 20. 6. 1908
(vorderes Seitensteuer)

LZ 4 mit vergrößertem Heck-Seitensteuer; das Bugsteuer wurde entfernt.

Liste sämtlicher Bauten des Luftschiffbau Zeppelin	**LZ 5**	**LZ 6**	
Name			
Typ	c	d	
Bauwerft	Manzell	Manzell	
Zugehörigkeit	Heer	Versuchsschiff	Delag
Betriebsbezeichnung	Z II		
Länge	136 m	136 m	144 m
Größter Durchmesser	13 m	13 m	13 m
Anzahl der Zellen	17	17	18
Traggas-Volumen	15.000 m³	15.000 m³	16.000 m³
Nutzlast bei 0° und 760 mm	4,65 t	4,5 t	
Statische Steighöhe	1000 m	1000 m	
Motoren	2 Daimler	2 Daimler	2 Daimler/1 Maybach
PS pro Motor / Gesamt-PS	105 / 210	115 / 230	2 × 115, 1 × 145 / 375
Geschwindigkeit max.	15,5 m/s, 55,8 km/h	13,5 m/s, 48,6 km/h	15,5 m/s, 55,8 km/h
Reichweite		2000 km	
Anzahl der Gondeln / Propeller	2/4	2/4	
Anmerkungen (Bau, erste Fahrt, Schicksal, Standort etc.)	Baubeginn 1908. Erste Fahrt 26. 5. 1909. Vom 29. 5. bis 2. 6. 1909 Fahrt nach Bitterfeld. Nach fast 38 Stunden in der Luft auf der Rückfahrt bei Göppingen durch Birnbaum beschädigt. Verletzter Bug mit Hopfenstangen provisorisch repariert. Nach weiteren Zwischenlandungen in Manzell gelandet. Auf Überführung nach Köln zur Übergabe an das Heer Besuch der ILA Frankfurt (Main). Als Heeresschiff „Z II" 16 Fahrten mit 2478 km. Standort: Köln Am 24. 4. 1910 bei Sturm nahe Weilburg gestrandet; abgewrackt.	Erste Fahrt 25. 8. 1909. Nach Berlin am 29. 8. 1909, auf der Rückfahrt Propeller verloren. Am 11. 9. 1909 Fahrt zur ILA Frankfurt (Main). Zum Umbau in die neue Werft (Zelthalle) überführt; am 12. 2. 1910 wurde das leere Gerippe durch Arbeiter in die neue Doppelhalle getragen. Nach Umbau an Delag als Passagierschiff. Einbau des ersten Maybachmotors. Stahlbandantrieb gegen Wellenantrieb getauscht. Erste Funkversuche. Im Passagierdienst der Delag 34 Fahrten, 726 Passagiere. 1100 Personen an Bord, 3132 km. Nach insgesamt 73 Fahrten am 12. 9. 1910 in der Halle Baden-Oos verbrannt.	Umbau

Typ e, LZ 7 Deutschland
Typ e, LZ 8 Deutschland II, 1911

Liste sämtlicher Bauten des Luftschiffbau Zeppelin	**LZ 7**	**LZ 8**
Name	Deutschland	Deutschland
Typ	e	e
Bauwerft	Friedrichshafen	Friedrichshafen
Zugehörigkeit	Delag	Delag
Betriebsbezeichnung		
Länge	148 m	148 m
Größter Durchmesser	14 m	14 m
Anzahl der Zellen	18	18
Traggas-Volumen	19.300 m³	19.300 m³
Nutzlast bei 0° und 760 mm	6,8 t	6,8 t
Statische Steighöhe	1800 m	1800 m
Motoren	3 Daimler	3 Daimler
PS pro Motor / Gesamt-PS	120 / 360	120 / 360
Geschwindigkeit max.	16,7 m/s, 36 km/h	16,7 m/s, 36 km/h
Reichweite	1600 km	1600 km
Anzahl der Gondeln / Propeller	2 / 4	2 / 4
Anmerkungen (Bau, erste Fahrt, Schicksal, Standort etc.)	Nur mehr Einzelflächen am Heck. Spitzen um 2 m verlängert, erstmalig eine Goldschlägerhautzelle. Erste Fahrt 19. 6. 1910. 7 Passagierfahrten, 1035 km, 142 Passagiere, 212 Personen an Bord. Am 28. 6. 1910 im Teutoburger Wald gestrandet.	Als „Ersatz-Deutschland" erste Fahrt 30. 3. 1911. 24 Fahrten, 2379 km, 129 zahlende Passagiere, insgesamt 458 Personen (einschl. Ausbildungspersonal). Am 16. 5. 1911 gegen die vordere Schutzwand der Halle in Düsseldorf gedrückt; abgewrackt.

Liste sämtlicher Bauten des Luftschiffbau Zeppelin	LZ 9		LZ 10
Name			Schwaben
Typ	f		f
Bauwerft	Friedrichshafen		Friedrichshafen
Zugehörigkeit	Heer		Delag
Betriebsbezeichnung	(Ersatz-)Z II		
Länge	132 m	140 m	140 m
Größter Durchmesser	14 m	14 m	14 m
Anzahl der Zellen	18	17	17
Traggas-Volumen	16.500 m³	17.800 m³	17.800 m³
Nutzlast bei 0° und 760 mm	4,6 t	6,0 t	6,5 t
Statische Steighöhe	1300 m	1400 m	2450 m
Motoren	3 Maybach		3 Maybach
PS pro Motor / Gesamt-PS	145 / 435		145 / 435
Geschwindigkeit max.	21,7 m/s, 78,1 km/h	21 m/s, 75,6 km/h	21 m/s, 75,6 km/h
Reichweite	1600 km		1600 km
Anzahl der Gondeln / Propeller	2/4		2 / 4
Anmerkungen (Bau, erste Fahrt, Schicksal, Standort etc.)	Erste Fahrt 2. 10. 1911. Umbau 21. 10. – 23. 11. 1911 vor Abnahme durch das Heer. Standorte: Baden-Oos, Köln, Metz, Gotha. Am 1. 8. 1914, da veraltet, abgewrackt.	Umbau	Erste Fahrt 26. 6. 1911. 224 Fahrten, 27321 km, 1553 zahlende Passagiere, insgesamt 4354 Personen, 479 Stunden in der Luft. Standorte: Baden-Oos, in ständigem Wechsel Gotha, Düsseldorf, Berlin-Johannisthal, Potsdam, Frankfurt (Main). Bei Überführung nach Düsseldorf war Einbringen in die Halle wegen Querwind nicht möglich. Dadurch am 28. 6. 1912 gestaucht und auf dem Landeplatz verbrannt.

LZ 11	LZ 12	LZ 13	LZ 14	LZ 15
Viktoria Luise		Hansa		
g	f	g	h	h
Friedrichshafen	Friedrichshafen	Friedrichshafen	Friedrichshafen	Friedrichshafen
Delag / Heer / Marine	Heer	Delag / Heer	Marine	Heer
	Z III		L 1	(Ersatz-) Z I
148 m	140 m	148 m	158 m	142 m
14 m	14 m	14 m	14,86 m	14,86 m
18	17	18	18	16
18.700 m³	17.800 m³	18.700 m³	22.465 m³	19.550 m³
6,5 t	6,7 t	6,3 t	9,4 t	8,2 t
(2000 m)	2450 m	1600 m	(3300 m)	1800 m
3 Maybach	3 Maybach	3 Maybach	3 Maybach	3 Maybach
170 / 510	145 / 435	170 / 510	165 / 495	170 / 510
22,2 m/s, 80 km/h	21 m/s, 75,6 km/h	22,2 m/s, 80 km/h	21,2 m/s, 76,3 km/h	21,8 m/s, 78,5 km/h
1100 km	1600 km	1100 km	2700 km	2700 km
2 / 4	2 / 4	2 / 4	2 / 4	2 / 4
Erste Fahrt 19. 2. 1912. Bis 31. 7. 1914 im Delag-Passagierbetrieb, 489 Fahrten, 2295 Passagiere, insgesamt 9783 Personen (einschl. Ausbildungspersonal für Heer und Marine); 54312 km, 981 Stunden. Standorte: im ständigen Wechsel Baden-Oos, Düsseldorf, Gotha, Hamburg, Potsdam. Ab 1. 8. 1914 im Heeres- und Marinedienst zur Ausbildung: Leipzig, Dresden, Liegnitz. Am 15. 6. 1915 Durchführung der 1000sten Fahrt. Insgesamt zurückgelegt: 64125 km, 1292 Stunden, 22039 Personen an Bord. Am 8. 10. 1915 beim Einhallen auseinandergebrochen und abgerüstet.	Erste Fahrt 25. 4. 1912. Standorte: Friedrichshafen, Hamburg, Frankfurt-Rebstock, Friedrichshafen, Baden-Oos, Metz, Gotha, Metz, Frankfurt-Rebstock, Metz. Am 1. 8. 1914, da veraltet, abgewrackt.	Erste Fahrt 30. 7. 1912. Bis 31. 7. 1914 Delag-Betrieb, 399 Fahrten, 2187 zahlende Passagiere, insgesamt 8321 Personen, 44437 km in 840 Stunden. Standorte im Delagbetrieb: im Wechsel Hamburg, Gotha, Potsdam, Leipzig. Im Heeresausbildungsdienst: Dresden, Düsseldorf, Berlin-Johannisthal, Berlin-Biesdorf, Jüterbog. Sommer 1916 abgewrackt.	Erste Fahrt 7. 10. 1912. Erstes Marineluftschiff. 74 Fahrten, 13409 km. Standorte: Berlin-Johannisthal, Fuhlsbüttel. Am 9. 9. 1913 im Gewitter auf die Nordsee heruntergedrückt, 14 Tote, 6 Überlebende.	Erste Fahrt 16. 1. 1913. Standort: Baden-Oos. 33 Fahrten. 19. 3. 1913 wegen starken Gegenwindes Baden-Oos nicht erreicht, Notlandung in Karlsruhe; nach Landung durch Sturm zerstört.

Typ f, LZ 10 Schwaben
Typ g, LZ 11 Viktoria Luise 1912/13

Typ h, LZ 14, Marineluftschiff L 1, 1912

Typ h, LZ 16, Heeresluftschiff Z IV, 1913

Liste sämtlicher Bauten des Luftschiffbau Zeppelin	**LZ 16**	**LZ 17**	
Name		Sachsen	
Typ	h	h	
Bauwerft	Friedrichshafen	Friedrichshafen	
Zugehörigkeit	Heer	Delag	Heer / Marine
Betriebsbezeichnung	Z IV		
Länge	142 m	140 m	148 m
Größter Durchmesser	14,86 m	14,86 m	14,86 m
Anzahl der Zellen	16	16	17
Traggas-Volumen	19.550 m³	19.550 m³	20.870 m³
Nutzlast bei 0° und 760 mm	7,6 t	7,4 t	7,4 t
Statische Steighöhe	1800 m	1800 m	1900 m
Motoren	3 Maybach	3 Maybach	
PS pro Motor / Gesamt-PS	170 / 510	170 / 510	180 / 540
Geschwindigkeit max.	21,5 m/s, 77,4 km/h	21,5 m/s, 77,4 km/h	21 m/s, 75,6 km/h
Reichweite	2700 km	2700 km	2800 km
Anzahl der Gondeln / Propeller	2 / 4	2/4	
Anmerkungen (Bau, erste Fahrt, Schicksal, Standort etc.)	Auf Überführung von Friedrichshafen nach Baden-Oos im Nebel abgetrieben, 3. 4. 1913 Notlandung bei Lunéville (Frankreich). Führer: Kpt. Gluud (LZ). Aufklärungsdienst. Standorte: Metz, Baden-Oos, Gotha, Königsberg, Posen, Königsberg, Allenstein, Königsberg, Schneidemühl, Dresden, Liegnitz, Jüterbog. Ab 24. 2. 1915 Schulschiff. Herbst 1916 abgerüstet.	Erste Fahrt 3. 5. 1913. Delagbetrieb bis 31. 7. 1914, 419 Fahrten, 2465 zahlende Passagiere, insgesamt 9837 Personen, 39919 km, 741 Stunden. Am 9./10. 6. 1913 von Baden-Oos direkt nach Wien, 950 km, in 9 Stunden (Führer Graf Zeppelin). Standorte im ständigen Wechsel: Friedrichshafen, Baden-Oos, Hamburg, Potsdam, Leipzig, Dresden, Liegnitz. Umbau, Fertigstellung am 6. 5. 1914. Ab 1. 8. 1914 Kriegsdienst im Heeresdienst. Standorte: Leipzig, Potsdam, Köln, Posen, Allenstein, Königsberg. Ab September 1915 Schulschiff der Marine. Herbst 1916 in Düren abgerüstet.	Umbau

LZ 18	LZ 19	LZ 20		LZ 21
i	h	h		k
Friedrichshafen	Friedrichshafen	Friedrichshafen		Friedrichshafen
Marine	Heer	Heer		Heer
L 2	(2. Ersatz-) Z I	Z V		Z VI
158 m	140 m	140 m	148 m	148 m
16,6 m	14,86 m	14,86 m	14,86 m	14,86 m
18	16	16	17	17
27.000 m³	19.550 m³	19.550 m³	20.870 m³	20.870 m³
11,1 t	7,2 t	7,2 t	7,6 t	8,8 t
2000 m	1800 m	1800 m	1900 m	1900 m
4 Maybach	3 Maybach	3 Maybach		3 Maybach
180 / 720	165 / 495	165 / 495	180 / 540	180 / 540
21 m/s, 75,6 km/h	20 m/s, 72 km/h	20,5 m/s, 73,8 km/h	20 m/s, 72 km/h	20,5 m/s, 73,8 km/h
2100 km	2700 km	2700 km	2800 km	1900 km
2 / 4	2 / 4	2 / 4		2 / 4
Erste Fahrt 9. 9. 1913. Unterbringung: Bis 20. 9. 1913 in Friedrichshafen, danach Berlin-Johannisthal. 10 Fahrten, 1727 km. Bei Start zu Probefahrt am 17. 10. 1913 infolge Vergaserbrand in der Luft abgebrannt, 28 Tote.	Erste Fahrt 6. 6. 1913. Standorte: Friedrichshafen, Frankfurt-Rebstock, Königsberg, Leipzig, Frankfurt-Rebstock, Liegnitz, Baden-Oos, Köln, Baden-Oos, Köln. Am 13. 4. 1914 im Gewitter Notlandung bei Diedenhofen; abgewrackt.	Erste Fahrt 8. 7. 1913. Osteinsatz: Aufklärungen und Angriffe. Durch Umbau verlängert, Motoren verstärkt. Standorte: Friedrichshafen, Frankfurt-Rebstock, Baden-Oos, Frankfurt-Rebstock, Gotha, Leipzig. Danach in ständigem Wechsel: Potsdam, Berlin-Johannisthal. Zum Kriegseinsatz: Posen. 27. 8. 1914 durch feindlichen Beschuß Gasverlust, Notlandung bei Mlawa, Besatzung in Gefangenschaft.	Umbau	Erste Fahrt 10. 11. 1913. Westeinsatz. Standorte: Friedrichshafen, Gotha, Leipzig, Liegnitz, Leipzig, Dresden. Kriegseinsatz West: Köln. 6. 8. 1914 bei Angriff auf Lüttich durch Beschuß starker Gasverlust; bei Bonn gestrandet; abgewrackt.

Typ i, LZ 18, Marineluftschiff L 2, 1913

Typ k, LZ 21, Heeresluftschiff Z VI, 1913

Liste sämtlicher Bauten des Luftschiffbau Zeppelin	**LZ 22**	**LZ 23**	**LZ 24**
Name			
Typ	l	l	m
Bauwerft	Friedrichshafen	Friedrichshafen	Friedrichshafen
Zugehörigkeit	Heer	Heer	Marine
Betriebsbezeichnung	Z VII	Z VIII	L 3
Länge	156 m	156 m	158 m
Größter Durchmesser	14,86 m	14,86 m	14,86 m
Anzahl der Zellen	18	18	18
Traggas-Volumen	22.140 m³	22.140 m³	22.470 m³
Nutzlast bei 0° und 760 mm	8,85 t	8,85 t	9,2 t
Statische Steighöhe	1900 m	1900 m	2000 m
Motoren	3 Maybach	3 Maybach	3 Maybach
PS pro Motor / Gesamt-PS	180 / 540	180 / 540	200 / 600
Geschwindigkeit max.	20 m/s, 72 km/h	20 m/s, 72 km/h	22,4 m/s, 80,6 km/h
Reichweite	1900 km	2000 km	2200 km
Anzahl der Gondeln / Propeller	2 / 4	2 / 4	2 / 4
Anmerkungen (Bau, erste Fahrt, Schicksal, Standort etc.)	Erste Fahrt 8. 1. 1914. Westeinsatz. Standorte: Potsdam, Dresden, Frankfurt-Rebstock, Baden-Oos. Kriegseinsatz West von Baden-Oos. Am 22. 8. 1914 bei Aufklärung starker Beschuß, durch Gasverlust bei St. Quirin gestrandet; abgewrackt.	Erste Fahrt 11. 5. 1914. Westeinsatz. Standorte: Friedrichshafen, Baden-Oos, Leipzig, Trier. Westeinsatz von Trier. Am 22. 8. 1914 infolge starken Beschusses bei Bavonville notgelandet; abgewrackt.	Erste Fahrt 11. 5. 1914. Bei Kriegsausbruch einziger Zeppelin der Marine. Erster Zeppelin über England (18./19. 1. 1915). Ab 1. 8. 1914 78 Fahrten; insgesamt 138 Fahrten, 31 559 km. Standorte: Johannisthal, Fuhlsbüttel, Nordholz. Am 17. 2. 1915 auf Rückmarsch von weitreichender Aufklärung bei Schlechtwettereinbruch wegen Brennstoffmangels an dänischer Küste in Jütland notgelandet. Keine Verluste, Besatzung in Dänemark interniert.

Typ l, LZ 23, Heer Z VIII, 1914

Typ m, LZ 24, Marineluftschiff L 3, 1914

Typ n, LZ 26, Heer Z XII, 1915

Liste sämtlicher Bauten des Luftschiffbau Zeppelin	**LZ 25**	**LZ 26**	**LZ 27**
Name			
Typ	m	n	m
Bauwerft	Friedrichshafen	Frankfurt/M.	Friedrichshafen
Zugehörigkeit	Heer	Heer	Marine
Betriebsbezeichnung	Z IX	Z XII	L 4
Länge	158 m	161,2 m	
Größter Durchmesser	14,86 m	16 m	
Anzahl der Zellen	18	15	
Traggas-Volumen	22.470 m³	25.000 m³	
Nutzlast bei 0° und 760 mm	9,2 t	12,2 t	*Alle technischen Daten wie LZ 25.*
Statische Steighöhe	2000 m	2400 m	
Motoren	3 Maybach	3 Maybach	
PS pro Motor / Gesamt-PS	210 / 630	210 / 630	
Geschwindigkeit max.	22,4 m/s, 80,6 km/h	22,5 m/s, 81 km/h	
Reichweite	2200 km	3300 km	
Anzahl der Gondeln / Propeller	2 / 4	2 / 3	
Anmerkungen (Bau, erste Fahrt, Schicksal, Standort etc.)	Erste Fahrt 29. 7. 1914. Westeinsatz. Standorte: Friedrichshafen, Dresden, ab 10. 8. 1914 Düsseldorf. Am 8. 10. 1914 durch Fliegerbombenwurf in der Halle Düsseldorf vernichtet.	Erste Fahrt 14. 12. 1914. Geschlossene Führergondel, Spähkorb (v. Gemmingen). Westeinsatz, Osteinsatz. Standorte: Frankfurt, Maubeuge; Allenstein, Königsberg, Gotha, Liegnitz, Warschau; Hannover, Jüterbog. Am 8. 8. 1917 wegen Einstellung der Heeresluftschiffahrt in Jüterbog abgerüstet.	Erste Fahrt 18. 8. 1914. Westeinsatz, Aufklärungsfahrten, insgesamt 50 Fahrten, 10552 km. Standort: Fuhlsbüttel. Am 17. 2. 1915 wie LZ 24 (L 3) wegen Brennstoffmangels an dänischer Küste notgelandet, 4 Mann mit Schiff abgetrieben, Besatzung interniert.

Liste sämtlicher Bauten des Luftschiffbau Zeppelin	LZ 28	LZ 29	LZ 30
Name			
Typ	m	m	m
Bauwerft	Friedrichshafen	Friedrichshafen	Potsdam
Zugehörigkeit	Marine	Heer	Heer
Betriebsbezeichnung	L 5	Z X	Z XI
Länge			
Größter Durchmesser			
Anzahl der Zellen			
Traggas-Volumen			
Nutzlast bei 0° und 760 mm / *Statische Steighöhe*	*Alle technischen Daten wie LZ 25.*	*Alle technischen Daten wie LZ 25.*	*Alle technischen Daten wie LZ 25.*
Motoren			
PS pro Motor / Gesamt-PS			
Geschwindigkeit max.			
Reichweite			
Anzahl der Gondeln / Propeller			
Anmerkungen (Bau, erste Fahrt, Schicksal, Standort etc.)	Erste Fahrt 24. 9. 1914. West- und Osteinsatz, insgesamt 95 Fahrten, 32 917 km. Standorte: ab 5. 10. 1914 Nordholz, ab 20. 2. 1915 Fuhlsbüttel, ab 6. 5. 1915 Nordholz, ab 15. 6. 1915 Seddin. Am 7. 8. 1915 durch russische Abwehr beschädigt, bei Plungjany notgelandet, abgewrackt.	Erste Fahrt 13. 10. 1914. Westeinsatz. Standorte: Friedrichshafen, Düsseldorf, ab 13. 3. 1915 Brüssel-Evere. Am 21. 3. 1915 auf Rückweg von Angriff durch Beschuß zu Notlandung bei St. Quentin gezwungen, abgewrackt.	Erste Fahrt 15. 11. 1914. Osteinsatz. Standort: Posen. Am 20. 5. 1915 bei Ausfahrt aus der Halle beschädigt und abgetrieben, beim Niedergehen durch Selbstentzündung verbrannt.

LZ 31	LZ 32	LZ 33	LZ 34	LZ 35
m	m	m	m	m
Friedrichshafen	Friedrichshafen	Friedrichshafen	Potsdam	Friedrichshafen
Marine	Marine	Marine	Heer	Heer
L 6	L 7	L 8		
Alle technischen Daten wie LZ 25.	*Alle technischen Daten wie LZ 25.*	*Alle technischen Daten wie LZ 25.*	*Alle technischen Daten wie LZ 25.*	*Alle technischen Daten wie LZ 25.*
Erste Fahrt 3. 11. 1914. Westeinsatz, Nordsee, England. Ab 4. 8. 1915 Schulschiff. Bis 3. 8. 1915 91 Fahrten, insgesamt 419 Fahrten, 73921 km. Standorte: Fuhlsbüttel, Nordholz, Fuhlsbüttel, Hage. Standorte im Schulbetrieb: Dresden, Fuhlsbüttel. Verbrannte beim Gasnachfüllen in Fuhlsbüttel am 16. 9. 1916.	Erste Fahrt 20. 11. 1914. Westeinsatz, Nordsee, England, 165 Fahrten, 48531 km. Standorte: bis 22. 1. 1915 Leipzig, bis 24. 4. 1915 Nordholz, bis 4. 5. 1916 Tondern. Bei Fliegerangriff auf Werft Friedrichshafen am 23. 11. 1914 wurde L 7 nicht verletzt. Am 4. 5. 1916 durch englische Kreuzer Galathea und Phaeton bei Hoorne Reef abgeschossen. Engl. U-Boot rettete, nachdem es L 7 in Brand geschossen hatte, 7 Mann der Besatzung; 11 Tote.	Erste Fahrt 17. 12. 1914. Westeinsatz, 22 Fahrten, 1423 km. Standorte: Düsseldorf, ab 27. 2. 1915 Gontrode (Heereshalle). Am 5. 3. 1915 bei Tirlemont nach Beschuß notgelandet, abgewrackt.	Erste Fahrt 6. 1. 1915. Osteinsatz, mehrere weitreichende Fahrten und Angriffe. Standorte: Potsdam, ab 4. 2. 1915 Liegnitz, dann Königsberg. Am 21. 5. 1915 bei einer Rückfahrt durch Beschuß Gasverlust; Notlandung bei Semgallen in Ostpreußen, verbrannt.	Erste Fahrt 11. 1. 1915. Westeinsatz, Angriffsfahrten Frankreich. Versuch eines Englandangriffs, mehrere Angriffe Belgien und Frankreich, wobei einmal 2400 m Höhe erreicht wurden. Standorte: Köln, Gontrode. Bei Angriffsfahrt auf Frankreich am 13./14. 3. 1915 durch Beschuß Gasverlust, Notlandung bei Aeltre; abgewrackt.

Typ o, LZ 36, Marine L 9, 1915
Typ p, LZ 47, Heer LZ 77, 1915

Liste sämtlicher Bauten des Luftschiffbau Zeppelin	**LZ 36**	**LZ 37**	**LZ 38**
Name			
Typ	o	m	p
Bauwerft	Friedrichshafen	Potsdam	Friedrichshafen
Zugehörigkeit	Marine	Heer	Heer
Betriebsbezeichnung	L 9		
Länge	161,4 m		163,5 m
Größter Durchmesser	16 m		18,71 m
Anzahl der Zellen	15		15
Traggas-Volumen	24.900 m³		31.900 m³
Nutzlast bei 0° und 760 mm	11,1 t	*Alle technischen Daten wie LZ 25*	15,0 t
Statische Steighöhe	2300 m		2800 m
Motoren	3 Maybach		3 Maybach
PS pro Motor / Gesamt-PS	210 / 630		210 / 630
Geschwindigkeit max.	23,6 m/s, 85 km/h		24 m/s, 86,4 km/h
Reichweite	2800 km		4300 km
Anzahl der Gondeln / Propeller	2 / 3		2 / 3
Anmerkungen (Bau, erste Fahrt, Schicksal, Standort etc.)	Erste Fahrt 8. 3. 1915. Innenlaufgang, vom Schiff getrennte, geschlossene Führergondel mit angelenkter Maschinengondel. Westeinsatz, Nordsee, England; ab 16. 9. 1916 Schulschiff. 152 Fahrten, ca. 44 000 km. Standorte: Nordholz, Hage, Tondern, Seddin, Hamburg. Verbrannte beim Gasfüllen am 16. 9. 1916 zusammen mit L 6 (LZ 31).	Erste Fahrt 4. 3. 1915. Westeinsatz. Standorte: ab 4. 3. Berlin-Johannisthal, ab 11. 3. Potsdam, Anfang April bis Ende Mai Köln, dann Brüssel-Etterbeck. 7. 6. 1915 nach Angriff durch englische Flieger brennend bei Gent abgeschossen; einziger Überlebender Steuermann Mühler.	Erste Fahrt 3. 4. 1915. Westeinsatz, England, erster Zeppelin über London. Standorte: Königsberg, Schneidemühl (Osteinsatz); ab Anfang Mai 1915 Düsseldorf, Brüssel-Evere (Westeinsatz). Am 7. 6. 1915 in der Halle Brüssel-Evere durch Bombenwurf englischer Flieger vernichtet.

Liste sämtlicher Bauten des Luftschiffbau Zeppelin	**LZ 39**	**LZ 40**	**LZ 41**
Name			
Typ	o	p	p
Bauwerft	Friedrichshafen	Friedrichshafen	Löwental
Zugehörigkeit	Heer	Marine	Marine
Betriebsbezeichnung		L 10	L 11
Länge	161,4 m	163,5 m	
Größter Durchmesser	16 m	18,71 m	
Anzahl der Zellen	15	16	
Traggas-Volumen	24.900 m³	31.900 m³	
Nutzlast bei 0° und 760 mm	10,0 t	16,2 t	*Alle technischen Daten wie LZ 40*
Statische Steighöhe	2200 m	2800 m	
Motoren	3 Maybach	4 Maybach	
PS pro Motor / Gesamt-PS	210 / 630	210 / 840	
Geschwindigkeit max.	22,5 m/s, 81 km/h	26,7 m/s, 96,1 km/h	
Reichweite	2800 km	4300 km	
Anzahl der Gondeln / Propeller	2 / 3	2 / 4	
Anmerkungen (Bau, erste Fahrt, Schicksal, Standort etc.)	Erste Fahrt 24. 4. 1915. Standorte: im Wechsel Düsseldorf, Brüssel-Agathe, Namur, bis 19. 7. 1915 (Westeinsatz); Schneidemühl, ab 10. 9. Allenstein, ab 27. 9. Posen, ab 5. 10. Warschau (Osteinsatz). Nach Beschuß 7. 12. 1915 wegen Gasverlusts bei Luck notgelandet, abgewrackt.	Erste Fahrt 13. 5. 1915. Vorn 1 Motor, achtern 3 Motoren, davon einer mit Heckpropeller. Westeinsatz, Nordsee, England; 29 Fahrten, 52 639 km. Standort: Nordholz. Am 3. 9. 1915 beim Abwiegen in 500 m Höhe vom Blitz getroffen (Schiff blies ab), in der Luft verbrannt. Keine Überlebenden.	Erste Fahrt 7. 6. 1915. Westeinsatz, Nordsee, England. Frontbetrieb bis 19. 9. 1916 = 118 Fahrten, Schulbetrieb = 276 Fahrten, insgesamt = 394 Fahrten. Standorte: Nordholz, ab 23. 6. 1915 Hage, ab 28. 6. 1915 Nordholz, ab 17. 8. 1916 Hage, ab 19. 9. 1916 Nordholz, ab 5. 4. 1917 Hage. Am 25. 4. 1917 in Hage abgewrackt.

LZ 42	LZ 43	LZ 44	LZ 45	LZ 46
p	p	p	p	p
Potsdam	Friedrichshafen	Löwental	Friedrichshafen	Löwental
Heer	Marine	Heer	Marine	Marine
LZ 72*	L 12	LZ 74	L 13	L 14
Alle technischen Daten wie LZ 40.	*Alle technischen Daten wie LZ 40.*	*Alle technischen Daten wie LZ 40.*	*Alle technischen Daten wie LZ 40.*	*Alle technischen Daten wie LZ 40.*
Erste Fahrt 15. 6. 1915. Da die beim Bau verwendete Aluminiumlegierung schlecht war, kamen Trägerbrüche vor, daher nur als Schulschiff eingesetzt. Standorte: Düsseldorf, Spich, Jüterbog, Dresden. Am 16. 2. 1917 in Jüterbog abgerüstet.	Erste Fahrt 21. 6. 1915. Westeinsatz, England; 14 Fahrten, 4112 km. Standorte: Nordholz, ab 28. 6. 1915 Hage. Am 10. 8. 1915 nach Beschuß auf Angriffsfahrt vor Ostende auf die See niedergegangen, in Hafen eingeschleppt. Bei Demontage verbrannt.	Erste Fahrt 8. 7. 1915. Westeinsatz, England. Standorte: im mehrfachen Wechsel Darmstadt, Maubeuge, Namur, Hage. Am 8. 10. 1915 bei Rückkehr von Kriegsfahrt im Nebel gegen einen Berg gefahren, Mehrzahl der Besatzung verletzt, keine Toten; abgerüstet.	Erste Fahrt 23. 7. 1915. Westeinsatz, England, Nordsee, 159 Fahrten, 69 000 km. Standorte: Hage, ab 5. 4. 1917 Wittmundhaven, ab 28. 4. 1917 Hage. Am 11. 12. 1917 außer Dienst gestellt, abgewrackt.	Erste Fahrt 9. 8. 1915. Westeinsatz, Nordsee, England, 127 Frontfahrten; ab 5. 4. 1917 Schulschiff, 399 Fahrten; insgesamt 526 Fahrten, 63 742 km. Standorte: Nordholz, ab 8. 7. 1916 Hage, ab 4. 4. 1917 Nordholz. Am 8. 9. 1918 außer Dienst gestellt, in Nordholz in einer Halle aufgehängt, am 23. 6. 1919 in der Halle zerstört.

* Aus Tarnungsgründen wurden ab LZ 42 bei den Heeresluftschiffen für die Betriebsbezeichnung zur Baunummer 30 hinzugezählt.

Liste sämtlicher Bauten des Luftschiffbau Zeppelin	**LZ 47**	**LZ 48**	**LZ 49**
Name			
Typ	p	p	p
Bauwerft	Friedrichshafen	Löwental	Potsdam
Zugehörigkeit	Heer	Marine	Heer
Betriebsbezeichnung	LZ 77	L 15	LZ 79
Länge		163,5 m	
Größter Durchmesser		18,71 m	
Anzahl der Zellen		16	
Traggas-Volumen		31.900 m³	
Nutzlast bei 0° und 760 mm	*Alle technischen Daten wie LZ 40.*	16,2 t	*Alle technischen Daten wie LZ 48.*
Statische Steighöhe		2800 m	
Motoren		4 Maybach	
PS pro Motor / Gesamt-PS		240 / 960	
Geschwindigkeit max.		27 m/s, 97,2 km/h	
Reichweite		4300 km	
Anzahl der Gondeln / Propeller		2 / 4	
Anmerkungen (Bau, erste Fahrt, Schicksal, Standort etc.)	Erste Fahrt 24. 8. 1915. Westeinsatz, England, Frankreich. Standorte: in mehrfachem Wechsel Spich, Namur, Hage, Düsseldorf. Am 22. 2. 1916 nach 5 Angriffsfahrten bei Révigny von Flak abgeschossen, keine Überlebenden.	Erste Fahrt 9. 9. 1915. Westeinsatz, Nordsee, England; 36 Fahrten, 10 063 km. Standorte: Nordholz, ab 21. 9. 1915 Hage. Am 1. 4. 1916 nach Angriff durch Flakbeschuß Gasverlust, auf Nordsee bei Knock Deep gelandet. Besatzung in Gefangenschaft. 1 Toter.	Erste Fahrt 23. 11. 1915. Standorte: Jüterbog, Posen (Osteinsatz); Maubeuge, Düren, dann im mehrfachen Wechsel Spich und Namur. Am 30. 1. 1916 durch feindliche Abwehr beschädigt, Notlandung bei Ath, abgewrackt.

LZ 50	LZ 51		LZ 52	LZ 53
p	p		p	p
Friedrichshafen	Löwental		Löwental	Friedrichshafen
Marine	Heer		Marine	Marine
L 16	LZ 81		L 18	L 17
	163,5 m	178,5 m	163,5 m	
	18,71 m	18,71 m	18,71 m	
	16	18	16	
	31.900 m³	35.800 m³	31.900 m³	
Alle technischen Daten wie LZ 48.	16,2 t	17,9 t	16,2 t	*Alle technischen Daten wie LZ 52.*
	2800 m	3200 m	2800 m	
	4 Maybach		4 Maybach	
	240 / 960		240 / 960	
	27 m/s, 97,2 km/h	26,5 m/s, 95,4 km/h	27 m/s, 97,2 km/h	
	4300 km	4900 km	4300 km	
	2 / 4		2 / 4	
Erste Fahrt 23. 11. 1915. Westeinsatz, Nordsee, England, 132 Fahrten; ab 13. 3. 1917 Schulschiff, 103 Fahrten; insgesamt 235 Fahrten, 49 146 km. Standorte: Hage, ab 3. 3. 1917 Nordholz. Am 19. 10. 1917 bei Landung beschädigt, abgewrackt.	Erste Fahrt 7. 10. 1915. Standorte: 2. 11. 1915 bis 19. 1. 1916 Szentandras (Südosteinsatz). In mehrfachem Wechsel Namur und Düsseldorf. (Westeinsatz). Umbau im Sommer 1916 in Dresden. Danach wieder Südosteinsatz. Standort: Szentandras. Am 26. 9. 1915 nach Angriff auf Bukarest notgelandet und abgewrackt.	Umbau	Erste Fahrt 3. 11. 1915. Vier Fahrten, 1060 km. Standort: Tondern. Am 17. 11. 1915 beim Gasnachfüllen in Tondern verbrannt.	Erste Fahrt 20. 10. 1915. Westeinsatz, Nordsee, England; 80 Fahrten, 42 936 km. Standorte: Nordholz, ab 17. 8. 1916 Tondern. Am 28. 12. 1916 bei der Einfahrt des L 24, der das Tor der Halle in Tondern berührte und abbrannte, ebenfalls verbrannt.

Liste sämtlicher Bauten des Luftschiffbau Zeppelin	**LZ 54**	**LZ 55**
Name		
Typ	p	p
Bauwerft	Friedrichshafen	Potsdam
Zugehörigkeit	Marine	Heer
Betriebsbezeichnung	L 19	LZ 85
Länge		163,5 m
Größter Durchmesser		18,71 m
Anzahl der Zellen		16
Traggas-Volumen		31.900 m³
Nutzlast bei 0° und 760 mm	*Alle technischen Daten wie LZ 52.*	16,2 t
Statische Steighöhe		2800 m
Motoren		4 Maybach
PS pro Motor / Gesamt-PS		240 / 960
Geschwindigkeit max.		27 m/s, 97,2 km/h
Reichweite		4300 km
Anzahl der Gondeln / Propeller		2 / 4
Anmerkungen (Bau, erste Fahrt, Schicksal, Standort etc.)	Erste Fahrt 19. 11. 1915. Westeinsatz, Nordsee, England; 14 Fahrten. Standorte: Dresden, ab 28. 1. 1917 Tondern. Am 2. 2. 1916 auf Rückkehr von Angriffsfahrt wegen Brennstoffmangels und Beschußverletzung auf die Nordsee niedergegangen. Englischer Fischdampfer „King Stephan" kam heran, verweigerte aber die Übernahme der Schiffbrüchigen. Keine Überlebenden.	Erste Fahrt 12. 9. 1915. Ost- und Südosteinsatz. Standorte: Allenstein bis 18. 1. 1916, Liegnitz bis 27. 1., danach Szentandras. Am 5. 5. 1916 nach Angriff infolge Gasverlusts durch Beschuß in den Vardarsümpfen notgelandet. Besatzung geriet in englische Gefangenschaft.

LZ 56		LZ 57	LZ 58	LZ 59
p		p	p	q
Löwental		Löwental	Potsdam	Friedrichshafen
Heer		Heer / Marine	Heer / Marine	Marine
LZ 86		LZ 87	LZ 88 / L 25	L 20
163,5 m	178,5			178,5 m
18,71 m	18,71 m			18,71 m
16	18			18
31.900 m³	35.800 m³			35.800 m³
16,2 t	17,9 t	*Alle technischen Daten wie LZ 56 einschließl. Umbau.*	*Alle technischen Daten wie LZ 56 einschließl. Umbau.*	17,9 t
2800 m	3200 m			3200 m
4 Maybach				4 Maybach
240 / 960				240 / 960
27 m/s, 97,2 km/h	26,5 m/s, 95,4 km/h			26,5 m/s, 95,4 km/h
4300 km	4900 km			4900 km
2 / 4				2 / 4
Erste Fahrt 10. 10. 1915. Ost- und Südosteinsätze. Standorte: Schneidemühl bis 24. 10. 1915, Königsberg bis 18. 2. 1916, dann Kowno. Umbau Sommer 1916 in Dresden. Standort ab August 1916: Szentandras. Am 4. 9. 1916 bei Rückkehr von Angriff riß bei schwerem Schiff die achtere Gondel ab. Das so erleichterte Schiff stieg schnell wieder hoch. Die vordere Gondel löste sich vom Schiff, sämtliche Insassen unter sich begrabend. Der Schiffskörper landete in der Nähe, so daß ein Teil der Besatzung mit dem Leben davonkam.	Umbau	Erste Fahrt 6. 12. 1915. West- und Osteinsatz. Standorte: bis 25. 5. 1916 im mehrfachen Wechsel Darmstadt und Namur. Bis 1. 9. 1916 Königsberg. Danach Umbau in Dresden. Bis Juni 1917 Schulschiff, danach an Marine abgegeben. Aufklärungen in der Ostsee, 12 Fahrten. Am 28. 7. 1917 in Jüterbog abgerüstet.	Erste Fahrt 14. 11. 1915. Westeinsatz, England. Standorte: Hannover, Jüterbog, ab 31. 12. 1915 Düsseldorf, Maubeuge, Köln, im Wechsel bis 30. 5. 1916. Als Heeresluftschiff 47 Fahrten. Ostseeaufklärungen, 14 Fahrten. Standorte: Seddin, Wainoden, Königsberg. September 1916 nach Dresden überführt. Im Januar 1917 nach Potsdam überführt und an Marine als Versuchsschiff (L 25) übergeben. In Potsdam 39 Fahrten, 5598 km. September 1917 verlegt nach Jüterbog, dort abgerüstet.	Erste Fahrt 21. 12. 1915. Westeinsatz, Nordsee, England; auch Ostsee; 19 Fahrten, 7211 km. Standorte: Tondern bis 21. 2. 1916, Seddin bis 6. 4. 1916, Tondern. Am 3. 5. 1916 bei Rückkehr von Englandangriff nach Norwegen abgetrieben. Notlandung vor Stavanger. Besatzung zerstörte das Schiff und wurde interniert.

Liste sämtlicher Bauten des Luftschiffbau Zeppelin	LZ 60	LZ 61	LZ 62
Name			
Typ	p	q	r
Bauwerft	Potsdam	Löwental	Friedrichshafen
Zugehörigkeit	Heer	Marine	Marine
Betriebsbezeichnung	LZ 90	L 21	L 30
Länge			198 m
Größter Durchmesser			23,93 m
Anzahl der Zellen			19
Traggas-Volumen			55.200 m^3
Nutzlast bei 0° und 760 mm	*Alle technischen Daten wie LZ 56 einschließl. Umbau.*	*Alle technischen Daten wie LZ 59.*	32,5 t
Statische Steighöhe			3900 m
Motoren			6 Maybach
PS pro Motor / Gesamt-PS			240 / 1440
Geschwindigkeit max.			28,7 m/s, 103 km/h
Reichweite			7400 km
Anzahl der Gondeln / Propeller			4 / 6
Anmerkungen (Bau, erste Fahrt, Schicksal, Standort etc.)	Erste Fahrt 1. 6. 1916. Westeinsatz, England, Frankreich. Standorte: Potsdam, Hannover bis 11. 2. 1916, Spich, mehrfach Trier und Namur, Dresden, Mannheim. Am 7. 11. 1916 bei Sturm nach Landung in Wittmundhaven losgerissen und ohne Besatzungsverlust in die Nordsee abgetrieben.	Erste Fahrt 10. 1. 1916. Westeinsatz, Nordsee, England; auch Ostsee, 74 Fahrten, 35 751 km. Standorte: Nordholz, ab 21. 2. 1916 Seddin, ab 5. 4. 1916 Tondern, ab 16. 4. 1916 Nordholz. Am 28. 11. 1916 durch englisches Flugzeug über der Nordsee abgeschossen; keine Überlebenden.	Erste Fahrt 28. 5. 1916. Erstes Typ-r-Schiff, mit Graf Zeppelin an Bord nach Nordholz überführt. Westeinsatz, Nordsee, England, Ostsee; 123 Fahrten, 55 226 km. Standorte: Nordholz, ab 21. 8. 1916 Ahlhorn, ab 5. 4. 1917 Tondern, ab 2. 5. 1917 Seerappen. Am 17. 11. 1917 in Seerappen außer Dienst gestellt. 1920 zerlegt an Belgien ausgeliefert.

	LZ 63	LZ 64	LZ 65	LZ 66	LZ 67
	p	q	q	q	q
	Potsdam	Löwental	Potsdam	Potsdam	Löwental
	Heer	Marine	Heer	Marine	Heer
	LZ 93	L 22	LZ 95	L 23	LZ 97
					178,5 m
					18,71 m
					18
					35.800 m³
	Alle technischen Daten wie LZ 56 einschließl. Umbau.	*Alle technischen Daten wie LZ 59.*	*Alle technischen Daten wie LZ 59.*	*Alle technischen Daten wie LZ 59.*	18,2 t
					3200 m
					4 Maybach
					240 / 960
					26,5 m/s, 95,4 km/h
					4900 km
					2 / 4
	Erste Fahrt 23. 2. 1916. Westeinsatz. Standorte: Potsdam, Hannover, Düsseldorf, ab 1. 4. 1916 in mehrfachem Wechsel Namur, Spich, Köln. 14. 8. bis 1. 10. Umbau in Dresden, danach Düsseldorf. Im Sommer 1917 wegen Aufgabe der Heeresluftschiffahrt in Trier abgerüstet.	Erste Fahrt 3. 3. 1916. Westeinsatz, England; 81 Fahrten, 38 200 km. Standorte: Tondern, ab 15. 3. 1916 Nordholz, ab 16. 4. 1916 Tondern, ab 20. 9. 1916 Nordholz, ab 3. 3. 1917 Hage, ab 5. 4. 1917 Wittmund. Am 14. 5. 1917 bei Aufklärung durch englisches Flugzeug abgeschossen; keine Überlebenden.	Erste Fahrt 1. 2. 1916. Westeinsatz. Standorte: Düsseldorf, Namur. Auf erster Angriffsfahrt angeschossen, erreichte den Abgangshafen nicht. Notlandung am 21. 2. 1916 südlich Namur.	Erste Fahrt 8. 4. 1916. Westeinsatz Nordsee, England; 101 Fahrten, 48 700 km. Standorte: Tondern, ab 29. 4. 1916 Nordholz, ab 9. 11. 1916 Tondern. Kptlt. Bockholt bringt nach Wasserlandung am 3. 4. 1917 die norwegische Bark „Royal" auf. Am 21. 8. 1917 bei Lyngwik durch englisches Flugzeug abgeschossen; keine Überlebenden.	Erste Fahrt 4. 4. 1916. Westeinsatz, England (London), Frankreich (Boulogne). Osteinsatz (Süd), Rumänien, Italien. Standorte: bis Ende Juli 1916 in mehrfachem Wechsel Mannheim und Namur. 3. 9. 1916 Wittmundhaven, bis Oktober Darmstadt, danach bis Juli 1917 Szentandras. Am 5. 7. 1917 in Jüterbog abgerüstet.

Typ r, LZ 62, Marine L 30, 1916
Typ q, LZ 66, Marine L 33, 1916

Liste sämtlicher Bauten des Luftschiffbau Zeppelin	**LZ 68**	**LZ 69**	**LZ 70**
Name			
Typ	q	q	q
Bauwerft	Löwental	Potsdam	
Zugehörigkeit	Heer/Marine	Marine	
Betriebsbezeichnung	LZ 98	L 24	
Länge	178,5 m		
Größter Durchmesser	18,71 m		
Anzahl der Zellen	18		
Traggas-Volumen	35.800 m³		
Nutzlast bei 0° und 760 mm	18,4 t	*Alle technischen Daten wie LZ 68.*	
Statische Steighöhe	3200 m		
Motoren	4 Maybach		
PS pro Motor / Gesamt-PS	240 / 960		
Geschwindigkeit max.	26,5 m/s, 95,4 km/h		
Reichweite	4900		
Anzahl der Gondeln / Propeller	2 / 4		
Anmerkungen (Bau, erste Fahrt, Schicksal, Standort etc.)	Erste Fahrt 28. 4. 1916. Westeinsatz, England. Standorte: bis 18. 6. Hannover, bis 31. 8. Wildeshausen, bis 2. 9. Namur, Ahlhorn, ab 5. 9. bis 15. 11. Wildeshausen und Namur im mehrfachen Wechsel. Ab Dezember 1916 Osteinsatz; dort Kowno, Wainoden, Allenstein. Frühjahr 1917 zur Verfügung der Marine; 15 Aufklärungen Ostsee. Im August 1917 in Jüterbog abgerüstet.	Erste Fahrt 20. 5. 1916. Westeinsatz, England; 45 Fahrten, 26373 km. Standort: Tondern. Am 28. 12. 1916 in Tondern beim Einfahren gegen Hallentor gestoßen und verbrannt (mit L 17).	Bau begonnen, aber nicht vollendet, weil der wesentlich größere Typ r inzwischen entwickelt worden war.

Liste sämtlicher Bauten des Luftschiffbau Zeppelin	LZ 71	LZ 72	LZ 73
Name			
Typ	q	r	q
Bauwerft	Potsdam	Löwental	Potsdam
Zugehörigkeit	Heer	Marine	Heer
Betriebsbezeichnung	LZ 101	L 31	LZ 103
Länge		198 m	
Größter Durchmesser		23,93 m	
Anzahl der Zellen		19	
Traggas-Volumen		55.200 m^3	
Nutzlast bei 0° und 760 mm	*Alle technischen Daten wie LZ 68.*	32,5 t	*Alle technischen Daten wie LZ 68.*
Statische Steighöhe		4100 m	
Motoren		6 Maybach	
PS pro Motor / Gesamt-PS		240 / 1440	
Geschwindigkeit max.		28,7 m/s, 103,3 km/h	
Reichweite		7400 km	
Anzahl der Gondeln / Propeller		4 / 6	
Anmerkungen (Bau, erste Fahrt, Schicksal, Standort etc.)	Erste Fahrt 29. 6. 1916. Einsatz: Rumänien und Ägäis. Standorte: Hannover, Spich bis 31. 7. 1916, Szentandras bis 3. 8., Jambol bis 31. 8. 1916. Nach Schneidemühl überführt und im September 1917 in Jüterbog abgerüstet.	Erste Fahrt 12. 7. 1916. Westeinsatz, Nordsee, England, 19 Fahrten. Standorte: Nordholz, ab 7. 8. 1916 Ahlhorn. Am 2. 10. 1916 über London durch englisches Flugzeug abgeschossen; keine Überlebenden.	Erste Fahrt 8. 8. 1916. Westeinsatz, Frankreich. Standorte: Hannover, Wittmundhaven bis 7. 9. 1916, Spich. Ab April 1917 verlegt nach Königsberg; dort im August 1917 abgerüstet.

LZ 74	LZ 75	LZ 76	LZ 77	LZ 78
r	r	r	q	r
Friedrichshafen	Staaken b. Berlin	Friedrichshafen	Potsdam	Löwental
Marine	Marine	Marine	Heer	Marine
L 32	L 37	L 33	LZ 107	L 34
Alle technischen Daten wie LZ 72.	*Alle technischen Daten wie LZ 72.*	*Alle technischen Daten wie LZ 72.*	*Alle technischen Daten wie LZ 68.*	*Alle technischen Daten wie LZ 72.*
Erste Fahrt 4. 8. 1916. Westeinsatz, Nordsee, England; 13 Fahrten, 7200 km. Standorte: Nordholz, ab 19. 9. 1916 Ahlhorn. Am 24. 9. 1916 über London durch englisches Flugzeug brennend abgeschossen; keine Überlebenden.	Erste Fahrt 9. 11. 1916. Erster Bau in der Werft Staaken. Westeinsatz, Nordsee, England, ab Mai 1917 Ostsee; 70 Fahrten, 29090 km. Standorte: Ahlhorn, Nordholz, ab Mai 1917 Tondern, ab Juni 1917 Seddin, Wainoden, Seerappen, Seddin. Am 24. 12. 1917 in Seddin außer Dienst gestellt; 1920 zerlegt an Japan ausgeliefert.	Erste Fahrt 30. 8. 1916. Westeinsatz, Nordsee, England; 8 Fahrten, 1688 km. Standort: Nordholz. Am 24. 9. 1916 durch Artilleriebeschuß Gasverlust, in England notgelandet. Besatzung in Gefangenschaft. In England wurde das Schiffsgerippe vermessen. Der in England 1919 gebaute „R 34" wurde als Zeppelinnachbau erstellt.	Erste Fahrt 16. 10. 1916. Westeinsatz, Frankreich. Spähkorb erreichte 2850 m Höhe. Standorte: Jüterbog, ab 22. 10. 1916 Düren, danach Hannover. Am 7. 7. 1917 in Darmstadt abgerüstet.	Erste Fahrt 22. 9. 1916. Westeinsatz, Nordsee, England; 8 Fahrten, 6007 km. Standort: Nordholz. Am 27. 11. 1916 bei Hartlepool durch englisches Flugzeug brennend abgeschossen; keine Überlebenden.

Liste sämtlicher Bauten des Luftschiffbau Zeppelin	**LZ 79**	**LZ 80**	**LZ 81**
Name			
Typ	r	r	q
Bauwerft	Staaken b. Berlin	Friedrichshafen	Potsdam
Zugehörigkeit	Marine	Marine	Heer/Marine
Betriebsbezeichnung	L 41	L 35	LZ 111
Länge			
Größter Durchmesser			
Anzahl der Zellen			
Traggas-Volumen			
Nutzlast bei 0° und 760 mm	*Alle technischen Daten wie LZ 72.*	*Alle technischen Daten wie LZ 72.*	*Alle technischen Daten wie LZ 68.*
Statische Steighöhe			
Motoren			
PS pro Motor / Gesamt-PS			
Geschwindigkeit max.			
Reichweite			
Anzahl der Gondeln / Propeller			
Anmerkungen (Bau, erste Fahrt, Schicksal, Standort etc.)	Erste Fahrt 15. 1. 1917. Westeinsatz, Nordsee, England; 36 Fahrten. Ab 11. 12. 1917 Schulbetrieb; 18 Fahrten. Insgesamt 54 Fahrten, 24 180 km. Am 29. 5. 1918 außer Dienst gestellt, am 23. 6. 1919 in der Halle Nordholz zerstört.	Erste Fahrt 12. 10. 1916. Westeinsatz, Nordsee, England; auch Ostsee; 88 Fahrten, 35 393 km. Im September 1918 in Jüterbog abgerüstet, wo es seit 25. 9. 1917 als Versuchsschiff verwendet wurde.	Erste Fahrt 20. 12. 1916. Für Osteinsatz vorgesehen. Standorte: Schneidemühl, Königsberg. Am 29. 4. 1917 an Marine abgegeben; dort 7 Aufklärungsfahrten. Standorte: Seddin, Schneidemühl, Seddin. Am 10. 8. 1917 in Dresden abgerüstet.

LZ 82	LZ 83	LZ 84	LZ 85	LZ 86
r	r	r	r	r
Friedrichshafen	Staaken b. Berlin	Löwental	Staaken b. Berlin	Friedrichshafen
Marine	Heer / Marine	Marine	Marine	Marine
L 36	LZ 113	L 38	L 45	L 39
Alle technischen Daten wie LZ 72.	*Alle technischen Daten wie LZ 72.*	*Alle technischen Daten wie LZ 72.*	*Alle technischen Daten wie LZ 72.*	*Alle technischen Daten wie LZ 72.*
Erste Fahrt 1. 11. 1916. Westeinsatz, Nordsee, England; 20 Fahrten, 6683 km. Standort: Nordholz. Am 7. 2. 1917 aufs Eis der Weser aufgeschlagen, bei Rethem (Aller) notgelandet; abgewrackt.	Erste Fahrt 22. 2. 1917. Für Osteinsatz vorgesehen, an Marine abgestellt; von Seddin aus 15 Aufklärungen. Standorte: Jüterbog, danach Seddin. Am 8. 10. 1918 in Seddin in der Halle aufgehängt. Im Oktober 1920 nach Probefahrten Ablieferung an Frankreich.	Erste Fahrt 22. 11. 1916. Westeinsatz, Nordsee; Ostsee; 10 Fahrten, 4460 km. Standorte: Ahlhorn, ab 20. 12. 1916 Wainoden. Auf Fernunternehmen 29. 12. 1916 bei Seemuppen (Kurland) notgelandet; abgewrackt.	Erste Fahrt 12. 4. 1917. Westeinsatz, Nordsee, England; 27 Fahrten, 20776 km. Standort: Tondern. Am 20. 10. 1917 auf Rückfahrt von Angriff wegen Betriebsstoffmangels bei Sisteron (Frankreich) notgelandet; Schiff vernichtet, Besatzung in Gefangenschaft.	Erste Fahrt 11. 12. 1916. Westeinsatz, Nordsee, England; 24 Fahrten, 5057 km. Standort: Ahlhorn. 17. 3. 1917 auf Rückfahrt von Englandangriff über Frankreich bei Compiègne durch Flak brennend abgeschossen; keine Überlebenden.

Liste sämtlicher Bauten des Luftschiffbau Zeppelin	LZ 87	LZ 88	LZ 89
Name			
Typ	r	r	r
Bauwerft	Staaken b. Berlin	Friedrichshafen	Staaken b. Berlin
Zugehörigkeit	Marine	Marine	Marine
Betriebsbezeichnung	L 47	L 40	L 50
Länge			
Größter Durchmesser			
Anzahl der Zellen			
Traggas-Volumen			
Nutzlast bei 0° und 760 mm	*Alle technischen Daten wie LZ 72.*	*Alle technischen Daten wie LZ 72.*	*Alle technischen Daten wie LZ 72.*
Statische Steighöhe			
Motoren			
PS pro Motor / Gesamt-PS			
Geschwindigkeit max.			
Reichweite			
Anzahl der Gondeln / Propeller			
Anmerkungen (Bau, erste Fahrt, Schicksal, Standort etc.)	Erste Fahrt 1. 5. 1917. Westeinsatz, Nordsee, England; 44 Fahrten, 27722 km. Standorte: Ahlhorn, ab 26. 9. 1917 Wildeshausen, ab 19. 10. 1917 Ahlhorn. Am 5. 1. 1918 bei Explosion in den Hallen von Ahlhorn vernichtet.	Erste Fahrt 3. 1. 1917. Westeinsatz, Nordsee, England; 30 Fahrten, 8093 km. Standorte: Ahlhorn, ab 1. 5. 1917 Wittmundhaven. Am 16. 6. 1917 bei Fehllandung beschädigt; abgewrackt.	Erste Fahrt 9. 6. 1917. Westeinsatz, Nordsee, England; 19 Fahrten, 9740 km. Standort: Ahlhorn. Am 20. 10. 1917 auf Rückfahrt von Angriff wegen Brennstoffmangels bei Dammartin (Frankreich) notgelandet. Schiff ging mit 4 Mann wieder hoch und trieb ins Mittelmeer. 16 Mann in Gefangenschaft.

LZ 90	LZ 91	LZ 92	LZ 93	LZ 94
Ausonia				
r	s	s	t	t
Löwental	Friedrichshafen	Friedrichshafen	Löwental	Friedrichshafen
Heer / Marine	Marine	Marine	Marine	Marine
LZ 120	L 42	L 43	L 44	L 46
	196,5 m		196,5 m	
	23,93 m		23,93 m	
	18		18	
	55.500 m^3		55.800 m^3	
Alle technischen Daten wie LZ 72.	36,4 t	*Alle technischen Daten wie LZ 91.*	37,8 t	*Alle technischen Daten wie LZ 93.*
	5000 m		5200 m	
	5 Maybach		5 Maybach	
	240 / 1200		240 / 1200	
	27,7 m/s, 99,7 km/h		28,9 m/s, 104 km/h	
	10.400 km		11.500 km	
	4 / 5		4 / 4	
Erste Fahrt 31. 1. 1917. Osteinsatz; Angriffsversuch auf St. Petersburg scheiterte an Wetterlage. An Marine abgegeben; dort 17 Aufklärungsfahrten. 26. - 31. 7. 1917 als Probefahrt für Afrikaunternehmen Dauerfahrt von 101 Stunden (abgebrochen wegen Schlechtwettereinbruchs). Standorte: Jüterbog, Kowno bis 4. 5. 1917, danach Seerappen; dort in der Halle aufgehängt am 8. 10. 1917. Am 15. 11. 1920 Probefahrt und Überführung nach Seddin. Am 27. 11. Überführung nach Staaken. Ablieferung an Italien (Ciampino bei Rom) am 24. 12. 1920.	Erste Fahrt 22. 2. 1917. Westeinsatz, Nordsee, England; 53 Fahrten, 34446 km. Dann Schulbetrieb ab 6. 6. 1918, 12 Fahrten; insgesamt 65 Fahrten. Standorte: Nordholz, ab 17. 4. 1918 Ahlhorn, ab 4. 6. 1918 Nordholz. Am 9. 11. 1918 außer Dienst gestellt, am 23. 6. 1919 in Nordholz zerstört.	Erste Fahrt 6. 3. 1917. Westeinsatz, Nordsee, England; 14 Fahrten, 10614 km. Standort: Ahlhorn. Am 14. 6. 1917 über der Nordsee von englischem Flugzeug abgeschossen; keine Überlebenden.	Erste Fahrt 1. 4. 1917. Durch Einsparungen an Gewicht gegenüber Typ s erleichtert. Westeinsatz, Nordsee, England; 25 Fahrten, 14711 km. Standorte: Ahlhorn, ab 8. 5. 1917 Nordholz, ab 24. 5. 1917 Ahlhorn. Am 20. 10. 1917 bei Rückfahrt von Angriff auf England über Frankreich durch Flak brennend bei St. Clément abgeschossen; keine Überlebenden.	Erste Fahrt 24. 4. 1917. Westeinsatz, Nordsee, England; 36 Fahrten, 25887 km. Standort: Ahlhorn. Am 5. 1. 1918 bei Explosion in Ahlhorn vernichtet.

Typ s, LZ 92, Marine L 43, 1917

Typ t, LZ 94, Marine L 46, 1917

Typ u, LZ 95, Marine L 48, 1915
oben: LZ 45 (Typ p), Marine L 13

Liste sämtlicher Bauten des Luftschiffbau Zeppelin	LZ 95	LZ 96	LZ 97
Name			
Typ	u	u	u
Bauwerft	Friedrichshafen	Löwental	Friedrichshafen
Zugehörigkeit	Marine	Marine	Marine
Betriebsbezeichnung	L 48	L 49	L 51
Länge	196,5 m		
Größter Durchmesser	23,93 m		
Anzahl der Zellen	18		
Traggas-Volumen	55.800 m³		
Nutzlast bei 0° und 760 mm	39,0 t	*Alle technischen Daten wie LZ 95.*	*Alle technischen Daten wie LZ 95.*
Statische Steighöhe	5300 m		
Motoren	5 Maybach		
PS pro Motor / Gesamt-PS	240 / 1200		
Geschwindigkeit max.	29,9 m/s, 107,6 km/h		
Reichweite	12.200 km		
Anzahl der Gondeln / Propeller	4 / 4		
Anmerkungen (Bau, erste Fahrt, Schicksal, Standort etc.)	Erste Fahrt 22. 5. 1917. Weitere Gewichtserleichterungen gegenüber den Serien t und s. Westeinsatz, Nordsee, England; 16 Fahrten, 6099 km. Standort: Nordholz. Am 17. 6. 1917 im Angriff bei Theberton, Suffolk, durch englisches Flugzeug abgeschossen und verbrannt; 14 Tote, nur 2 Überlebende (Lt. z. S. Mieth, Ob.-Masch.-Maat Ellerkamp).	Erste Fahrt 13. 6. 1917. Gerippebrüche auf Überführungsfahrt von Werft nach Ahlhorn. Provisorische Verstärkungen angebracht. Westeinsatz, Nordsee, England; 15 Fahrten, 1330 km. Standorte: Ahlhorn, ab 16. 6. 1917 Wildeshausen, ab 12. 7. 1917 Wittmundhaven. Am 20. 10. 1917 nach Angriff wegen Betriebsstoffmangels bei Bourbonne les Bains notgelandet. Französisches Militär konnte Zerstörung verhindern. Besatzung gefangen. Von dem nur geringfügig beschädigten L 49 konnten durch Vermessung Pläne angefertigt werden, nach denen in den USA die „Shenandoah" gebaut wurde.	Erste Fahrt 6. 7. 1917. Nach Höhenversuchsfahrten (bis zu 6800 m), bei denen Trägerverbiegungen eintraten, wurde Gerippe verstärkt. Westeinsatz, Nordsee, England; 21 Fahrten, 9324 km. Standorte: Nordholz, ab 12. 12. 1917 Ahlhorn. Am 5. 1. 1918 bei Explosion in Ahlborn vernichtet.

Liste sämtlicher Bauten des Luftschiffbau Zeppelin	**LZ 98**		**LZ 99**
Name			
Typ	u		u
Bauwerft	Staaken b. Berlin		Staaken b. Berlin
Zugehörigkeit	Marine		Marine
Betriebsbezeichnung	L 52		L 54
Länge	196,5 m		
Größter Durchmesser	23,93 m		
Anzahl der Zellen	18		
Traggas-Volumen	55.800 m³		
Nutzlast bei 0° und 760 mm	39 t		*Alle technischen Daten wie LZ 98 einschl. Umbau.*
Statische Steighöhe	5300 m		
Motoren	5 Maybach	5 Maybach	
PS pro Motor / Gesamt-PS	240 / 1200	260 / 1300	
Geschwindigkeit max.	30,2 m/s, 108,7 km/h	31,8 m/s, 114,5 km/h	
Reichweite	12.200 km		
Anzahl der Gondeln / Propeller	4 / 4		
Anmerkungen (Bau, erste Fahrt, Schicksal, Standort etc.)	Erste Fahrt 14. 7. 1917. Westeinsatz, Nordsee, England; 40 Fahrten (ohne Probefahrten), 30400 km. Standorte: Wittmundhaven, ab 24. 9. 1917 Nordholz, ab 22. 10. 1917 Wittmundhaven. Motoren im Winter 1917/18 ausgewechselt. Am 9. 11. 1918 außer Dienst gestellt, am 23. 6. 1919 in der Halle Wittmundhaven zerstört.		Erste Fahrt 13. 8. 1917. Westeinsatz, Nordsee, England; 52 Fahrten (ohne Probefahrten), 20271 km. Standorte: Wittmundhaven, ab 5. 9. 1917 Tondern. Motorenaustausch wie bei LZ 98. Am 19. 7. 1918 in Tondern durch Bombenwurf englischer Flieger zerstört.

LZ 100		LZ 101	LZ 102	LZ 103
v		v	w	v
Friedrichshafen		Löwental	Friedrichshafen	Staaken b. Berlin
Marine		Marine	Marine	Marine
L 53		L 55	L 57	L 56
196,5 m			226,5 m	
23,93 m			23,93 m	
14			16	
56.000 m³			68.500 m³	
40,0 t		*Alle technischen Daten wie LZ 100.*	52,1 t	*Alle technischen Daten wie LZ 100.*
5400 m			6600 m	
5 Maybach	5 Maybach		5 Maybach	
240 / 1200	260 / 1300		240 / 1200	
30,2 m/s, 108,7 km/h	31,8 m/s, 114,5 km/h		28,6 m/s, 103 km/h	
13.500 km			16.000 km	
4 / 4			4 / 4	
Erste Fahrt 8. 8. 1917. Westeinsatz, Nordsee, England; 51 Fahrten, 30 928 km. Standort: Nordholz. Motorenaustausch wie bei LZ 98. Am 11. 8. 1918 von englischem Flugzeug bei Terschelling abgeschossen; keine Überlebenden.	Umbau	Erste Fahrt 1. 8. 1917. Westeinsatz, Nordsee, England; 35 Fahrten (ohne Probefahrten), 4 860 km. Kein Motorentausch. Standorte: Nordholz, ab 6. 10. 1917 Ahlhorn. Am 20. 10. 1917 bei Angriff durch feindliches Flugzeug hochgedrückt, erreichte L 55 unfreiwillig 7 600 m (Höhenrekord eines Zeppelins). Auf dem Rückmarsch wegen Brennstoffmangels bei Tiefenort (Werra) notgelandet; abgewrackt.	Erste Fahrt 26. 9. 1917. Vorgesehen als Afrikaluftschiff; 4 Fahrten, 1 105 km. Am 8. 10. 1917 nach Landung bei Probefahrt wegen böigen Querwinds keine Möglichkeit, in die Halle Jüterbog einzufahren. In den Böen beschädigt; abgewrackt.	Erste Fahrt 24. 9. 1917. Westeinsatz, Nordsee, England; 35 Fahrten (ohne Probefahrten), 21 980 km. Motorenaustausch wie LZ 100 bzw. LZ 98. Standorte: Wittmundhaven, ab 24. 8. 1918 Nordholz, ab 5. 9. 1918 Wittmundhaven. Am 23. 6. 1919 in der Halle Wittmundhaven zerstört.

Typ w, LZ 104, Marine L 59, 1917
Typ v, LZ 106, Marine L 61, 1917

Liste sämtlicher Bauten des Luftschiffbau Zeppelin	**LZ 104**	**LZ 105**	**LZ 106**
Name			
Typ	w	v	v
Bauwerft	Staaken b. Berlin	Friedrichshafen	Friedrichshafen
Zugehörigkeit	Marine	Marine	Marine
Betriebsbezeichnung	L 59	L 58	L 61
Länge		196,5 m	
Größter Durchmesser		23,93 m	
Anzahl der Zellen		14	
Traggas-Volumen		56.000 m³	
Nutzlast bei 0° und 760 mm	*Alle technischen Daten wie LZ 102.*	40,0 t	*Alle technischen Daten wie LZ 105.*
Statische Steighöhe		5400 m	
Motoren		5 Maybach	
PS pro Motor / Gesamt-PS		260 / 1300	
Geschwindigkeit max.			
Reichweite		13.500 km	
Anzahl der Gondeln / Propeller		4 / 4	
Anmerkungen (Bau, erste Fahrt, Schicksal, Standort etc.)	Erste Fahrt 10. 10. 1917. Nach 4 Probefahrten von Jüterbog nach Jambol (Bulgarien) überführt. Nach zwei vergeblichen Versuchen vom 21. bis 25. 11. 1917 auf Afrikafahrt. Rückruf durch Regierung. Nachdem es mehr als die Hälfte der beabsichtigten Afrikafahrt zurückgelegt hatte, landete L 59 nach 95 Stunden und 6750 km Gesamtfahrt im Ausgangshafen Jambol. Einsatz gegen Italien; 23 Fahrten, ca. 24000 km. Am 7. 4. 1918 in der Straße von Otranto brennend abgestürzt; keine Überlebenden.	Erste Fahrt 29. 10. 1917. Westeinsatz, Nordsee; 10 Fahrten (ohne 4 Probefahrten), 5326 km. Standort: Ahlhorn. Am 5. 1. 1918 bei Explosion in Ahlhorn zerstört.	Erste Fahrt 29. 10. 1917. Westeinsatz, Nordsee, England; 32 Fahrten, 18770 km. Standorte: Wittmundhaven, ab 5. 9. 1918 Nordholz, danach Wittmundhaven. 9. 11. 1918 außer Dienst gestellt. 29. 8. 1920 nach Probefahrten (unter v. Schiller) an Italien ausgeliefert. Überführung nach Ciampino bei Rom unter Flemming. Im Dezember 1920 unter italienischer Führung bei einer harten Landung so stark beschädigt, daß das Schiff abgewrackt werden mußte.

Liste sämtlicher Bauten des Luftschiffbau Zeppelin	**LZ 107**	**LZ 108**	**LZ 109**
Name			
Typ	v	v	v
Bauwerft	Löwental	Staaken b. Berlin	Staaken b. Berlin
Zugehörigkeit	Marine	Marine	Marine
Betriebsbezeichnung	L 62	L 60	L 64
Länge			
Größter Durchmesser			
Anzahl der Zellen			
Traggas-Volumen			
Nutzlast bei 0° und 760 mm	*Alle technischen Daten wie LZ 105.*	*Alle technischen Daten wie LZ 105.*	*Alle technischen Daten wie LZ 105.*
Statische Steighöhe			
Motoren			
PS pro Motor / Gesamt-PS			
Geschwindigkeit max.			
Reichweite			
Anzahl der Gondeln / Propeller			
Anmerkungen (Bau, erste Fahrt, Schicksal, Standort etc.)	Erste Fahrt 19. 1. 1918. Westeinsatz, Nordsee, England; 19 Fahrten, 6463 km. Standort: Nordholz. Am 10. 5. 1918 bei Helgoland brennend abgestürzt, vermutlich Abschuß durch englisches Flugzeug. Keine Überlebenden.	Erste Fahrt 18. 12. 1917. Infolge Motorstörungen auf Probefahrten erst am 1. 4. 1918 von Marine übernommen. Westeinsatz, Nordsee, England; 17 Fahrten (ohne Werks- und 6 Probefahrten), 15999 km. Standort: Tondern. Am 19. 7. 1918 durch Bombenwurf eines englischen Flugzeugs in Halle Tondern zerstört.	Erste Fahrt 11. 3. 1918. Westeinsatz, Nordsee, England; 26 Fahrten (ohne Probefahrten), 17530 km. Standorte: Nordholz, ab 2. 5. 1918 Ahlhorn. Am 21. 7. 1920 nach Probefahrt an England ausgeliefert. In England keine Fahrten; abgerüstet.

LZ 110	LZ 111	LZ 112	LZ 113	
v	v	x	x	
Friedrichshafen	Löwental	Friedrichshafen	Friedrichshafen	
Marine	Marine	Marine	Marine	
L 63	L 65	L 70	L 71	
		211,5 m	211,5 m	226,5 m
		23,93 m	23,93 m	
		15	15	16
		62.200 m³	62.200 m³	68.500 m³
Alle technischen Daten wie LZ 105.	*Alle technischen Daten wie LZ 105.*	43,5 t	44,5 t	51,0 t
		6000 m	6200 m	
		7 Maybach	7 Maybach	6 Maybach
		260 / 1820	260 / 1820	260 / 1560
		36,5 m/s, 131,4 km/h	36,4 m/s, 131 km/h	
		12.000 km	12.000 km	
		6 / 6	6 / 6	
Erste Fahrt 9. 3. 1918. Westeinsatz, Nordsee, England; 26 Fahrten (ohne 13 Probefahrten), 25294 km. Standorte: Nordholz, ab 9. 6. 1918 Ahlhorn, ab 23. 10. 1918 Nordholz. Am 9. 11. 1918 außer Dienst gestellt, am 23. 6. 1919 in der Halle Nordholz zerstört.	Erste Fahrt 17. 4. 1918. Westeinsatz, Nordsee, England; 28 Fahrten, 25158 km. Standort: Nordholz. Am 9. 11. 1918 außer Dienst gestellt, am 23. 6. 1919 in der Halle Nordholz zerstört.	Erste Fahrt 1. 7. 1918. Westeinsatz, Nordsee, England; 27 Fahrten, 27806 km. Standort: Nordholz. Am 5. 8. 1918 an der Küste von Norfolk durch englisches Flugzeug abgeschossen und verbrannt. F.d.L. (Führer der Luftschiffe) Freg.-Kpt. Strasser an Bord. Keine Überlebenden.	Erste Fahrt 29. 7. 1918. Keine Kriegsfahrten. Im Oktober 1918 Umbau. Am 28. 10. 1918 Überführung nach Ahlhorn. Insgesamt 8 Fahrten. Am 30. 6./1. 7. 1920 nach Probefahrten von Ahlhorn nach Pulham zur Ablieferung an England. In England keine Fahrten; abgerüstet.	Umbau

Typ x, LZ 112, Marine L 70, 1918
Typ y, LZ 120 Bodensee, 1919

Liste sämtlicher Bauten des Luftschiffbau Zeppelin	**LZ 114**	**LZ 115**	**LZ 116**
Name	Dixmude		
Typ	x		
Bauwerft	Löwental		
Zugehörigkeit	(Marine)		
Betriebsbezeichnung	(L 72)		
Länge	211,5 m		
Größter Durchmesser	23,93 m		
Anzahl der Zellen	15		
Traggas-Volumen	62.200 m³		
Nutzlast bei 0° und 760 mm	44,5 t		
Statische Steighöhe	6200 m		
Motoren	6 Maybach		
PS pro Motor / Gesamt-PS	260 / 1560		
Geschwindigkeit max.	36,4 m/s, 131 km/h		
Reichweite	12.000 km		
Anzahl der Gondeln / Propeller	6 / 6		
Anmerkungen (Bau, erste Fahrt, Schicksal, Standort etc.)	War für Marine vorgesehen, nicht mehr abgenommen. Am 9. 7. 1920 unter Führung Dr. Eckeners Probefahrt. Am 10./11. 7. 1920 Überführung nach Maubeuge zur Übergabe an Frankreich. Umgetauft in „Dixmude". Unter Führung des Lieutenant de vaisseau du Plessis de Grénédan eine Reihe größerer Fahrten über dem Mittelmeer, darunter eine Fahrt von 118 Stunden. Standort: Cuers-Pierrefeu bei Toulon. Am 18. 12. 1923 aus unbekannter Ursache vermißt; keine Überlebenden.	Nicht gebaut.	Nicht gebaut.

Liste sämtlicher Bauten des Luftschiffbau Zeppelin	LZ 117	LZ 118	LZ 119
Name			
Typ			
Bauwerft			
Zugehörigkeit			
Betriebsbezeichnung			
Länge			
Größter Durchmesser			
Anzahl der Zellen			
Traggas-Volumen			
Nutzlast bei 0° und 760 mm			
Statische Steighöhe			
Motoren			
PS pro Motor / Gesamt-PS			
Geschwindigkeit max.			
Reichweite			
Anzahl der Gondeln / Propeller			
Anmerkungen (Bau, erste Fahrt, Schicksal, Standort etc.)	Nicht gebaut.	Nicht gebaut.	Nicht gebaut.

LZ 120		LZ 121	LZ 122	LZ 123
Bodensee/Esperia		Nordstern/Méditerranée		
y		y		
Friedrichshafen		Friedrichshafen		
Delag		Delag		
D I		D II		
120,8 m	130,8 m	130,8 m		
18,71 m		18,71 m		
12	13	13		
20.000 m^3	22.500 m^3	22.500 m^3		
10,0 t	11,5 t	11,5 t		
1900 m	2000 m	2000 m		
3 Maybach		3 Maybach		
260 / 780		260 / 780		
36,8 m/s, 132,5 km/h	35,4 m/s, 127,5 km/h	35,5 m/s, 127,8 km/h		
2000 km	2200 km	2200 km		
4 / 3		4 / 3		
Erste Fahrt 20. 8. 1919. 103 Passagierfahrten zwischen Friedrichshafen und Berlin im Fahrplanbetrieb, 51 258 km. Eine Fahrt Berlin – Stockholm (8. 10. 1919), einige Fahrten mit Zwischenlandung München. Standorte: Friedrichshafen und Staaken. Bei Umbau verlängert. Im Dezember 1919 wurde der Verkehr der „Bodensee" auf Anordnung der Alliierten eingestellt, das Schiff beschlagnahmt. Am 3. 7. 1921 überführte es Dr. Eckener im Direktflug nach Ciampino bei Rom (1 329 km) und lieferte es an Italien ab. Als „Esperia" (und teilweise unter der Führung von General Nobile) einige Fahrten, auch bei Flottenmanövern. 1928 abgewrackt.	Umbau	Für Dienst nach Stockholm vorgesehen. Von Alliierten beschlagnahmt. Nach Probefahrt am 13. 6. 1921 an Frankreich abgeliefert. Dort unter dem Namen „Méditerranée" Versuchs- und Übungsfahrten. 1927 abgewrackt.	Nicht gebaut.	Nicht gebaut.

Typ y (verlängert), LZ 121 Nordstern 1921
Typ z, LZ 126 (ZR III), 1924

LZ 127

LZ 129

LZ 130

Liste sämtlicher Bauten des Luftschiffbau Zeppelin	**LZ 124**	**LZ 125**	**LZ 126**
Name	(Projekt „Hensley“)		Los Angeles
Typ			z
Bauwerft			Friedrichshafen
Zugehörigkeit			U.S. Navy
Betriebsbezeichnung			ZR III
Länge	235 m		200 m
Größter Durchmesser	29 m		27,64 m
Anzahl der Zellen	16		14
Traggas-Volumen	100.000 m³		70.000 m³
Nutzlast bei 0° und 760 mm			40,0
Statische Steighöhe			(4600 m)
Motoren	12 Maybach		5 Maybach
PS pro Motor / Gesamt-PS	240 / 2880		400 / 2000
Geschwindigkeit max.	41,7 m/s, 150 km/h		34,5 m/s, 124,2 km/h
Reichweite	10.000 km		8.500 km*
Anzahl der Gondeln / Propeller	11 / 10		6 / 5
Anmerkungen (Bau, erste Fahrt, Schicksal, Standort etc.)	Nicht gebaut. Das Projekt „Hensley“ ist wegen Verbots durch die Alliierten nicht zur Ausführung gekommen. War als Passagier-Schnellluftschiff für den Atlantikdienst vorgesehen.* * vgl. Knäusel, H. G.: Zeppelin and the United States of America. Friedrichshafen 1981, SS. 32, 102; 175, 208.	Nicht gebaut.	Erste Fahrt 27. 8. 1924. Reparationsluftschiff für die U.S.-Navy. Im Oktober 1924 nach Probefahrten von Dr. Eckener nach Lakehurst überführt. Mit Heliumfüllung eine Reihe von Versuchs-, Probe- und Aufklärungsfahrten. Verankerung an hohen Masten und an Mast auf Seeschiff. Anhängeversuche und Starts von Flugzeugen vom Luftschiff. 1932 aus dem Fahrdienst der U.S.-Navy ausgeschieden. Danach noch für Experimente verwandt. 1939/40 abgewrackt. * Als Wasserstoffschiff.

LZ 127	LZ 128	LZ 129	LZ 130	LZ 131
Graf Zeppelin		Hindenburg	Graf Zeppelin II	
Friedrichshafen		Friedrichshafen	Friedrichshafen	Friedrichshafen
Delag, DZR		DZR	DZR	
236,6 m		245 m		
30,5 m		41,2 m		
17		16		
105.000 m³		200.000 m³		
30,0 t		60,0 t	*Alle technischen Daten wie LZ 129.*	
5 Maybach		4 Daimler Diesel		
530 / 2650		1050 / 4200		
30,6 m/s, 110,2 km/h		36,4 m/s, 131 km/h		
12.000 km				
6 / 5		5 / 4		
Erste Fahrt 18. 9. 1928. Gebaut als Versuchsschiff für Langstrecken mit 20 Passagieren, Post und Fracht. Nach Probefahrten Passagierfahrt nach USA und zurück. Vom 15. 8. bis 4. 9. 1929 Fahrt um die Welt und vom 24. bis 31. 7. 1931 Arktisfahrt. Ab August 1931 Fahrplandienst zwischen Friedrichshafen und Rio de Janeiro. Insgesamt 590 Fahrten, 1 695 272 km. Standorte: Friedrichshafen und Frankfurt (Main). Im Juni 1937 außer Dienst gestellt, in Frankfurt als Museum eingerichtet. Im März/April 1940 auf Befehl Görings zerstört.	Nicht gebaut.	Erste Fahrt 4. 3. 1936. Innenliegende Passagierräume für 55 (1937 für 72) Fahrgäste. Versuche, ein Flugzeug am Luftschiff anzuhängen und zu starten. Fahrplanmäßiger Dienst nach Nord- und Südamerika; 63 Fahrten, 337 129 km. Standorte: Frankfurt (Main) und Friedrichshafen-Löwental. Am 6. 5. 1937 bei Landung in Lakehurst aus unbekannter Ursache in der Luft verbrannt; 62 Überlebende, 35 Tote.	Erste Fahrt 14. 9. 1938. Nur Werkstatt- und Probefahrten, 30 Fahrten. Standorte: Friedrichshafen-Löwental und Frankfurt (Main). Im März/April 1940 zusammen mit LZ 127 in Frankfurt auf Befehl Görings zerstört.	Nur einige Ringe gebaut, nicht fertiggestellt.

Zeppelin-Luftschiffbauten – Übersicht

		Anzahl
Werften	Manzell	6
	Friedrichshafen	61
	Löwental	23
	Frankfurt (Main)	1
	Potsdam	16
	Berlin-Staaken	12
		119
Verwendungszwecke	Versuchsschiffe	3
	Heer	40
	davon im Kriegseinsatz ... 35	
	Marine	62
	davon im Kriegseinsatz ... 59	
	dazu vom Heer im Kriegseinsatz ... 6	
	Delag und DZR	11
	Reparationsschiffe (Neubauten)	3
		119
Verbleib	Als veraltet abgewrackt	22
	Durch Betriebsunfälle verloren	30
	Kriegsverluste	40
	Durch unbekannte Ursachen verloren	7
	Eigenzerstörung (23. 06. 1919)	7
	Als Reparation an Alliierte	11
	Auf Befehl Görings vernichtet	2
		119

Zeppelin-Luftschiffbauten – Größen- und Leistungssteigerung

Jahr	Traggasinhalt [m³]	Nutzlast* [kg]	Geschwindigkeit [km/h]	Reichweite [km]	PS
1900	11 250		32		28
1911	19 300	6 800	60	1 600	360
1914	20 900	7 400	75	2 700	540
1915	31 900	15 000	90	4 300	630
1916	55 200	32 500	102	7 400	1 440
1917	68 500	52 100	101	16 000	1 200
1918	62 200	43 500	125	12 000	2 650
1919	20 000	10 000	136	2 000	780
1924	70 000	41 000	121	8 500	2 000
1928	105 000	30 000	110	12 000	2 650
1936	200 000	45 000	131	14 000	4 200

* Die Nutzlastangaben stellen im Grunde nur die Hubkapazität dar, ohne Berücksichtigung der Streckenleistung, die allein die (zahlende) Nutzlast definieren kann (vgl. Fußnote 13, Seite 141). Die Angaben in den Quellen sind außerdem uneinheitlich; meist werden Betriebsstoffe und Inventar unter Nutzlast gerechnet.

Zeppelin-Luftschiffbauten – Größenvergleich

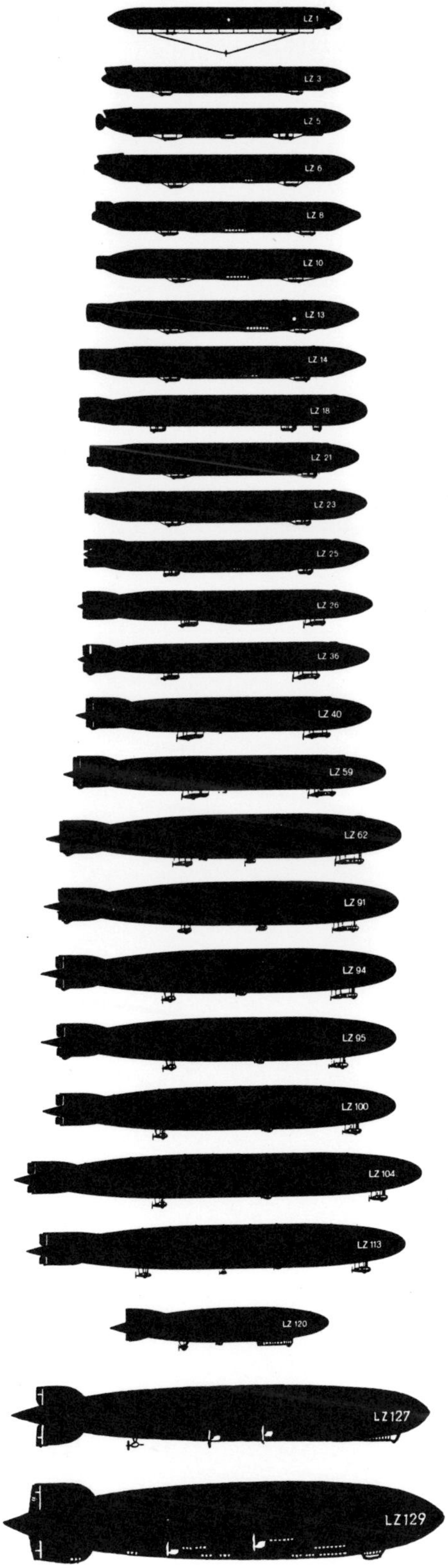

LZ 1 (1900)
LZ 3 (1906)
LZ 5 (1909)
LZ 6 (1909)
LZ 8 (1911)
LZ 10 (1911)
LZ 13 (1912)
LZ 14 (1912)
LZ 18 (1913)
LZ 21 (1913)
LZ 23 (1914)
LZ 25 (1914)
LZ 26 (1914)
LZ 36 (1915)
LZ 40 (1915)
LZ 59 (1915)
LZ 62 (1916)
LZ 91 (1917)
LZ 94 (1917)
LZ 95 (1917)
LZ 100 (1917)
LZ 104 (1917)
LZ 113 (1918)
LZ 120 (1919)
LZ 127 (1928)
LZ 129 (1936)

Fahrtenstatistik der Delag von 1909 bis 31. Juli 1914 (Nach: Zusammenstellung der DZR vom 25.11.1937)

Schiff	Zeit des Fahrbetriebs	Fahrtlänge in Kilometer	Fahrtdauer insgesamt in Std.	Anzahl der beförderten Personen zahlend	gesamt	Anzahl der Fahrten
LZ 6	Juni 1910[1]) bis 12.9.1910	3132	66,00	726	1100	34
LZ 7 „Deutschland“	19.6. bis 28.6.1910	1035	20,30	142	220	7
LZ 8 „Deutschland II“	30.3. bis 16.5.1911	2379	47,00	129	458	22
LZ 10 „Schwaben“	26.6.1911 bis 28.6.1912	27321	479,30	1553	4354[2])	218
LZ 11 „Viktoria Luise“	14.2.1912 bis 31.7.1914	54312	981,20	2995	9738[2])	489
LZ 13 „Hansa“	30.7.1912 bis 31.7.1914	44437	840,40	2187	8321[2])	399
LZ 17 „Sachsen“	3.5.1913 bis 31.7.1914	39919	741,00	2465	9837[2])	419
Zusammen		172535	3176,00	10197	34028	1588

[1]) LZ 6 wurde erst nach dem Verlust von LZ 7 „Deutschland“ in den Dienst der Delag gestellt. Das Schiff sollte die Zeit bis zur Fertigstellung von LZ 8 überbrücken.
[2]) Ab 1911 wurde auf den Delag-Fahrten auch Personal für Heer und Marine sowie für die Delag ausgebildet. Die „Viktoria Luise“, ab 1.8.1914 Schulschiff für Heer und Marine, führte im Juni 1915 die 1000. Fahrt durch.

Fahrtenstatistik der Delag und DZR von 1919 bis 1937 (Nach: Zusammenstellung der DZR vom 25.11.1937)

Schiff	Zeit des Fahrbetriebs	Fahrtlänge in Kilometer	Fahrtdauer insgesamt in Std.	Anzahl der beförderten Personen zahlend	gesamt	Anzahl der Fahrten	Fracht kg	Post kg
LZ 120 „Bodensee“	24.8. bis 5.12.1919	51258	532,00	2253	4050	103	3000	5000
LZ 127 „Graf Zeppelin“	18.9.1928 bis 18.6.1937	1695272	17177,48	13110	34000	590	30442	39219
LZ 129 „Hindenburg“	4.3.1936 bis 6.5.1937	337129	3088,36	3059	7305	63	9758	8869
Zusammen		2083659	20797,84	18422	45355	756	43200	53088
dazu Fahrten von 1909 bis 1914		172535	3176,00	10197	34028	1588	–	–
Gesamtleistungen v. Delag u. DZR		2256194	23973,84	28619	79383	2344	43200	53088

Bis zum Jahre 1914 unternahm die Delag Rundfahrten anstelle eines ursprünglich geplanten fahrplanmäßigen Verkehrs zwischen Großstädten, der mangels ausgebildeten Personals aufgegeben werden mußte. Auch fehlte es damals noch an meteorologischen Erfahrungen.
An Hallen standen der Delag bis 1914 zur Verfügung (aufgezählt in der Reihenfolge ihrer Fertigstellung): Düsseldorf, Gotha, Baden-Oos, Berlin-Johannisthal, Frankfurt-Rebstock, Hamburg-Fuhlsbüttel, Leipzig und Dresden.

Zusammenstellung der Verkehrsleistungen des Luftschiffes LZ 127 „Graf Zeppelin"
(Von der Indienststellung am 18. 9. 1928 bis zur Überführung nach Frankfurt am 18. 6. 1937)

	Rundreisen	Einzelfahrten	Ozeanüber-querungen	Fahrtweg km	Fahrzeit Std., Min.	Passagiere
Nordamerikadienst	2	4	4	34 053	346,28	80
Südamerikadienst	63	248	126	1 251 735	12 350,12	3 360
Dreiecksfahrt	2	16	4	63 075	620,55	80
Weltreise	1	4	2	32 790	288,11	20
Postpendeldienst	4	8	8	36 843	385,55	–
Sonstige Fahrten	2	310	–	276 776	3 186,07	9 570
	74	590	144	1 695 272	17 177,48	13 110

Insgesamt befördert Post 39 219,1 kg
Fracht 30 442,5 kg

Bemerkenswerte Daten

Erste Nordamerika-Fahrt				11. 10. – 01. 11. 1928
Weltrundfahrt von Friedrichshafen				15. 08. – 04. 09. 1929
Etappen:				
Friedrichshafen – Tokio	15. – 19. 08. 1929	11 247 km	101,49 Stunden	
Tokio – Los Angeles	23. – 26. 08. 1929	9 653 km	79,03 Stunden	
Los Angeles – Lakehurst	27. – 29. 08. 1929	4 822 km	51,57 Stunden	
Lakehurst – Friedrichshafen	01. – 04. 09. 1929	8 478 km	67,31 Stunden	
		34 200 km	300,20 Stunden	= 12 Tg., 12 Std., 20 Min.
Erste Fahrt nach Südamerika (Dreiecksfahrt)				18. 05. – 06. 06. 1930
Erste Überquerung des Äquators				22. 05. 1930
Arktisfahrt (Leningrad – Berlin)				26. – 30. 07. 1931
Beginn des Fahrplandienstes (Südamerika)				29. 08. 1931
100. Ozeanüberquerung				15. 09. 1935
500. Fahrt				22. 09. 1935
Längste Fahrt (bei Postpendeldienst infolge Revolution in Recife)			118 Std., 40 Min.	22. – 27. 11. 1935
Letzte Reise nach Rio de Janeiro				26. 04. – 08. 05. 1937
Letzte Fahrt (Überführung nach Frankfurt)				18. 06. 1937

Durchschnittsfahrzeiten:

Europa – Rio de Janeiro	95 Stunden
Rio de Janeiro – Europa	105 Stunden
Kürzeste Reise Recife – Friedrichshafen (18. – 21. 09. 1932)	67,24 Stunden
Kürzeste Reise USA – Europa (08. – 10. 08. 1929)	55,19 Stunden

Zusammenstellung der Verkehrsleistungen des Luftschiffes LZ 129 „Hindenburg"
(Vom 4. März 1936, Indienststellung, bis 6. Mai 1937)

	Rundreisen	Einzelfahrten	Ozeanüber-querungen	Fahrtweg km	Fahrzeit Std., Min.	Passagiere
Nordamerikadienst	10	21	21	143 949	1 238,56	1 038
Südamerikadienst	8	18	16	168 912	1 551,49	641
Sonstige Fahrten in Deutschland und je eine Fahrt in den Vereinigten Staaten und Südbrasilien	–	24	–	24 268	297,51	1 380
	18	63	37	337 129	3 088,36	3 059

Insgesamt wurden befördert bei 63 Fahrten Post 8 869 kg
Fracht 9 753 kg

Route	Kürzeste Fahrten 1936	Fahrzeit	Längste Fahrten 1936	Fahrzeit
Nordamerikadienst	Frankfurt – Lakehurst (30. 06. – 02. 07. 1936) Lakehurst – Frankfurt (10. 08. – 12. 08. 1936)	52 Std. 49 Min. 42 Std. 52 Min.	Frankfurt – Lakehurst (17. 05. – 21. 05. 1936) Lakehurst – Frankfurt 24. 06. – 26. 06. 1936)	78 Std. 30 Min. 61 Std. 5 Min.
Südamerikadienst	Frankfurt – Rio (25. 05. – 29. 05. 1936) Rio – Frankfurt (30. 05. – 03. 06. 1936)	83 Std. 13 Min. 93 Std. 17 Min.	Friedrichshafen – Rio (31. 03. – 04. 04. 1936) Rio – Frankfurt (04. 08. – 08. 09. 1836)	100 Std. 40 Min. 109 Std. 53 Min.

Aus dem Privatarchiv Alfred F. Weber, Karlsruhe

Besatzungslisten

Luftschiff / Datum / Anlaß	Besatzung	
LZ 1 02. 07. 1900 1. Aufstieg eines Zeppelin-Luftschiffs		Graf *Zeppelin* Konrad *v. Bassus* Ing. *Burr* Maschinist *Groß* Eugen *Wolff,* Journalist
LZ 126 (ZR III) 12. 10. – 16. 10. 1924 Überführung in die USA	Führer	Dr. H. *Eckener*
	Wachhabende	E. A. *Lehmann,* H. C. *Flemming*
	Navigation	H. v. *Schiller,* A. *Wittemann*
	Höhensteuer	M. *Pruss,* A. *Sammt*
	Seitensteuer	L. *Marx,* W. *Scherz*
	Funkpersonal	W. *Speck,* H. *Ladwig,* L. *Freund*
	Maschineningenieur	W. *Siegle*
	Maschinenmeister	A. *Grözinger*
	Motorenwarte	J. *Auer,* M. *Christ,* W. *Fischer,* A. *Kiefer,* E. *Lang,* A. *Leichtle,* E. *Martin,* H. *Pabst,* A. *Pfaff,* *Schwendt,* A. *Thasler,* K. *Thielmann*
	Zellenpfleger	L. *Knorr*
	Als Gäste aus den USA waren an Bord	Commander G. W. *Steele,* Lt. CCdr. J. H. *Klein,* Lt. Cdr. S. *Kraus* und Major G. *Kennedy*
LZ 127 25. 08. – 04. 09. 1929 Weltfahrt	Führer	Dr. H. *Eckener*
	Wachhabende	E. A. *Lehmann,* H. C. *Flemming,* H. v. *Schiller*
	Navigation	A. *Wittemann,* M. *Pruss,* H. *Ladwig*
	Höhensteuer	A. *Sammt,* H. *Bauer,* Frz. *Bartschat*
	Seitensteuer	L. *Marx,* K. *Schönherr,* R. *Müller*
	Zur bes. Verfügung	Knut *Eckener*
	Maschineningenieure	W. *Siegle,* K. *Beuerle,* K. *Rösch*
	Maschinenmeister	A. *Grözinger*
	Zellenwart	L. *Knorr*
	Funkpersonal	W. *Speck,* L. *Freund*
	Motorenwarte	J. *Auer,* M. *Christ,* W. *Dimmler,* W. *Fischer,* R. *Halder,* A. *Leichtle,* H. *Pfaff,* O. *Rösch,* R. *Schädler,* E. *Schäuble,* J. *Schreibmüller,* A. *Thasler,* B. *Weber,* A. *Wenzler,* G. *Zettel*
	Elektrowart	Phil. *Lenz*
	Obersteward	H. *Kubis*
	Stewardsgehilfe	E. *Fischbach*
	Küchenchef	O. *Manz*
LZ 127 24. 07. – 30. 07. 1931 Arktisfahrt	Führer	Dr. H. *Eckener*
	Wachhabende	E. A. *Lehmann,* H. C. *Flemming,* H. *v. Schiller*
	Navigation	A. *Wittemann,* M. *Pruss,* A. *Sammt,* H. *Ladwig*
	Höhensteuer	Knut *Eckener,* H. *Bauer,* Frz. *Bartschat*
	Seitensteuer	K. *Schönherr,* J. *Geier*
	Fahringenieur	K. *Beuerle*
	Fahrmeister	A. *Grözinger*
	Motorenwarte	J. *Auer,* M. *Christ,* W. *Dimmler,* W. *Fischer,* A. *Leichtle,* O. *Rösch,* R. *Schädler,* E. *Schäuble,* A. *Thasler,* A. *Wenzler*

Besatzungslisten (Fortsetzung)

Luftschiff / Datum / Anlaß	Besatzung	
LZ 127 24. 07. – 30. 07. 1931 Arktisfahrt (Fortsetzung)	Zellenwart	L. *Knorr*
	Elektromeister	Phil. *Lenz*
	Funkpersonal	W. *Dumcke,* L. *Freund,* E. *Krenkel* (UdSSR)
	Obersteward	H. *Kubis*
	Wissenschaftler an Bord	
	Deutschland	Prof. Dr. L. *Weickmann,* Leipzig Prof. Dr. A. *Karolus,* Leipzig Hptm. a. D. W. *Bruns,* Generalsekretär der Aeroarctic, Berlin Dr. med. L. *Kohl-Larsen,* Arzt und Polarforscher, Allensbach Dr.-Ing. C. *Aschenbrenner,* Photovermessung, München Dipl.-Ing. W. *Basse,* Photovermessung, Berlin W. *Bosshard,* Bildberichterstatter (Ullstein), Berlin A. *Köstler,* Journalist (Ullstein), Berlin R. *Hartmann,* Filmberichter, Berlin
	USA	Lt. Cdr. E. H. *Smith,* US-Navy, Washington Lincoln *Elsworth,* Polarforscher, New York
	UdSSR	Prof. R. *Samoilowitsch,* Polarforscher, Leningrad Prof. P. *Moltschanow,* Elektrophysiker, Leningrad Dipl.-Ing. F. *Assberg,* Moskau
	Schweden	Dr. G. S. *Ljungdahl,* Stockholm
LZ 129 03. 05. – 06. 05. 1937 Letzte Fahrt nach Lakehurst, USA*	Führung	Kapitän Max *Pruss*
	Wachhabende	Albert *Sammt,* I. Offizier; Heinrich *Bauer,* Walter *Ziegler,* II. Offiziere
	Navigation	Franz *Herzog,* Max *Zabel,* Christian *Nielsen,* III. Offiziere
	Steuer	Alfred *Bernhard* †, Eduard *Boetius,* Ernst *Huchel* †, Helmut *Lau,* Kurt *Bauer,* Kurt *Schönherr*
	Zellenpflege	Ballonmeister: Ludwig *Knorr* †, Zellenpfleger: Ludwig *Felber* †, Hans *Freund,* Erich *Spehl* †
	Funkpersonal	Willy *Speck* †, Ob. Funkinspektor, Funkoffiziere: Herbert *Dowe,* Franz *Eichelmann* †, Egon *Schweikart*
	Leit. Ingenieur	Rudolf *Sauter*
	Fahrmeister	Wilhelm *Dimmler* †, Eugen *Schäuble,* Raphael *Schädler*
	Ob. Maschinisten	Eugen *Bentele,* Josef *Schreibmüller* †, German *Zettel*
	Maschinisten	Walter *Bahnholzer* †, Rudi *Bialas* †, August *Deuschle,* Jonny *Doerflein,* Adolf *Fischer,* Albert *Holderried* †, Richard *Kollmer,* Robert *Moser* †, Alois *Reisacher* †, Theodor *Ritter,* Willy *Scheef* †, Wilhelm *Sterb,* Alfred *Stöckle* †
	Elektroingenieur	Philip *Lenz*
	Elektriker	Josef *Leibrecht,* Ernst *Schlapp* †

* Die beim Absturz in Lakehurst ums Leben gekommenen Mitfahrer sind mit † gekennzeichnet.

Luftschiff / Datum / Anlaß	Besatzung	
LZ 129 03. 05. – 06. 05. 1937 Letzte Fahrt nach Lakehurst, USA* (Fortsetzung)	Bordarzt Obersteward Stewards Barsteward Stewardeß Messesteward Chefkoch Konditorei Köche Kochgehilfe Als Gäste und zur Information Passagiere	Dr. med. Kurt *Rüdiger* Heinrich *Kubis* Fritz *Deeg,* Max *Henneberg,* Severin *Klein,* Eugen *Nunnenmacher,* Wilhelm *Balla* Max *Schulze* † Emilie *Imhoff* † Werner *Franz* Xaver *Maier* Albert *Stöffler* Alfred *Grözinger,* Richard *Müller* † Fritz *Flackus* † Dipl.-Ing. E. A. *Lehmann* †, Kapt. A. *Wittemann* Leonhard *Adelt,* Frau Gertrud *Adelt,* Ernst Rudolf *Anders* †, Ferdinand *Belin,* Birger *Brinck* †, Karl Otto *Clemens,* Hermann *Doehner* †, Frau Mathilde *Doehner,* Irene *Doehner* †, Walter *Doehner,* Werner *Doehner,* J. Burtis *Dolan* †, Edward H. *Douglas* †, Friedrich *Erdmann* †, Otto *Ernst* †, Frau Else *Ernst,* Moritz *Feibusch* †, George *Grant,* Klaus *Hinkelbein,* Georg *Hirschfeld,* Marie *Kleemann,* Ernst *Knöcher* †, William G. *Leuchtenberg,* Philipp *Mangone,* Margaret *Mather,* Nelson *Morris,* Herbert J. *O'Laughlin,* Clifford L. *Osborn,* John *Pannes* †, Frau Emma *Pannes* †, Otto *Reichhold* †, Joseph *Spah,* Emil *Stöckel,* Hans *Vinholt,* Rolf *von Heidenstamm,* Hans Hugo *Witt*
Werftbesatzung für den Fahrbetrieb in Friedrichshafen	Führer Fahringenieur Fahrmeister Fahrmonteur Motorenwart	Graf *Zeppelin* Dr. L. *Dürr,* der gleichzeitig das Höhensteuer bediente Kpt. Bernhard *Lau,* Höhensteuer und Navigation Kpt. Georg *Hacker,* Seitensteuer und Navigation Obering. Karl *Stahl* Obermeister *Schwarz* Obermeister *Kast* Mechaniker *Laburda*
Delag-Führer	1909 – 1914	Dr. H. *Eckener,* Dr. L. *Dürr* (nur für einige Fahrten) Dipl.-Ing. W. E. *Doerr,* Kpt. G. *Hacker* Kpt. *Blew,* Dipl.-Ing. E. A. *Lehmann,* Dr. E. *Lempertz,* Kpt. A. *Heinen*
	1919	Dr. H. *Eckener,* Kpt. H. C. *Flemming,* Kpt. A. *Heinen* Ing. K. *Beuerle* (Fahringenieur)
Bei den Werften des LZ als Führer tätig bis 1918		Kpt. B. *Lau,* Kpt. G. *Hacker,* Kpt. *Gluud,* Kpt. *Blew*

Luftschiffhäfen und Landeanlagen für Delag- und DZR-Betrieb
(Größenmaße der Hallen in Länge, Breite, Höhe)

Luftschiffhafen	Landeanlagen
Friedrichshafen LZ Werftgelände	1. Halle 240 x 40 x 35 m Bau- und Fahrhalle des LZ 127 „Graf Zeppelin" 2. Halle 250 x 50 x 46 m Bauhalle des LZ 129 „Hindenburg" und LZ 130 „Graf Zeppelin II"
Löwental	Halle 270 x 50 x 49 m Fahrhalle Auf beiden Plätzen befanden sich Mast und Schienen zum Einfahren.
Frankfurt (Main)	1. Halle 250 x 52 x 51 m Fahrhalle 2. Halle 250 x 52 x 51 m Fahrhalle Fahrbarer Ankermast.
Berlin-Staaken*	Halle 240 x 40 x 35 m Wurde nach 1919 nicht mehr benutzt. Fester Ankermast für LZ 127 „Graf Zeppelin".
Cuers-Pierrefeu bei Toulon (Frankreich)	Halle 250 x 45 x 35 m Beherbergte LZ 127 „Graf Zeppelin" im Mai 1929.
Lakehurst (USA)	Doppelhalle 245 x 78,7 x 52,5 m Fahrhalle für LZ 127 „Graf Zeppelin" und LZ 129 „Hindenburg" von 1928 bis 1936. Fahrbarer Ankermast.
Kasumiga-ura bei Tokio (Japan)	Halle 240 x 60 x 45 m Beherbergte LZ 127 „Graf Zeppelin" auf der Weltfahrt im August 1929.
Los Angeles (USA)	Fester Ankermast der US-Navy Diente dem LZ 127 „Graf Zeppelin" am 26.08.1929 auf der Weltfahrt.
Recife de Pernambuco* (Brasilien)	Fester Ankermast mit Schienenkreis.
Rio de Janeiro (Brasilien) Campos Affonsos	Fester Ankermast. Wurde im Südamerika-Dienst bis 1936 von LZ 127 „Graf Zeppelin" benutzt.
Santa Cruz de Sepetiba*	Halle 270 x 50 x 50 m Wurde ab 1936 von LZ 127 „Graf Zeppelin" und LZ 129 „Hindenburg" benutzt. Fahrbarer Ankermast mit Schienenkreis.
Sevilla (Spanien)	Fester Ankermast. Wurde von LZ 127 „Graf Zeppelin" bei Zwischenlandungen benutzt.
Leningrad (UdSSR)	Einbetonierter Ankerbock für die Führer- und Fahrgastgondel des LZ 127 „Graf Zeppelin". Wurde bei der Arktisfahrt 1931 benutzt.

Die mit * bezeichneten Plätze besaßen eigene Gasanstalten. Frankfurt hatte eine direkte Gasleitung zum Werk Griesheim der Farbwerke Hoechst. Auf den übrigen Landeplätzen erfolgten die Nachfüllungen aus Gasflaschen. Auch das vom LZ 127 „Graf Zeppelin" als Treibstoff verwendete Brenngas mußte in Flaschen von 9 m Länge in die verschiedenen Landehäfen versandt werden.
Die Ankermasten besaßen getrennte Leitungen für die Übernahme von Traggas, Brenngas, flüssigem Treibstoff, wie Benzin oder Dieselöl, Wasser und Elektrizität.

Verantwortliche Zeppelin-Luftschiffführer

Name	Luftschiffe
André	LZ 23
Arnold	LZ 105
Barth	LZ 51, LZ 81
Beelitz	LZ 33
Blew	LZ 31, LZ 41
Bockholt	LZ 99, LZ 102, LZ 104
Bode	LZ 42, LZ 63
Boecker	LZ 28, LZ 46, LZ 76
Bödecker	LZ 62, LZ 106
Breithaupt	LZ 31, LZ 48
Bruns	LZ 26
v. Buttlar	LZ 31, LZ 41, LZ 58, LZ 62, LZ 99
Dassel	LZ 26
Dietrich	LZ 32, LZ 52, LZ 61, LZ 64, LZ 78, LZ 84, LZ 91, LZ 113
Doerr	LZ 10, LZ 13
Dose	LZ 46, LZ 97, LZ 111
Dr. Dürr	LZ 6, LZ 7
Dr. Eckener	LZ 8, LZ 10, LZ 114, LZ 120, LZ 126, LZ 127, LZ 129, LZ 130
Ehrlich	LZ 28, LZ 53, LZ 80, LZ 106
Eichler	LZ 45, LZ 82, LZ 95
Falck	LZ 39, LZ 58, LZ 73, LZ 83
Flemming	LZ 45, LZ 58, LZ 101, LZ 106, LZ 108, LZ 120, LZ 127
Frankenberg	LZ 61
v. Freudenreich	LZ 87, LZ 110
Frey	LZ 64, LZ 109
Friemel	LZ 62, LZ 98
Fritz	LZ 24
Gärtner	LZ 75
Gaissert	LZ 21, LZ 22, LZ 29, LZ 30, LZ 49, LZ 60, LZ 71
Ganzel	LZ 36
Gayer	LZ 36, LZ 50, LZ 96

Name	Luftschiffe
George	LZ 3, LZ 17, LZ 44
Gerstenberg	LZ 57, LZ 58
Gluud	LZ 16, LZ 18
Grüner	LZ 20
Gussendorf	LZ 16
Hacker	LZ 6, LZ 10, LZ 17
v. d. Haegen	LZ 9, LZ 37
Hankow	LZ 64
Hanne	LZ 14
Heerlein	LZ 26
Heinen	LZ 13, LZ 83, LZ 109, LZ 113, LZ 114, LZ 120
Hempel	LZ 32
Hirsch	LZ 28, LZ 40
Hollender	LZ 36, LZ 41, LZ 64, LZ 94
Horn	LZ 9, LZ 15, LZ 19, LZ 25, LZ 29, LZ 39, LZ 47
Ingwardsen	LZ 121
Jakobi	LZ 16, LZ 22, LZ 34, LZ 42, LZ 51
v. Jena	LZ 25
Kleinschmidt	LZ 19, LZ 21
Koch	LZ 86
Kölle	LZ 85
Kohlhauer	LZ 58, LZ 101
Koreuber	LZ 71
Kraushaar	LZ 36, LZ 53, LZ 92
Kühne	LZ 31, LZ 33, LZ 48
Lange	LZ 20
Langrehr	LZ 42, LZ 57, LZ 60
Lehmann	LZ 17, LZ 26, LZ 60, LZ 64, LZ 90, LZ 120, LZ 127, LZ 129
Dr. Lempertz	LZ 11
v. d. Leyen	LZ 9
Linnarz	LZ 38, LZ 56

Verantwortliche Zeppelin-Luftschifführer (Fortsetzung)

Name	Luftschiffe
Loewe	LZ 36, LZ 54
Lohmüller	LZ 3, LZ 12
v. Lossnitzer	LZ 112
v. Maltzahn	LZ 14
Manger	LZ 46, LZ 79, LZ 107
Martin	LZ 36
Masius	LZ 21, LZ 35, LZ 42, LZ 57
Mathy	LZ 36, LZ 45, LZ 72
Meyer	LZ 33
v. Mirbach	LZ 26
Peterson	LZ 32, LZ 43, LZ 50, LZ 74
v. Platen	LZ 27
Pochhammer	LZ 90
Proelss	LZ 36, LZ 45, LZ 75, LZ 100
Pruss	LZ 127, LZ 129
v. Quast	LZ 16, LZ 38
la Quiante	LZ 60
Ratz	LZ 110
Reinstrom	LZ 57, LZ 77
Sammt	LZ 130
Scherzer	LZ 17, LZ 55

Name	Luftschiffe
v. Schiller	LZ 31, LZ 58, LZ 83, LZ 90, LZ 99, LZ 106, LZ 109, LZ 113, LZ 127, LZ 130
Schirlitz	LZ 59
Schramm	LZ 39, LZ 63
Schütze	LZ 41, LZ 82, LZ 105, LZ 109
Schwonder	LZ 45, LZ 89
Schubert	LZ 32
Seibt	LZ 73
Sommerfeldt	LZ 26, LZ 50, LZ 77, LZ 80, LZ 88
Sperling	LZ 3, LZ 5
Stabbert	LZ 32, LZ 59, LZ 93
Steegmann	LZ 57
Stelling	LZ 36, LZ 61, LZ 103
Vermehren	LZ 80, LZ 111
Weidling	LZ 83
Werner	LZ 60
Wittemann	LZ 127, LZ 130
Wolff	LZ 56, LZ 87
Zaeschmar	LZ 103
v. Zeppelin	LZ 1, LZ 2, LZ 3, LZ 4, LZ 5, LZ 17

Namen- und Ortsregister

Benutzerhinweise

- ☐ Graf *Ferdinand von Zeppelin* wurde, da durchgehend erwähnt, nicht aufgenommen.
- ☐ Die verantwortlichen *Luftschiffführer* sind in der Tabelle auf den Seiten 219/220 im Anhang zu finden, falls sie nicht im Textteil erwähnt werden.
- ☐ Die *LZ-Typennummern* aus der Luftschifftabelle im Anhang sind hier nicht erwähnt, wohl aber alle Nennungen im Textteil.
- ☐ Zur Identifizierung der LZ-Nummern für *Militärluftschiffe* (L- bzw. Z-Schiffe) dienen hier die Stichworte „Heeres-" bzw. „Marineluftschiffe". Die Betriebsbezeichnung ist danach der Luftschifftabelle im Anhang (Seiten 156–209) zu entnehmen.
- ☐ *Eigennamen von Luftschiffen,* Schiffen etc. werden von gleichlautenden Personennamen und Ortsnamen durch Anführungszeichen unterschieden.
- ☐ Bei den *Ortsnamen* wurden nur die erwähnten Städte und Gemeinden, nicht aber andere geografische Begriffe berücksichtigt.

Hans G. Knäusel

LZ 1 - Der erste Zeppelin

Geschichte einer Idee 1874–1908

Friedrichshafen, 2. Juli 1900 – Jungfernflug des ersten Zeppelins. Knapp 20 Minuten ist LZ 1 in der Luft, da kommt schon der Befehl zur Landung. Ein Jahr später muß das Luftschiff abgewrackt werden: Es fehlt an Geld für eine neue Gasfüllung. LZ 1 ein Mißerfolg?

Gewiß nicht. Graf Zeppelin hatte mit LZ 1 die Lenkbarkeit seines Luftschifftyps bewiesen. Weitere, ständig verbesserte Modelle sollten folgen – bis hin zu den großen Verkehrszeppelinen der 30er Jahre.

Hans Georg Knäusel schildert die faszinierende Geschichte der Zeppelin-Idee von ersten gedanklichen Skizzen im Jahre 1874 bis hin zur berühmten „Volksspende" im Jahre 1908. Im Mittelpunkt steht dabei LZ 1, das erste Luftschiff des Grafen Zeppelin.

„Eine herausragende Publikation, weil Photographien, Dokumente und Drucksachen selten sorgfältig lithographiert und gedruckt worden sind. Aber der Autor hat mehr zuwege gebracht, als ein Buch für Enthusiasten der Luftschiffahrt zu schreiben; es wird ein Stück Zeitgeschichte lebendig, vollgestopft mit Individuen, die offenbar in einer doch noch nicht vollkommen durchorganisierten Welt genug Spielraum fanden, um sich und ihre Ideen entfalten zu können."

Süddeutsche Zeitung

312 Seiten, Format 21 x 25 cm,
mit mehr als 250 zweifarbigen Abbildungen
nach zeitgenössischen Fotos und Dokumenten,
Leinen mit Schutzumschlag, DM 48,–.
ISBN 3 7812 1125 8

KIRSCHBAUM VERLAG · BONN